普通高等教育教材

生物技术制药

Biotechnology Pharmaceuticals

刘紫英　冷桂华　主　编

温经柏　彭秋玲　副主编

化学工业出版社

·北京·

内容简介

《生物技术制药》系统介绍了生物技术药物的核心理论、关键技术及最新应用，涵盖基因工程制药、细胞工程制药、酶工程制药、发酵工程制药、蛋白质工程制药等核心领域，并详细讲解治疗性抗体、细胞因子、重组蛋白激素、核酸药物及疫苗等生物技术药物的研发与生产。全书共十二章，各章设置思考题，便于自主学习，帮助学生掌握生物技术制药的基本原理和实际应用。

《生物技术制药》适用于生物制药、生物工程、生物技术及药学等相关专业的本科及研究生教学，也可作为教师与科研人员的教学参考书或科研工具书，以及为制药企业研发人员、生产人员提供技术指导。

图书在版编目（CIP）数据

生物技术制药 / 刘紫英，冷桂华主编；温经柏，彭秋玲副主编. -- 北京：化学工业出版社，2026. 1.
（普通高等教育教材）. -- ISBN 978-7-122-49327-9

Ⅰ. TQ464

中国国家版本馆 CIP 数据核字第 20254UN475 号

责任编辑：褚红喜　江百宁　　　　文字编辑：李　蕾　刘洋洋
责任校对：宋　夏　　　　　　　　装帧设计：刘丽华

出版发行：化学工业出版社
（北京市东城区青年湖南街 13 号　邮政编码 100011）
印　　装：涿州市般润文化传播有限公司
787mm×1092mm　1/16　印张 17¼　字数 348 千字
2026 年 1 月北京第 1 版第 1 次印刷

购书咨询：010-64518888　　　　售后服务：010-64518899
网　　址：http://www.cip.com.cn
凡购买本书，如有缺损质量问题，本社销售中心负责调换。

定　　价：59.80 元　　　　

《生物技术制药》编写组

主　编： 刘紫英　冷桂华

副主编： 温经柏　彭秋玲

编　者：（按姓氏笔画顺序）

王瑞君　尹培培　刘紫英　冷桂华

彭秋玲　袁　斌　温经柏　腾海艳

前言

生物技术药物，包括重组蛋白药物或重组多肽药物、重组 DNA 药物、干细胞治疗药物、疫苗等。从药物发展的趋势来看，生物技术药物在药物中将占据越来越重要的地位。以生物技术药物为核心产品代表的生物制药领域是生物医药产业中增长最快的子行业。目前，我国生物技术药物占比低于全球平均水平，但是国家高度重视发展生物产业。2022 年，国家发展和改革委员会《“十四五”生物经济发展规划》提出，发展生物经济是顺应全球生物技术加速演进趋势、实现高水平科技自立自强的重要方向，是前瞻布局培育壮大生物产业、推动经济高质量发展的重要举措。受国家政策和越来越多生物技术药物上市的驱动，我国生物技术药物市场增速快，潜力巨大。而作为推动我国生物技术制药发展的关键推动力，具有生物制药背景的生物制药专业和药学类专业人才无疑将具有广阔的发展空间。

随着我国高等教育改革的不断深入，生物制药专业、药学类专业办学规模不断扩大，我国生物制药专业和药学类专业高等教育进入了发展新时期。为适应新时期我国高等教育生物制药专业和药学类专业改革和发展的要求，我们组织从事生物技术药物本科教学和科研的一线教师编写了本教材。各编者紧紧围绕高等学校生物制药和药学类专业本科教育和人才培养的目标要求，突出生物制药专业和药学类专业特色，结合自身教学和科研工作经验，按照相关部门及行业用人要求精心编写。本教材适用于生物制药、生物工程、生物技术和药学类及相关专业本科及研究生的教学。

本教材共分为十二章，其中第一章、第十章由刘紫英编写；第二章、第七章由温经柏编写，第三章、第六章由彭秋玲编写，第四章由尹培培编写，第五章由冷桂华编写，第八章由腾海艳编写，第九章、第十二章由王瑞君编写，第十一章由袁斌编写。本教材加入了目前新兴生物技术在制药中的应用以及最新的研究进展等拓展内容，旨在使学生全面掌握生物技术制药的原理及最新应用。本教材在编写中得到了编者所在单位的关心与支持，参考和引用了国内外同行的教材、专著和其他文献，在此一并感谢。由于编者学术水平及编写能力有限，本教材难免会有疏漏、不当之处，敬请读者批评指正。

编者
2025 年 10 月

目录

第一章 绪论 001

第一节 生物技术制药的概念 002
一、药物 002
二、生物药物 002
三、生物技术药物 002
四、生物技术制药 003
第二节 生物技术制药的研究内容及特点 003
一、生物技术制药的研究内容 003
二、生物技术制药的特点 006
三、生物技术制药的发展历程 007
第三节 生物技术制药的发展现状及前景 008
思考题 010

第二章 基因工程制药 011

第一节 基因工程与基因工程制药 012
一、基因工程的定义 012
二、基因工程制药的优点 012
三、基因工程制药的基本过程 013
第二节 基因工程制药的基本步骤 014
一、目的基因的获得 014
二、重组载体的构建 018
三、目的基因在宿主中的表达 025
四、基因工程菌的培养 032
五、基因重组蛋白的分离纯化与鉴定 037
第三节 基因工程药物生产的特殊性要求 046
一、基因工程药物的质量控制 046
二、基因工程药物临床前安全性评价的特殊性 050
三、真核细胞表达制品的安全性问题 052
四、基因工程药物稳定性研究的相关问题 053
第四节 基因工程药物制造实例 054
一、结构与性质 054

二、制备工艺 056
三、分离纯化 057
四、质量要求 057
五、研究现状 058
思考题 058

第三章 细胞工程制药 059

第一节　细胞工程与细胞工程制药 060
一、细胞工程 060
二、细胞工程制药 061
第二节　动物细胞工程制药 062
一、细胞融合与核移植技术 062
二、动物细胞工程制药中的转基因与细胞培养技术 063
三、动物细胞工程药物 064
第三节　植物细胞工程制药 067
一、植物细胞的特点 067
二、植物细胞融合与核移植技术 068
三、转基因植物药物技术 069
四、植物细胞培养工程 071
五、植物细胞工程药物 072
思考题 075

第四章 酶工程制药 076

第一节　酶与酶工程 077
一、酶及酶催化特性 077
二、酶工程 077
第二节　酶的提取和分离纯化 080
一、酶制备的基本原则 080
二、酶分离纯化的一般程序 080
三、酶的提取 082
四、酶的分离纯化 083
五、酶的浓缩和干燥 084
第三节　酶和细胞的固定化 084
一、固定化酶的制备 085
二、固定化细胞的制备 090
三、固定化酶和细胞的评价指标 091
四、固定化酶和细胞的反应器 092

第四节　酶工程制药的研究进展 094
一、酶的化学修饰 094
二、抗体酶 098
三、模拟酶 102
第五节　酶工程药物制造实例 104
一、固定化酶法生产 L-氨基酸 105
二、固定化细胞法生产 6-氨基青霉烷酸 106
思考题 108

第五章
发酵工程制药
109

第一节　发酵工程概述 110
一、发酵与发酵工程的定义 110
二、发酵工程的发展历史 111
三、发酵工程的内容、发酵产品的类型和特点 113
四、发酵方式 115
五、发酵设备 118
第二节　发酵工程制药的过程与控制 121
一、发酵工程的基本过程 121
二、发酵过程的影响因素及控制 123
第三节　发酵工程药物制造实例 132
一、青霉素发酵工艺 133
二、发酵控制 133
三、提取和精制 134
思考题 135

第六章
蛋白质工程制药
136

第一节　蛋白质工程制药概述 137
一、蛋白质工程制药研究的核心内容和基本概念及方法 137
二、改造蛋白质的一些方法 139
第二节　蛋白质工程制药方法 140
一、随机诱变 140
二、体外重组 140
三、蛋白质工程制药方法的常用目的 143
第三节　蛋白质工程制药现状 145
一、改善原有药物性能 145
二、抗凝溶栓剂的蛋白质工程 146
思考题 148

第七章 治疗性抗体药物

149

第一节　抗体概述 150

一、抗体的结构与功能 150

二、免疫球蛋白的基因结构及其重排与表达 153

三、抗体多样性的形成 154

四、抗体药物的发展概况 155

第二节　单克隆抗体及其制备 157

一、单克隆抗体的概念 157

二、 Kohler 和 Milstein 初次创建的杂交瘤技术 157

三、单克隆抗体的制备原理 157

四、单克隆抗体制备的过程 158

第三节　基因工程抗体 164

一、小分子抗体 164

二、嵌合抗体与人源化抗体 166

三、双特异性抗体 171

四、抗体-药物偶联物 172

五、抗体融合蛋白 173

六、胞内抗体 174

第四节　基因工程抗体药物的生产 176

一、稳定细胞株构建 176

二、抗体的表达 180

三、抗体的纯化 181

四、抗体药物的质控 182

第五节　代表性单克隆抗体药物 182

一、阿达木单抗 182

二、贝伐珠单抗 183

三、曲妥珠单抗 184

思考题 185

第八章 细胞因子类药物

186

第一节　干扰素 187

一、干扰素的产生和种类 187

二、干扰素的结构和性质 187

三、干扰素的生物活性 188

四、干扰素的生产制备 189

第二节　白介素 190

一、白介素的产生和种类 190

二、白介素的结构和性质 190
三、白介素的生物活性 191
四、白介素的生产制备 194
第三节 粒细胞集落刺激因子 195
一、集落刺激因子的产生和种类 195
二、集落刺激因子的结构和性质 196
三、集落刺激因子的生物活性 197
四、集落刺激因子的生产制备 197
第四节 促红细胞生成素 198
一、 EPO 的产生和种类 198
二、EPO 的结构和性质 198
三、EPO 的生物活性 198
四、 EPO 药物的生产制备 199
第五节 组织型纤溶酶原激活物 199
一、 t-PA 的产生和种类 199
二、 t-PA 的结构和性质 200
三、 t-PA 的生物活性 200
四、组织型纤溶酶原激活物的生产制备 200
思考题 201

第九章 重组蛋白激素类药物 202

第一节 胰岛素 203
一、胰岛素的结构与生物学特性 203
二、胰岛素的作用机制 205
三、重组人胰岛素的制备工艺 205
四、生物技术与重组人胰岛素类似物案例 207
第二节 生长激素 208
一、人生长激素的结构与生物学特性 209
二、人生长激素的作用机制 210
三、重组人生长激素的制备工艺 211
四、重组人生长激素适应证 213
第三节 促性腺激素 213
一、促卵泡激素（FSH）的结构与性质 213
二、重组促卵泡激素的制备工艺 214
三、 rhFSH 突变体的研究进展 214
思考题 215

第十章
生长因子类药物
216

第一节　生长因子概述 217
一、细胞生长因子 217
二、细胞生长因子药物受体 217
第二节　生长因子的生物学功能与剂型 218
一、表皮生长因子 218
二、胰岛素样生长因子 220
三、成纤维细胞生长因子 220
第三节　重组人成纤维细胞生长因子 221
一、aFGF 及 FGFR 的结构和功能 221
二、生物学功能 224
三、基因工程表达 aFGF 现状 225
第四节　生长因子的剂型与应用 225
一、生长因子的剂型 225
二、生长因子的临床应用 226
思考题 227

第十一章
核酸类药物
228

第一节　核酸药物概述 229
第二节　反义寡核苷酸药物的功能及应用 230
一、作用机制与特点 230
二、结构修饰 231
三、反义寡核苷酸药物的制备 232
四、药物传递系统和药动学特征 233
五、反义寡核苷酸药物的药理作用与临床应用 234
第三节　siRNA 药物的功能及应用 236
一、作用机制 236
二、作用特点 237
三、 siRNA 的制备 238
四、 siRNA 药物的递送系统 239
五、 siRNA 药物的药理作用与临床应用 239
第四节　miRNA 药物的功能及应用 240
一、 miRNA 药物的种类 240
二、 miRNA 的生物合成 241
三、 miRNA 的基因沉默机制 242
四、 miRNA 药物的药理作用与临床应用 243
思考题 244

第十二章
疫苗
245

第一节 概述 246
一、疫苗的概念 246
二、疫苗技术的发展简史 246
第二节 疫苗的组成和类型 248
一、疫苗的组成 248
二、疫苗的分类 249
第三节 疫苗举例 252
一、新冠疫苗 252
二、艾滋病疫苗 256
三、肿瘤疫苗 257
思考题 258

参考文献
260

第一章 绪 论

第一节 生物技术制药的概念
第二节 生物技术制药的研究内容及特点
第三节 生物技术制药的发展现状及前景

学习要求

1. 掌握：生物药物、生物技术药物、生物技术制药等基本概念。
2. 熟悉：生物技术制药研究内容及特点。
3. 了解：生物技术制药的发展前景。

第一节 生物技术制药的概念

一、药物

药物（medicine）一词来源于拉丁语“medicus”，意思为“内科医师”，指有目的地调节机体生理、生化功能和病理过程，并规定有适应证或者功能主治、用法和用量等，用于预防、诊断和治疗疾病的物质。小分子有机化合物和中药材及其制剂分别是西医和中医体系中最传统的药物。根据《中华人民共和国药品管理法》关于药品的解释：药品包括中药、化学药和生物制品等。生化药物、血液制品等生物来源的产物也是现代药物的重要组成部分。事实上，随着生命科学领域对生命奥秘的不断揭示和各种生物技术的快速发展，尤其是遗传学领域通过人为地改变基因结构或基因重组等技术的发展和运用，药物的来源更为广泛和便利，因而各种生物制品、生物药物及生物技术药物等以生物体或其某一部分，或生物体的某一代谢产物为主要来源的药物品种日益丰富，在不同的研究领域，人们对这些概念的理解也存在较大区别，而这些药物的定义与其制造过程和工艺紧密相关，本部分对国内外文献和书籍中常出现的一些相关概念和术语进行统一，以便在后面章节中更容易理解相应药物的制备原理和工艺。

二、生物药物

生物药物（biological medicine）泛指包括生物制品在内的生物体的初级和次级代谢产物或生物体的某一组成部分，甚至整个生物体用作诊断和治疗的医药品。很明显，相对于生物制品，生物药物的范畴要更加广泛，除生物制品外，我国传统医学中的中药材及其制剂均应属于生物药物。

三、生物技术药物

生物技术药物最早是20世纪80年代用于描述一系列通过现代生物技术制备的治疗性蛋白质产品，尤其是通过基因工程技术或杂交瘤技术制备的单克隆抗体。这样就把生物技术药物和来源于基因工程菌株非天然产生的治疗性蛋白质这两个概念等同起来。后来在基因治疗技术中出现的治疗性核酸，反义寡核苷酸，以及用于体内诊断的蛋白质产品等，也被列入生物技术药物的范畴。因此，生物技术药物这一术语，现在一般是指以基因工程改造的生物为来源，以蛋白质或核酸为基础，以体内诊断或治疗为目的，而非直接从天然生物中提取的一类药物。

四、生物技术制药

一般来讲，生物技术制药（biotechnological pharmaceutics）是指以生物体或其组织、细胞等为原料，综合利用微生物学、化学、生物化学、生物技术、药学等学科的原理和方法，来研究和生产用于预防、诊断、治疗疾病的药物的技术。

第二节 生物技术制药的研究内容及特点

一、生物技术制药的研究内容

生物技术制药旨在研究制药工业中所涉及的相关生物技术。当前比较成熟的技术主要包括发酵工程、基因工程、细胞工程、抗体工程、酶工程、生物转化以及基因药物的设计和合成等。

1. 基因工程制药

基因工程技术研究 DNA 在体外的操作，是把外源目的 DNA 片段插入到质粒、病毒等各种载体中，形成遗传物质的新组合（重组 DNA），然后将重组 DNA 转移到宿主细胞中进行最佳扩增和表达的技术，基因工程技术是生物技术的核心技术。

基因工程制药的基本步骤主要由两大部分组成，即上游技术、下游技术。

（1）上游技术

① 目的基因的获取与扩增。

② 构建 DNA 重组体。

③ DNA 重组体转入宿主菌。

④ 阳性工程菌株的筛选与鉴定。

⑤ 小规模工程菌的扩增。

（2）下游技术

① 工程菌发酵表达。

② 表达产物的分离纯化。

无论是上游技术，还是下游技术，都要进行以下质量控制：a. 结构组成，各种理化、生化性质；b. 安全性、稳定性和生物学活性。

目前，重组蛋白等生物药物的制备都必须采用基因工程技术。第一个基因工程药物就是我们熟知的胰岛素。基因工程有很大的发展潜力，所以，在未来的发展中，基因工程制药仍然是被重点探讨的话题。

2. 细胞工程制药

细胞工程技术是在细胞水平研究细胞融合、基因导入、染色体导入、细胞核移植、细胞大规模培养等的技术，目的是获得具有优良性状的工程细胞进行药用代谢产物的生产。细胞培养不受季节、地理位置等限制，因此可以利用细胞生物反应器生产有效药用成分。根据细胞生物类型的不同，细胞工程分为植物细胞工程、动物细胞工程、微生物细胞工程。在实际应用中，大多采用动物细胞工程制药，如促红细胞生成素（EPO）的生产就是细胞工程制药的典型。目前来说，细胞工程的发展比较稳定，有一些技术也比较成熟，产品质量也比较高，能够大规模生产，这就使得在未来一段时间内，还是主要依赖细胞工程为社会生产出大量可靠的药物。

3. 发酵工程制药

发酵工程技术是微生物学技术、生物化学技术和化学工程学技术的有机结合，是利用微生物的特定性状，通过现代工程技术在生物反应器中生产药用物质的一种技术，它是生物技术的支柱之一。其操作是以微生物为原料，通过人为的操作与其自然发酵，生产出药物的过程，通常用于生产比较昂贵的药品，比如，一些抗生素类药品、氨基酸类药品以及激素类药品等。发酵工程的研究水平已经深入分子层面，通过发酵条件的控制和优化、各种突变株的应用等，很多产品进入定向发酵阶段，在分子水平对其进行设计改造，构造出一种最有效的药物模型。此外，发酵工程还可以通过控制微生物的代谢来生产药物。这样来看，在未来的生物技术制药中，发酵工程会有很大的发展机遇，随着研究的不断深入，其发展也会有所创新。

4. 酶工程制药

利用酶工程制药需要清楚地了解微生物与酶的相关理论基础知识，因为酶工程需要以这两部分内容为基础展开实践研究。在制药过程中，主要利用酶的催化功能，研究其生产、分离、修饰、改造等内容。酶工程是一种以酶学理论和化工技术为主导，将二者相互融合的新兴技术手段，通过利用酶、细胞器、细胞的特殊催化作用，进而生产相应的产品，同时在生产加工环节中，通过酶反应器、酶固定化、酶修饰与改造、酶制剂制备等环节，主要利用固定化酶合成药物、实施药物转化等。酶工程制药的应用主要集中于医药工业、食品工业等。例如，固定化青霉素酰胺酶用于青霉素的连续裂解生产，可达到较为理想的效果。

5. 蛋白质工程制药

蛋白质工程制药是对现有蛋白质加以定向修饰改造、设计和剪切，构建生物学功能比天然蛋白质更加优良的新型蛋白质药物，或从预期功能出发，通过定向诱变、定向修饰和分子设计改造等一系列工序，合成自然界不存在的新型基因工程药物的技术，如 CD4、IL-2 与毒素结合的杂合蛋白，PIXY321（一种新型融合蛋白）等。对表达产物的后修饰也是改善蛋白质工程药物药理作用的有效手段。如聚乙二醇（PEG）修饰能有效地改善多肽蛋白质类药物的免疫原性，增强稳定性，延长体内半衰期，减少不良反应等。应用重组 DNA 技术表达人源性抗体或将抗体小型化（如 Fab 抗体、单链抗体、单域抗体、分子识别抗体等），其免疫原性弱，穿透力强，表达效率高。所以人源化抗体药物和小型化抗体靶向药物已成为肿瘤治疗、自身免疫性疾病治疗、器官移植排斥治疗和艾滋病防治药物的又一研究热点。

6. 抗体工程制药

抗体工程制药是生物技术制药的新兴技术，研究内容主要是如何采用杂交瘤技术制备单克隆抗体和采用基因工程技术进行鼠源抗体的人源化和建立抗体库，以及利用转基因技术获得转基因动植物生产完全人源化的抗体。抗体工程的研究内容也包括如何把抗体与药物、毒素等结合，作为靶向治疗的工具。目前正在研究的生物技术药物中约有四分之一都是单克隆抗体药物。作为最大类的生物技术药物，其在癌症、炎症性疾病、心血管疾病、器官移植、感染、呼吸系统疾病和眼科疾病中皆有应用。单克隆抗体药物包括单克隆抗体（mAbs）和各种单克隆抗体衍生物，例如双特异性抗体（BsAbs）、抗体-药物偶联物（ADCs）、放射免疫偶联物、抗原结合片段 Fab 和 Fc 融合蛋白等。抗体-药物偶联物和放射免疫偶联物都可以对癌细胞进行特异性破坏。

抗体-药物偶联物包含单抗、连接子和药物三部分，而放射免疫偶联物包含单抗、连接子和放射性核素三部分。抗体-药物偶联物的代表有维布妥昔单抗和曲妥珠单抗-美坦新偶联物，前者用于治疗霍奇金淋巴瘤和系统性间变性大细胞淋巴瘤，后者用于治疗 HER2 阳性乳腺癌。2017 年 8 月，美国 FDA 批准将奥英妥珠单抗（inotuzumab ozogamicin）用于治疗成人复发性或难治性前体 B 细胞急性淋巴细胞白血病。放射免疫偶联物、^{131}I-托西莫单抗（^{131}I-tositumomab）和替伊莫单抗（ibritumomab tiuxetan）则用于治疗非霍奇金淋巴瘤。

7. 疫苗技术

疫苗开发是生物技术药物研究的另一个重要领域。在开发过程中使用了分子生物学方法的疫苗都可以被归类为生物技术药物。例如，减毒活疫苗使用了 DNA 重组技术来改变病原体的基因组，基因工程亚单位疫苗是特异性高、高度纯化的重组蛋白抗原。

新冠疫苗以灭活疫苗、减毒活疫苗、重组蛋白疫苗、病毒载体疫苗、核酸疫苗为主。许多其他新型疫苗正处在研究阶段或临床试验阶段，如 HIV 疫苗、疟疾疫苗和治疗性癌症疫苗等。HVTN 702 和 Ad26 是目前研究较为深入的 HIV 疫苗。在过去的十多年中，疟疾疫苗的开发也取得了实质性的进展。2015 年，基于重组蛋白的疟疾疫苗 RTS，S 获得了欧洲药品管理局（EMA）的批准，成为世界上首个获得许可的疟疾疫苗。2018 年，疟疾疫苗 RTS，S 在非洲三国（加纳、肯尼亚和马拉维）首次投入应用，为在全球更大范围内推广疟疾疫苗铺设道路。

近年来，随着人类寿命的延长，癌症逐渐成为主要的疾病死亡原因。而治疗性癌症疫苗可在癌症早期阶段就介入疾病管理过程。普罗文奇是一种自体细胞来源的免疫治疗药物，用于治疗去势抵抗性前列腺癌。2010 年，普罗文奇由美国 FDA 批准上市，成为首个获批用于治疗癌症的疫苗，为更广泛地应用癌症疫苗免疫疗法带来可能。

反向疫苗学、结构疫苗学和合成疫苗等新型技术也将为疫苗领域带来巨大的改变。

二、生物技术制药的特点

1. 高技术

生物技术制药需要高知识层次的人才和高新技术手段。生物技术制药是将基因组、蛋白质组、生物芯片、转基因动物、生物信息学等与药物研究结合的制药技术。一个基因工程药物的完整的生产过程包括上游和下游生产过程。上游技术包括目的基因的合成、纯化、测序，基因的克隆、导入，工程菌的培养和筛选；下游技术则包括目标蛋白的纯化和工艺放大、产品质量的检测。哺乳动物细胞规模化培养是一种非常复杂的系统工程，为了达到生产要求，需要扩大细胞培养的体积及提高细胞培养密度。细胞规模化培养是在控制 pH、温度、培养基成分等条件下，运用生产设备培养细胞使之达到较高密度而用于生产相应生物制品的技术，如一个完整的全自动动物细胞培养体系，需要控制的节点就有数百个，整个体系的严谨和规范化程度可想而知。

2. 高投入

生物技术制药从新药研发立项到产品成熟，需要投入大量的资金用于研发设备、研发人员、研发材料及药品效果测试等。除研发外，生物医药产业需要的固定资本投入也非常高，一般一个抗体产品的生产需要至少 3 亿美元的投资，每克抗体的生产成本为 2000～5000 美元。据不完全统计，每个上市药品的平均研发投资约为 14 亿美元，新药开发难度增加也会使研发投资增加。所以，生物药品的成功开发离不开雄厚的资金支持。

3. 长周期

生物技术制药从开始研制到最终转化为产品需要经历一段很长的时期，这是新药开发与生产过程的复杂性所造成的，也是生物制药产业最典型的特征之一。其主要包括以下几个阶段：实验室研究阶段、中试研究阶段、临床试验阶段（Ⅰ期、Ⅱ期、Ⅲ期、Ⅳ期）、规模化生产阶段、市场商品化阶段。由于每个阶段有严格、复杂的药政审批程序，并且生物技术制药产品的培养和市场开发也并不容易，所以研发时间可达 8～10 年，甚至 10 年以上。

4. 高风险

制药风险包括产品开发风险和市场竞争风险。当今生物技术制药研发的相关体系还不够成熟，因此，在实际的研发过程中存在一定的技术性风险，这些风险潜伏于生物技术制药研发的每一个环节中，进而会对整个研发机制造成一定的破坏性影响。此外，市场竞争的风险也不容小觑，研发的新药若被他人抢先拿到药证或投入市场，就会前功尽弃。

5. 高收益

高风险的背后也往往伴随着高利润，生物药物的投资回报也高。一种新的生物药物一般在其上市 2～3 年内即可收回所有投资，拥有垄断技术优势的企业利润回报率可达10倍以上。全球的生物药物近几年来的销售额增长速度很快，远超同期的全球药品市场增长率和全球GDP增长水平。全球生物技术制药企业也越来越多，生物药物销售额在全球药品市场中占据着相当可观的份额，并且仍在持续增加。

三、生物技术制药的发展历程

1919年，匈牙利的*Agricultural Engineering*杂志使用了“生物技术”一词。在之后的50年间，生物技术基本在发酵工程这一领域发展，医药工作者通过微生物发酵获得了“抗生素”，用于治疗感染性疾病。1968年，Robert Yuan和Matthew Meselson发现了限制性核酸内切酶，使基因工程成为生物技术上一个耀眼的亮点，并且开启了生物技术制药行业飞速发展的五十年。

第一个十年是从20世纪70年代中期至80年代中期，称为生物时代。在这十年中，生物技术，包括重组DNA、DNA的合成、蛋白质的合成、DNA和蛋白质的微量测序等，都发展迅猛，并且出现了重组蛋白和单克隆抗体等新型药物。

第二个十年是从20世纪80年代中期至90年代中期，称为技术平台时代。建立了高通量筛选、组合化学、胚胎干细胞技术等平台。治疗的新模式有反义药物治疗、基因治疗以及在治疗中使用重组蛋白。在那个时代，很多生物技术及平台被用于探索性药物的研究。开发的产品有胰岛素、干扰素、血红蛋白、细胞集落刺激因子、人生长激素等。

第三个十年是从20世纪90年代中期到2006年，被称为基因组时代，包括基因组技术、高通量测序、基因芯片、生物信息、生物能源、生物光电、生物传感器、蛋白质组学和功能基因组学等新技术。在这个时代，更多的技术被应用于制药工业，药物研发的思路和策略也有突破性的进展或改变，更多的新药被成功开发。

近二十年来，我国在生命科学和生物技术方面也获得了一系列的成果，并作出了一些突破性的研究，如水稻全基因组测序、人类基因组测序、模拟生物基因组测序、疾病相关基因研究等，这些都为生物技术制药奠定了基础。在国家创新力分析上呈现不断上升的趋势，截至2023年12月底，我国共有生物医药上市企业1442家，以百济神州公司为例，药物专利申请竞争影响力（competitive impact，CI）国内领先，有多项专利涉及其PD-1抗体药物，该公司的替雷利珠单抗在2019年获批，另有多个抗体类药物在临床研究中。

接下来，我们以时间线的形式介绍一下生物技术制药历史上的一些重大药品的发明。

1982年，第一个生物技术药物——利用细菌生产的人胰岛素，获得美国FDA批准并投放市场，它标志着现代生物技术医药产业的兴起。

1986年，第一个治疗性单克隆抗体药物OKT3（muromonab）批准上市，此药物是用来防止器官移植排斥的，同一年，第一个基因重组疫苗乙肝疫苗和第一个重组人干扰素也开始上市。

1987 年，第一个用动物细胞表达的基因工程产品开始上市。

1989 年，生物技术药物 EPO 被批准上市。

1990 年，人源化抗体制备技术创立。

1994 年，第一个基因重组嵌合抗体上市。

1997 年，第一个肿瘤治疗性抗体上市，同年第一个组织工程产品组织工程软骨也开始上市。

1998 年，第一个反义寡核苷酸药物福米韦生（fomivirsen）上市，此药品是用于治疗艾滋病（AIDS）患者由巨细胞病毒引起的视网膜炎，获得了巨大成功。这一年甚至第一次分离培养了人胚胎干细胞，极大地推动了生物制药产业的发展。

2000 年，人类基因组草图的绘就，代表着对人类基因组的初步探索成功。

2002 年，第一个治疗性人源化抗体阿达木单抗获准上市。

2003 年，中国研发的重组人 P53 腺病毒注射液成为世界上第一个正式批准的基因治疗药物。

2008 年，用于治疗恶性肿瘤的功能性单抗药物尼妥珠单抗注射液在我国获准上市。

2010 年，美国批准首个癌症治疗疫苗普罗文奇（Sipuleucel-T）用于晚期前列腺癌的治疗。

2017 年，美国 FDA 批准了 tisagenlecleucel，一种嵌合抗原受体 T 细胞（chimeric antigen receptor T-cell，CAR-T）免疫疗法，这是全球首个获批的 CAR-T 免疫疗法。

2021 年，BNT162b2 是全球第一个获得美国 FDA 批准的 COVID-19 疫苗。

第三节 生物技术制药的发展现状及前景

生物技术制药是当代医学发展中最有活力和前途的领域之一。生物技术制药的产品广泛应用于人类疾病的预防和治疗，包括肿瘤、心血管疾病、自身免疫性疾病、肝炎、艾滋病、白血病、神经退行性变性疾病等。随着全球对生物药物需求的不断上升以及生物技术的蓬勃发展，生物制药市场近年来始终保持高速增长态势。

生物技术制药研发的热点集中在抗肿瘤药物、免疫或过敏疾病治疗药物、抗感染药物、神经系统疾病治疗药物和消化系统疾病治疗药物。国内外制药公司依然是药物研发的主力军，科研机构也不断给生物制药行业带来新助力。从全球范围来看，CRISPR-Cas 系统、PD-1/PD-L1 免疫疗法以及 CAR-T 细胞疗法是目前生物制药领域的热门技术。新兴技术如 CRISPR-Cas 系统、CAR-T 细胞疗法的核心竞争力集中在科研机构，如 Broad 研究所、宾夕法尼亚大学等，科研机构对生物制药新兴技术的推动力日益突显。

生物技术制药的市场发展前景广阔，随着研究和探索的深入，科学家们对生物技术制药领域的更多应用和研究也将获得重要进展，可能颠覆人类之前的认知，将生物制药引入一个新时期。

生物技术制药的发展前景广阔，主要体现在以下几个方面。

一是产品多样化和专业化。随着生物技术和基因工程技术的发展，相应的生物技术制药产品也将不断更新和扩展。生物技术制药产品将从早期的单一分子类药物向多样化和功能性分子转化，从而满足多种复杂疾病的治疗需求。

二是生产规模高效化。随着技术的进步，生产工艺越来越精细，生产技术路线也越来越成熟。在不断提高生产效能和设备效能的情况下，生产成本将逐步降低，从而使更多人受益于较低的药物价格。

三是追求产品的安全性、有效性和稳定性。针对生物技术制药产品的不同应用场合，需要不断优化药物设计，以获得更高的药效、更长的半衰期和更可预测的动力学特性。

四是技术研究前沿化。生物技术制药的发展与健康科学密不可分，对健康科学的深入研究将推动生物技术制药的前沿技术发展。例如，靶向和组学方法的应用将使药物研发更加个性化，并在人体健康管理、药物安全性和疾病诊断方面发挥重要作用。

在后疫情时代背景下，我国已经将生物制药纳入重要战略体系之中，这对于推动各个地区的稳步发展发挥着不可忽视的作用。目前正在研究和开发的抗体药物、蛋白质药物、基因治疗药物、疫苗等也受到了重视，其中抗体药物领域的药品研发十分活跃，不但在创新研发领域领先于全球，同时获得了国际公认的主导地位。中国生物医药研究已进入首创阶段，中国生物制药技术热点及竞争力主要集中在抗肿瘤药物领域，其次是抗感染药物领域、免疫或过敏疾病药物治疗领域。我国在抗肿瘤药物研发及新技术如PD-1/PD-L1免疫疗法、CAR-T细胞疗法和CRISPR-Cas系统方向上已具有一定的国际竞争力。

国内医药企业和科研机构都在对生物制药相关技术进行积极创新，但整体创新实力和国际市场关注度与顶尖机构尚有较大差距。国内的制药企业虽已对国外热点技术进行跟进，但核心竞争力还局限于某一领域，国际市场关注度仍需提高。

根据当前我国生物技术制药的发展形势，我国将加快推进生物技术制药产业化，抢先占领应用市场。扶持一批优势企业与高校等科研机构建设技术创新联盟，开展长期研发活动，重点突破和超前部署一批关键、重要、前沿的生物制药技术，联合开展技术成果转化。

我国药品监督管理部门还要加强对生物技术制药、产业发展的导向性利好政策支持，并增加药物研究成本补贴等。除此之外，还应注重对生物制药工程大量资金的使用情况进行监督管理，强化整体研发效果。与此同时，在研发人员培养层面，也要制定完善的政策制度，注重加大药物企业的核心工作者培养力度，才能为药物研发提供必要的人才支持。

我国生物制药企业要根据实际情况，对于本地要求的发展设计愿景，不但要加强本土化的产业化建设，还要合理运用相应的技术手段，进而摸索出一条我国独特的生物制药企业发展之路。

思考题

1. 生物技术制药具有哪些特点？

2. 生物技术制药主要包括哪几个研究领域？为什么生物制药为今后药物的研究开辟了一条新的途径？

3. 简述生物技术制药的应用及研究进展。

第二章
基因工程制药

第一节　基因工程与基因工程制药
第二节　基因工程制药的基本步骤
第三节　基因工程药物生产的特殊性要求
第四节　基因工程药物制造实例

学习要求

1. 掌握：基因工程的概念及基因工程制药的具体步骤；基因工程药物研发中的特殊性要求及评价方法。

2. 了解：基因工程药物的应用趋势及工业化生产实例。

第一节 基因工程与基因工程制药

基因工程技术从 20 世纪 70 年代初期问世以来，经过了几十年的发展历程，无论是在基础理论研究领域，还是在生产实践应用方面，都已经取得了惊人的成就。它不仅使整个生命科学的研究发生了前所未有的深刻变化，而且也给世界各国的制药业、农业、畜牧业、医疗业的发展开辟了广阔的前景，为人类带来了巨大的经济和社会效益，特别是基因工程技术在制药领域中的应用，在 21 世纪呈现出更加强劲的发展态势。

一、基因工程的定义

基因工程是以分子遗传学为理论基础，以分子生物学和微生物学的现代方法为手段，将不同来源的基因按预先设计的蓝图，在体外构建杂种 DNA 分子，然后导入活细胞，以改变生物原有的遗传特性、获得新品种、生产新产品的遗传技术。它能创造出自然界所没有的，具有新遗传性状的生物新品种，并合成出人们所需的新产物。

因此，基因工程技术一诞生，就显示出无比的生命力，展示出它在生产应用上的无限发展前景。特别是基因工程技术在医药生物技术领域中的应用，更是备受国内外生物技术界的广泛关注。目前，基因工程技术应用最成功的领域之一是研制新型生物药物。

二、基因工程制药的优点

虽然一些内源性生理活性物质作为药物已有多年，但是在长期生产和应用中存在很多难以解决的问题，应用基因工程技术生产生物药物，就可以从根本上解决通过传统方法获得的生物药物存在的许多问题。其优点主要有如下几点：①可大量生产过去难以获得的生理活性蛋白质或多肽，为临床使用提供有效保障；②可提供足够数量的生理活性物质，以便对其生理、生化和结构进行深入的研究，从而扩大这些物质的应用范围；③可以发现、挖掘出更多的内源性生理活性物质；④可以改造和去除内源性生理活性物质作为药物使用时所存在的不足之处；⑤可获得新型化合物，扩大药物筛选来源。

基因工程技术、细胞工程技术、酶工程技术和发酵工程技术，都是组成医药生物技术的主体，这几个技术体系是相互依赖、相辅相成的。就生产某种新的生物药物而言，往往需要综合应用这几个技术体系。但在这些技术体系中，基因工程技术无疑起着主导作用。因为用基因克隆技术（包括蛋白质工程技术）改造过的生物细胞，可以赋予其他技术体系以新的生命力，能真正按照人们的意愿生产出特定的新型高效的生物药物。

三、基因工程制药的基本过程

基因工程技术要将目的基因插入载体、拼接、转入新的宿主细胞，构建成工程菌（或细胞），实现遗传物质的重新组合，并使目的基因在工程菌内进行复制和表达。基因工程药物制造的主要步骤是：目的基因的获得、构建 DNA 重组体、构建基因工程菌、目的基因的表达、外源基因表达产物的分离纯化、产品的检验和产品包装等。

基因工程药物的生产是一项十分复杂的系统工程，可分为上游和下游两个阶段（图 2-1）。上游阶段是研究开发必不可少的基础，它主要是分离目的基因、构建工程菌（细胞）。下游阶段是从工程菌（细胞）的大规模培养一直到产品的分离纯化、质量控制等。上游阶段的工作主要在实验室内完成。基因工程药物的生产必须首先获得目的基因，然后用限制性内切酶和连接酶将所需目的基因插入适当的载体质粒或噬菌体中，并转入大肠埃希菌或其他宿主菌（细胞）中，以便大量复制目的基因，对目的基因进行限制性内切酶和核苷酸序列分析。目的基因获得后，最重要的就是使目的基因表达。基因的表达系统有原核生物表达系统和真核生物表达系统。将目的基因与表达载体重组，转入合适的表达系统，获得稳定、高效表达的基因工程菌（细胞）。下游阶段是将实验室成果产业化、商品化，它主要包括工程菌大规模发酵最佳参数的确立、新型生物反应器的研制、高效分离介质及装置的开发、分离纯化的优化控制、高纯度产品的

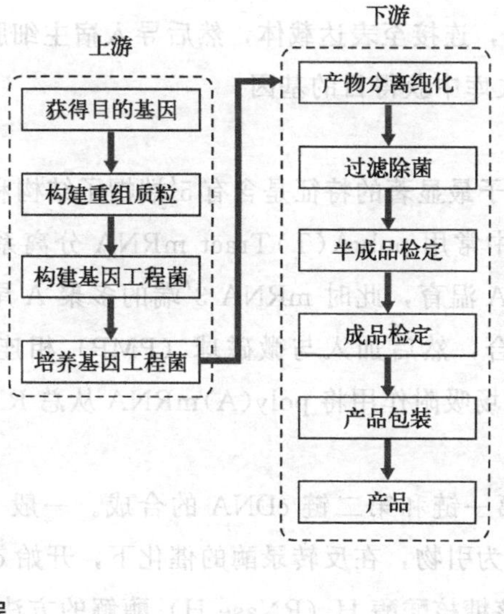

图 2-1

基因工程药物生产的基本过程

制备技术、生物传感器等一系列仪器仪表的设计和制造及电子计算机的优化控制等。工程菌的发酵工艺不同于传统的抗生素和氨基酸发酵，需要对影响目的基因表达的因素进行分析，对各种影响因素进行优化，建立适合目的基因高效表达的发酵工艺，以便获得较高产量的目的基因表达产物。为了获得合格的目的产物，必须建立一系列相应的分离纯化、质量控制、产品保存等技术体系。

第二节 基因工程制药的基本步骤

一、目的基因的获得

应用基因工程技术生产新型药物，首先必须构建一个特定的目的基因无性繁殖系，即产生各种新药的基因工程菌株，这是获得目的基因的第一步。通常来源于原核生物的基因可以直接从含有目的基因的生物材料的基因组中通过 PCR 方法获得，而来源于真核细胞的产生基因工程药物的基因是不能直接进行分离的。真核细胞中单拷贝基因只是染色体 DNA 中的很小一部分，为 10^{-7}～10^{-5}，即使多拷贝基因也只有 10^{-5}，因此从染色体中直接分离纯化目的基因极为困难。另外，真核基因内一般都有内含子，如果以原核细胞作为表达系统，即便分离出真核基因，由于原核细胞缺乏 mRNA 的转录后加工系统，真核基因转录的 mRNA 也不能加工，拼接成为成熟的 mRNA，因此不能直接克隆真核基因，必须采用特殊的方法分离目的基因。获得目的基因的方法概括起来可以分为文库筛选法、RT-PCR 扩增法和化学合成法三类。

1. 文库筛选法

文库筛选法是以含有目的基因的生物材料的总 RNA 为基础，通过纯化获得 mRNA，反转录成 cDNA 后，连接至表达载体，然后导入宿主细胞后获得 cDNA 文库，再配合适宜的筛选方法从文库中获得目的基因。

(1) mRNA 纯化

真核细胞 mRNA 分子最显著的特征是含有 5′端帽子结构和 3′端的多聚 A 尾巴，根据多聚 A 的结构，实验中常用 polyA(T) Tract mRNA 分离系统将生物素标记的寡聚 (dT) 引物与细胞总 RNA 温育，此时 mRNA 3′端的多聚 A 尾巴可以和生物素标记的寡聚 (dT) 引物进行结合，然后加入与微磁球 (PMP) 相连的抗生物素蛋白以结合 poly(A)mRNA，通过磁场吸附作用将 poly(A)mRNA 从总 RNA 中分离（图 2-2）。

(2) cDNA 的合成

cDNA 的合成包括第一链和第二链 cDNA 的合成。一般 mRNA 都带有 3′polyA，所以可用 oligo (dT) 作为引物，在反转录酶的催化下，开始 cDNA 第一链的合成。合成好之后，先用碱解或核糖核酸酶 H (RNase H) 酶解的方法除去 cDNA-mRNA 杂交

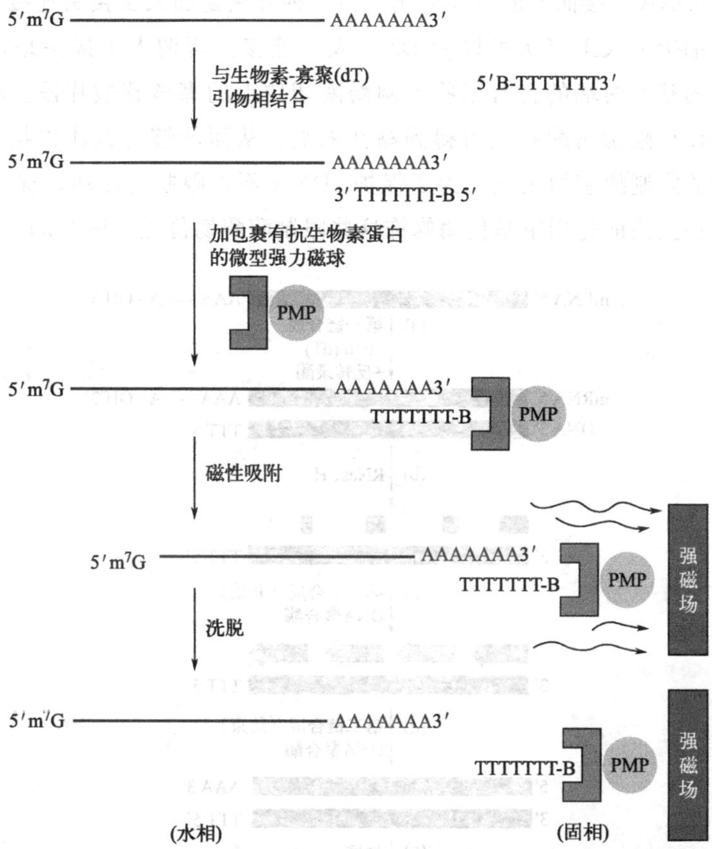

图 2-2

mRNA 纯化过程简图

m^7G—N^7-甲基鸟苷

链中的 mRNA 链，然后以 cDNA 第一链为模板合成第二链（图 2-3）。

（3）cDNA 克隆

用于 cDNA 克隆的载体有两类：质粒 DNA（如 pUC、pBR322 等）和噬菌体 DNA（如 λgt10、λgt11 等）。根据重组后插入的 cDNA 是否能够表达经转录和翻译合成蛋白质，又将载体分为表达型载体和非表达型载体。pUC 及 λgt11 为表达型载体，在 cDNA 插入位置的上游具有启动基因表达序列；而 pBR322 及 λgt10 为非表达型载体。cDNA 克隆操作中应根据不同的需要选择适当的载体。cDNA 插入片段小于 10kb，可选用质粒载体；如大于 10kb，则应选用噬菌体 DNA 为载体。选用表达型载体可以增加目的基因的筛选方法，有利于目的基因的筛选。

cDNA 片段与载体的连接通常采用下面的方法。一种方法是加同聚尾连接，用 3′端脱氧核苷酸转移酶催化，使载体与 cDNA 的 3′端带上互补的同型多聚体序列，借助同型多聚体的退火作用形成重组分子，最后用 T4-DNA 连接酶封口。若载体加上 polyC（或 polyA）的尾巴，则 cDNA 加上 polyG（或 polyT）的尾巴，这两种黏性末端只能使载体与 cDNA 连接而不能自我环化。另一种方法是加人工接头连接，用 T4-DNA 连接酶在平末端接上人工接头可以使 DNA 发生连接。所谓人工接头是指由人工合成的、连接在目的基因两端的含有某些限制酶酶切位点的寡核苷酸片段。cDNA 连上人工接头后，用该种限制酶酶切就可得到黏性末端，从而能够与载体连接。cDNA 中可能也带有同样的限制酶酶切位点，为了保护 cDNA 不被限制酶破坏，保证 cDNA 的完整性，可以在加接头前先用甲基化酶修饰这些限制酶酶切位点（图 2-3）。

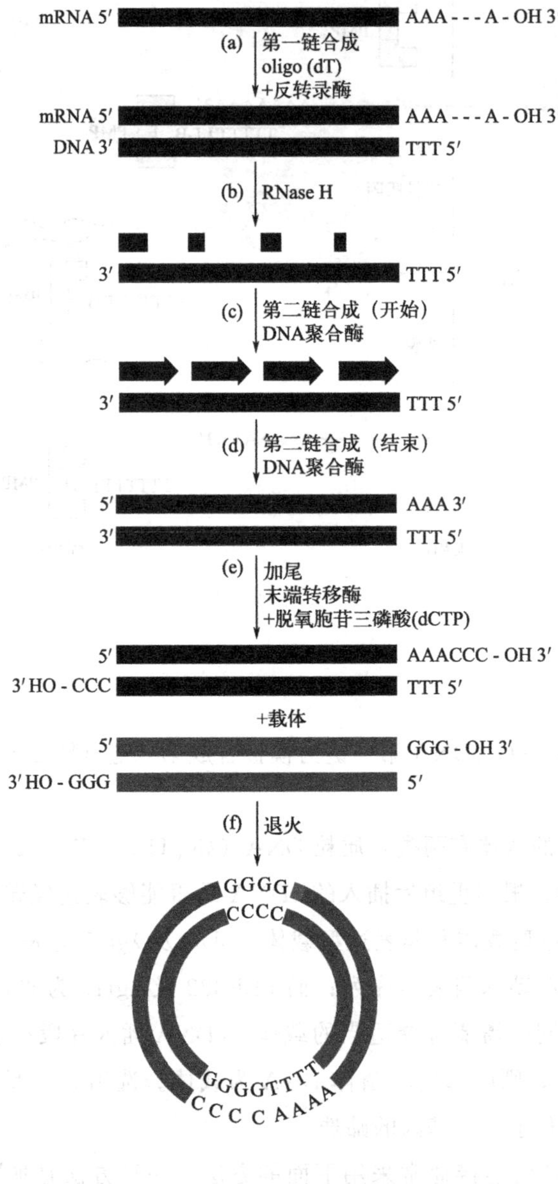

图 2-3

cDNA 文库载体构建流程（a）~（f）示意图

（4）将重组载体导入宿主细胞

噬菌体重组体在体外包装重组的 λ 噬菌体后，感染感受态大肠埃希菌形成噬斑，或转化感受态大肠埃希菌使质粒进入细菌内。

(5) cDNA 文库的鉴定

根据重组体的表型进行筛选，主要有抗性基因失活法、菌落或噬斑颜色改变法。然后再采用凝胶电泳、分子杂交、DNA 序列分析等方法进行进一步筛选鉴定。

(6) 目的 cDNA 克隆的分离和鉴定

从 cDNA 文库分离特异 cDNA 克隆主要采用下列两种方法：①采用核酸探针杂交法。用色谱法和高分辨率电泳等技术纯化微克量的目的蛋白，根据目的蛋白纯品的氨基酸序列分析结果，人工合成相应的单链寡核苷酸作为探针，从 cDNA 文库分离特异 cDNA 克隆。②采用免疫反应鉴定法。在既无可供选择的基因表型特征，又没有合适探针的情况下，本法是筛选特异 cDNA 克隆的重要途径。用表达型载体构建的 cDNA 文库，可利用免疫学方法分组逐一鉴定各 cDNA 的表达产物，即以某种蛋白质的抗体寻找相应的特异 cDNA 克隆。

分离得到含有目的基因的阳性克隆后，必须对其做进一步的验证和鉴定。主要是限制酶图谱的绘制、杂交分析、基因定位、基因测序、确定基因的转录方向及转录起始点等。

2. RT-PCR 扩增法

RT-PCR 即反转录 PCR 法，是一种将反转录和 PCR 方法结合起来得到一种新的合成 cDNA 的方法（图 2-4）。该方法是 mRNA 经反转录合成 cDNA 第一链，不需再合成 cDNA 第二链，而是在特异引物协助下，用 PCR 法进行扩增，特异地合成目的 cDNA 链，用于重组、克隆。

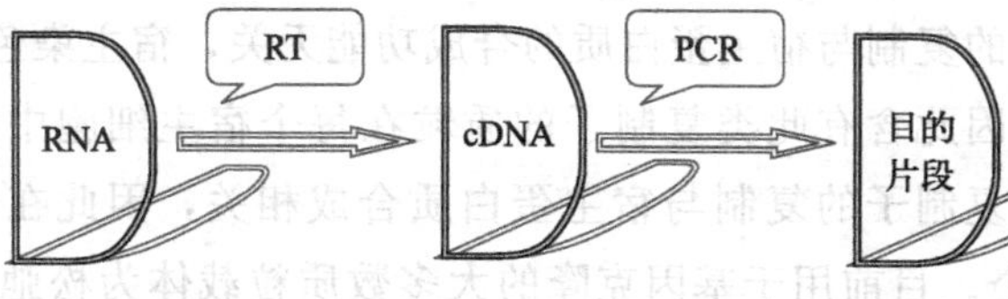

图 2-4
RT-PCR 示意图

3. 化学合成法

较小分子蛋白质或多肽的编码基因可以人工化学合成。化学合成法有个先决条件就是必须已知其核苷酸排列顺序，或者已知其蛋白质的氨基酸顺序，再按相应的密码子推导出 DNA 的碱基序列。用化学方法合成此基因 DNA 不同部位的两条链的寡核苷酸短片段，再退火成为两端形成黏性末端的 DNA 双链片段。然后将这些 DNA 片段按正确的次序进行退火连接，形成较长的 DNA 片段，再用连接酶连接成完整的基因。

采用人工合成基因的方法进行克隆具有其独特的优越性：准确性达到 100%；可对密码子进行大规模修改，从而一次性完成对基因的改造；人工合成时可以引入特定的信号肽序列，或是在载体本身的信号肽和外源基因之间消除多余的碱基，这样既可进行分泌型表达，为将来的中下游工作奠定基础，又能使信号肽被正确切割之后在重组蛋白的 N 端没有多余的氨基酸，对于保证重组蛋白的正确折叠，乃至保证其生物活性都具有重要意义。

二、重组载体的构建

为了使目的基因能够在宿主细胞内进行遗传（复制）、转录、翻译以及可能的翻译后加工修饰，需要选择表达载体以及将目的基因重组至表达载体上。

1. 载体

载体指一些能独立于细胞染色体之外复制的 DNA 片段，是在基因工程重组 DNA 技术中将 DNA 片段（目的基因）转移至受体细胞的一种能自我复制的 DNA 分子。最常用的载体是质粒载体、噬菌体和动植物病毒三类。

（1）质粒载体

质粒（plasmid）是指在细菌内独立于细菌染色体之外的能自主复制的共价闭合环状双链 DNA，随着细菌分裂，能够稳定地把遗传特性传递给子代细胞。质粒具有遗传传递和遗传交换的能力。质粒 DNA 依赖宿主编码的酶和蛋白质进行复制和转录，伴随宿主染色体的复制而复制，通过分裂传递到后代。质粒 DNA 对宿主生存无决定性影响，但可以编码自身蛋白质，表现非染色体控制的遗传性状，从而赋予宿主额外的特性。质粒根据其功能可以分为克隆质粒载体和表达质粒载体。

克隆质粒载体是经过人为改造用于基因克隆的质粒载体（图 2-5），其基本组成如下所述。

① 含有可利用宿主细胞复制系统复制的复制子，是复制起始的区域，包含控制质粒 DNA 复制起点和质粒拷贝数等遗传因素。复制子分为松弛型复制子和严紧型复制子两类。松弛型复制子的复制与宿主蛋白质的合成功能无关，宿主染色体 DNA 复制受阻时，质粒仍可复制，因此含有此类复制子的质粒在每个宿主细胞中的拷贝数可达到几百甚至几千。严紧型复制子的复制与宿主蛋白质合成相关，因此在每个宿主细胞中为低拷贝数，仅 1～3 个。目前用于基因克隆的大多数质粒载体为松弛型载体，以提高载体拷贝数，严紧型载体主要用于克隆多拷贝质粒大量表达目的蛋白导致宿主死亡的目的基因。质粒的复制类型还受宿主状况的影响。

② 含有一个或多个筛选标记，由质粒编码的选择标记赋予宿主细胞新的表型，用于鉴定和筛选转化有质粒的宿主细胞。最常见的选择标记为抗生素抗性基因，包括氨苄西林（*amp*）、四环素（*tet*）、氯霉素（*cm*）、卡那霉素（*kan*）和新霉素（*neo*）等。含有质粒的宿主细胞被赋予拮抗抗生素的表型而能在含抗生素的环境中生长，从而达到被鉴定筛选的目的。

③ 含有用于插入外源基因的 DNA 限制性内切酶作用位点（也称克隆位点或多克隆位点），该位点可位于抗性筛选基因区域外，也可位于抗性筛选基因区域内。有的克隆质粒载体，携带有能够在宿主细胞表达，且用于重组克隆质粒筛选的标记基因（marker gene）区域。例如，β-半乳糖苷酶基因，在该基因中加入克隆外源基因的位点，目的基因的插入会使该酶失活，利用该原理对重组克隆质粒进行筛选。克隆质粒

导入宿主细胞后，利用宿主细胞的复制酶系统，通过复制起始区，其在宿主细胞内进行复制而扩增，常用于外源基因的扩增、测序和文库构建以及对外源基因进行改造（如插入或删除一段 DNA 序列）等。

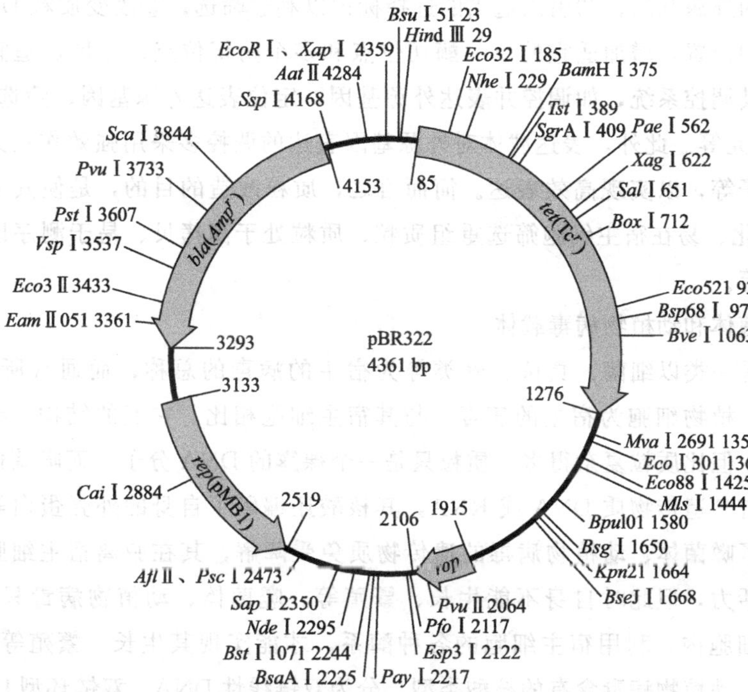

图 2-5

质粒载体 pBR322 示意图

表达质粒载体一般是在克隆质粒载体的基础上，还携带有受宿主细胞转录、翻译调控系统调控的转录、翻译起始、翻译终止区域，使其在宿主细胞中不仅能够复制，还能表达出目的蛋白。表达的外源基因，通常被重组在转录起始区和翻译起始区下游，利用宿主细胞转录、翻译系统，由 AUG 起始外源目的基因的翻译。有的在表达质粒载体的翻译区上游，预先设置一个特定蛋白或多肽基因，而外源基因将连接在这一特定蛋白或多肽基因的下游，形成一个融合蛋白基因。利用该特定蛋白或多肽的自身功能，实现外源基因的特定表达。如使外源基因高效可溶性表达、定位表达（周间质）或分泌型表达等。

如果重组质粒不仅能够在原核细胞（如大肠埃希菌）中表现出稳定的遗传性和外源基因的可表达性，也能够在低等真核生物（如酵母）或高等真核生物（如哺乳动物细胞）中实现稳定的遗传性和外源基因的可表达性，这种质粒称为穿梭质粒（shuttle plasmid）。穿梭质粒实际上携带有多个复制起始区（原核、真核或不同种属细胞的复制起始区），如果需要外源基因表达，则穿梭质粒上同时携带有原核（或不同种属细胞）和真核生物转录、翻译调控系统的起始、终止区域。由于在大肠埃希菌宿主细胞中，很容易实现多种基因工程目的，而在真核细胞中则较难实施，因此，通过穿梭质粒，可以首先在大肠埃希菌中完成预期的外源基因的重组、扩增、鉴定等步骤，最后在真核细胞中实现预期的基因工程目的。

无论如何，人为改造的质粒，应满足最基本的需求：①改变质粒的大小，以便能够容纳更大的外源基因；②引入适当的选择标记以利于筛选；③改变质粒 DNA 限制性内切酶的酶切位置，增加适宜的单一酶切位点和多个酶切位点；④增加适宜于特定目标的基因及其调控系统，如调控并表达外源基因、定位表达外源基因、筛选目的基因、DNA 重组单元等。此外，表达载体对外源基因表达的调控多采用强效作用元件，如启动子、终止子等，以实现高效表达。简而言之，质粒改造的目的，是使其易插入外源 DNA、易转化、易在宿主细胞筛选重组质粒、质粒处于高拷贝、易于测序以及外源基因高效表达等。

(2) 噬菌体和动植物病毒载体

噬菌体是一类以细菌、真菌、藻类等为宿主的病毒的总称，而通常所说的病毒，则是以动物、植物细胞为宿主的病毒。与其宿主细胞相比，它们的结构、组成、功能等较为简单，但比质粒复杂得多。质粒只是一个裸露的 DNA 分子，而噬菌体、动植物病毒不仅具有其遗传物质 DNA 或 RNA，其核酸还编码了自身的外壳蛋白等。由于外壳蛋白保护了噬菌体、动植物病毒的遗传物质免受降解，其在脱离宿主细胞后，仍能保持其生命活力，但此时自身不能生长、繁殖等。噬菌体、动植物病毒只有转（感）染进入宿主细胞内，利用宿主细胞的各种酶系，才能实现其生长、繁殖等生命活动。依据噬菌体、动植物病毒含有的核酸类型，分为双链线性 DNA、双链环型 DNA、单链线性 DNA、单链环型 DNA、单链 RNA 等。

噬菌体、动植物病毒 DNA 需要人为改造后，才能作为基因工程的载体加以应用，主要包括：①消除或改变基因组必需区内的不必要的限制性内切酶作用位点；②在可替代区构建所需的限制性内切酶作用位点，以便外源基因重组；③加入便于区分重组体和非重组体的鉴定系统；④其他结构上的改建，以满足特殊的需求，如插入一个外源启动子，使载体具有表达外源基因的功能等。

2. 载体与目的基因的重组

体外重组技术的建立，得益于一系列可在体外应用的 DNA 限制性内切酶和 DNA 连接酶的发现以及 PCR 技术的推广。目的基因与载体 DNA 分子体外重组的关键，是如何选用合理的重组位点、剪切位点以及适当的内切酶，酶切后再通过适当的条件把目的基因与载体 DNA 分子连接起来，以获得预期的重组分子。

(1) DNA 限制性内切酶

DNA 限制性内切酶（DNA restriction enzyme）是一类能识别双链 DNA 分子中特异核苷酸序列的 DNA 水解酶。这类酶的发现、应用和不断完善，极大地促进了基因工程技术的发展，并已成为不可或缺的工具酶。DNA 限制性内切酶的发现，源于大肠埃希菌存在的一种限制修饰现象，这种现象是对入侵体的一种防御反应-限制体系。随后证实这种体系可使入侵体的 DNA 被酶降解，即细菌中存在一类 DNA 水解酶，对侵入的外源性 DNA 实施降解，这就是所说的“限制”。

DNA 限制性内切酶主要来源于微生物，酶的命名原则：①按来源的微生物学名，取其学名的第一个大写字母和种名的第一、第二个字母（小写）组成酶的基本名称；②若微生物有不同的株系，取其株系的第一个字母加到酶名称中；③用大写的罗马数字（Ⅰ、Ⅱ、Ⅲ等）区分存在于同种微生物，但具有不同识别和水解特异性的内切酶。如 *Eco*RⅠ、*Eco*RⅤ均来源于大肠埃希菌（*Escherichia coli*），其中 *Eco*RⅠ识别位点的 DNA 序列是 GAATTC，并水解 GA 间的磷酸二酯键，产生 5′端突出黏性末端的水解产物，*Eco*RⅤ识别位点的 DNA 序列是 GATATC，水解 TA 间的磷酸二酯键，产生平末端的水解产物。DNA 限制性内切酶具有以下共同特性：①只水解双链 DNA 分子，不水解单链 DNA 或 RNA 分子；②每种酶有其特定的核苷酸序列识别位点；③酶的活性需要二价金属离子 Mg^{2+} 来激活。但不同的限制性内切酶也有许多差别，因此主要分为Ⅰ、Ⅱ、Ⅲ三种类型。Ⅱ型 DNA 限制性内切酶是基因重组中使用最广泛的工具酶之一。它的识别位点特异，识别长度一般是 4～8bp，水解位点在识别位点内部或其近端，大多数识别位点序列是回文结构。

根据内切酶水解产物末端结构，可分为黏性末端酶与平末端酶、3′突出末端酶与 5′突出末端酶以及同尾酶。所谓黏性末端酶，其水解产物的两个末端均为单链形式，且两个单链末端之间表现出碱基互补的关系；平末端酶水解产物的两个末端均为钝性，不含有单链区域（图 2-6）。3′突出末端酶水解产物的黏性末端单链区域在 3′末端；5′突出末端酶水解产生的黏性末端单链区域在 5′末端。同尾酶的 DNA 限制性内切酶识别位点序列不同，但其水解产物的黏性末端序列相同，如 *Bam*HⅠ、*Bcl*Ⅰ、*Xho*Ⅱ、*Mbo*Ⅰ等属于同尾酶，其产生的黏性末端单链序列均为 CTAG。DNA 限制性内切酶水解双链 DNA 分子，无论水解产物是黏性末端，还是平末端，其水解位点是两个核苷酸之间磷酸二酯键的 3′酯键，也就是水解位点产生的两个末端，其 3′位均是自由羟基，而 5′位均带有磷酸基。

DNA 限制性内切酶，尤其是Ⅱ型，除了用于大分子量染色体 DNA 的片段化外，最主要的用途是赋予目的基因、载体 DNA 用于重组的可操作位点。如果目的基因和载体 DNA 的末端均为黏性末端，且末端单链之间表现出碱基互补的关系，在进行退火处理后，黏性末端自然可以形成双链结构而有利于 DNA 连接酶将它们连接起来，因此黏性末端 DNA 分子间的重组效率会更高。

(2) DNA 连接酶

DNA 连接酶（DNA ligase）可将双链 DNA 分子中的单链任意切割，通过催化形成 3′,5′-磷酸二酯键，将切割位点共价连接封闭起来，也可将平末端的两段 DNA 分子，通过 3′,5′-磷酸二酯键共价连接起来。DNA 连接酶对底物的要求是底物是双链 DNA 分子，其 5′末端核苷酸序列带有磷酸基，而 3′末端核苷酸是自由羟基，反应需要还原型烟酰胺腺嘌呤二核苷酸（NADH）$+H^+$ 或 ATP 提供能量。DNA 连接酶能催化双链 DNA 黏性末端或平末端的切割，形成 3′,5′-磷酸二酯键，因此，通过 DNA 连接

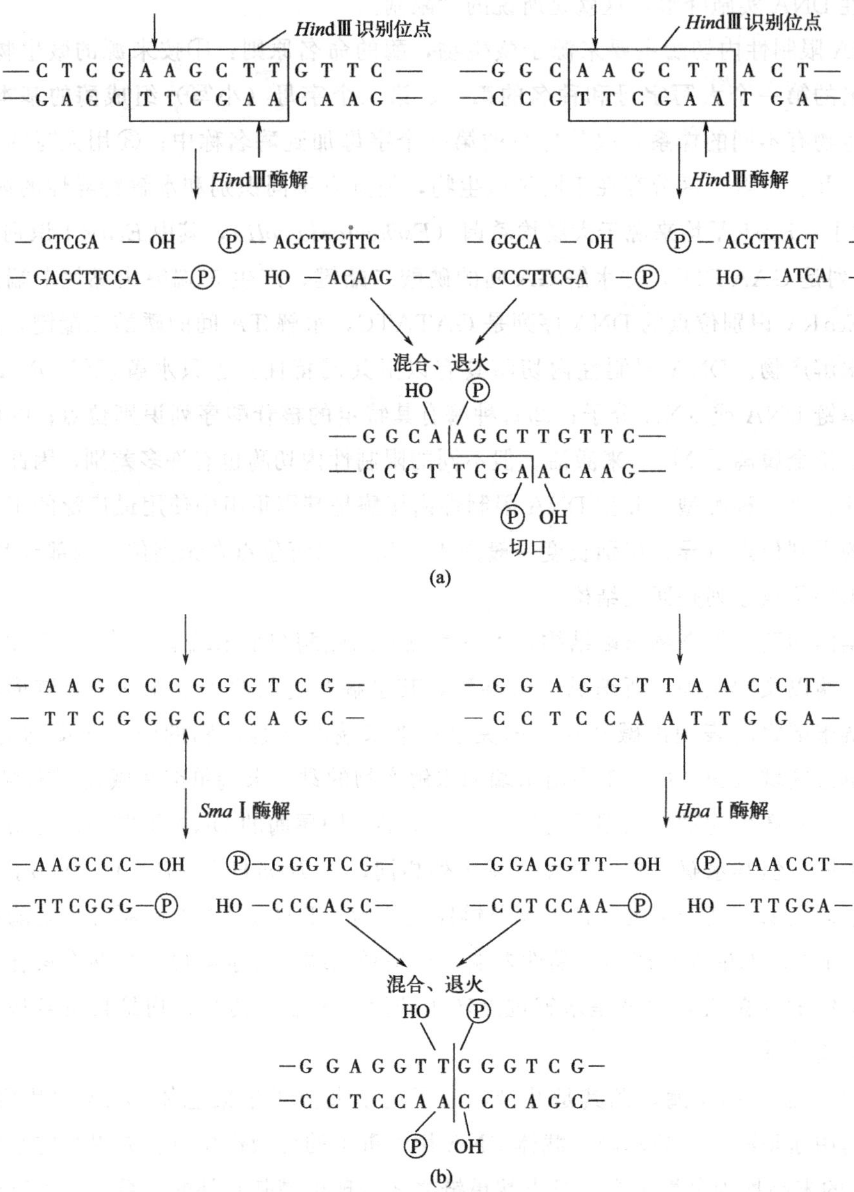

图 2-6

DNA 限制性内切酶黏性末端（a）和平末端（b）剪切连接示意图

酶就可以实现目的基因与载体的共价连接重组。

目前使用的连接酶主要有两种：一个来源于大肠埃希菌，称 DNA 连接酶；另一个来源于 T4 噬菌体，称 T4 DNA 连接酶。前者是利用 NADH＋H^+ 作为能源，对平末端双链 DNA 分子的连接效率非常低；后者以 ATP 为能量物质，且 T4 DNA 连接酶不仅作用于双链 DNA 分子的黏性末端，也能使两个 DNA 分子的平末端连接起来。

（3）基因与载体重组及其策略

目的基因与载体分别经 DNA 限制性内切酶剪切，再通过 DNA 连接酶将目的基因与载体以 3′,5′-磷酸二酯键连接形成重组载体——重组子，称基因重组（gene recombination）。基因重组的实施及其效率，取决于目的基因末端的重组位点及其类型，以及载体克隆位点及其类型。

构建外源基因末端重组位点最常采用的方法是利用 PCR 技术，在体外扩增目的基因的同时引入内切酶水解位点。具体来说，在扩增目的基因上、下游引物的 5′端，人为地加上一个或多个内切酶水解位点，PCR 体外扩增后的目的基因的两个末端，均携带上了具有各自特定内切酶水解位点的引物区。同时或分别通过相应 DNA 限制性内切酶的酶切作用，使目的基因的两个末端分别产生具有相同或不同内切酶水解位点的、序列已知的重组位点。

目的基因和载体使用同一种限制性内切酶剪切，或用同尾型限制性内切酶剪切，均会产生可以互补的黏性末端，这些互补的黏性末端经过退火，在 DNA 连接酶的催化下，共价连接形成重组子（图 2-7）。

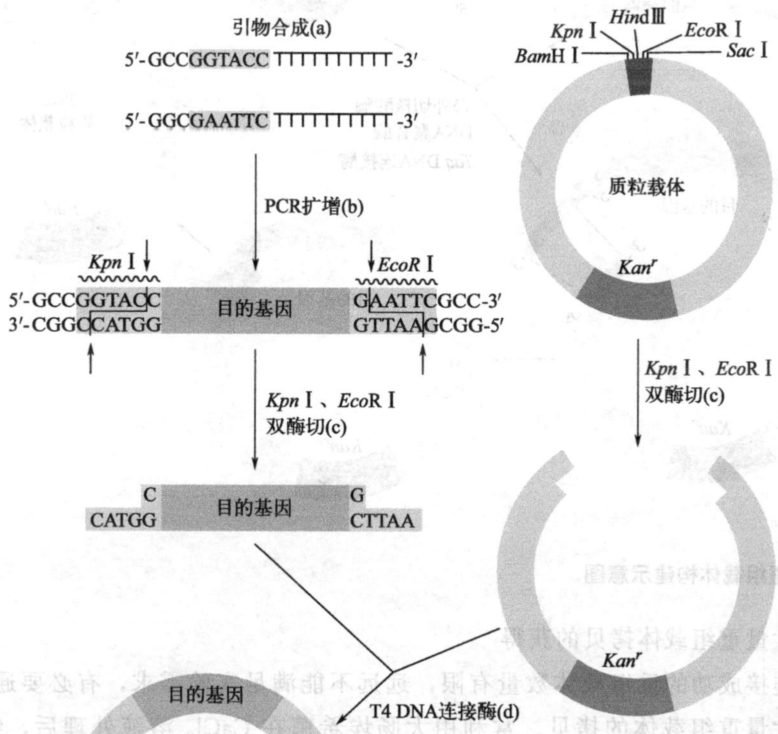

图 2-7
重组载体构建示意图

除了通过酶切连接的方法构建重组子之外，近几年，一种称为恒温一步法且不依赖 T4 DNA 连接酶的克隆技术已得到广泛应用（图 2-8）。首先将载体线性化，通过引物设计在插入片段两端引入线性化载体的末端序列（15～25bp），PCR 扩增插入片段后，其两端具有与线性化载体末端相同的序列。然后，按一定比例加入插入片段和线性化载体，再加入脱氧核苷三磷酸（dNTP），在 T5 外切核酸酶、DNA 聚合酶和 *Taq* DNA 连接酶的混合催化下，50℃恒温反应 15～30min，即可完成连接反应。

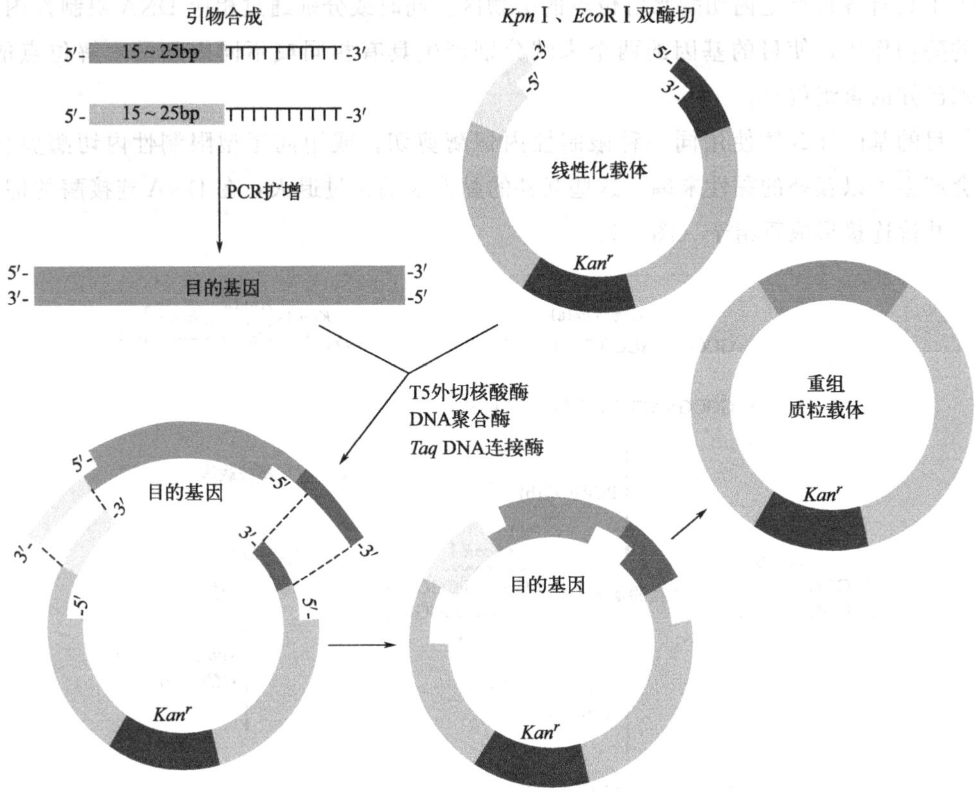

图 2-8

恒温一步法重组载体构建示意图

（4）大量重组载体拷贝的获得

由于连接成功的重组载体数量有限，远远不能满足实验需求，有必要通过细菌转化以获得大量重组载体的拷贝。常利用大肠埃希菌在 $CaCl_2$ 溶液处理后，细胞膨胀，细胞膜通透性发生改变，易于吸附外源 DNA 的方法。这种状态的细胞被称作感受态细胞。将连接产物与感受态细胞在试管中混匀，于冰上静置 30min，然后转移到 42℃热刺激 30～90s，此时连接产物就可能被感受态细胞吸收，再将其置于 37℃摇床复苏约 1h，然后均匀地涂布在含有抗生素的培养基上，于 37℃培养箱中倒置培养。因为连接产物，即重组后的质粒载体上带有抗性基因和表达元件，进入大肠埃希菌后所产生的蛋白质能降解被大肠埃希菌细胞吸收的抗生素，从而使重组大肠埃希菌细胞能够在培养基中存活下来。

过夜培养后，培养基上应该长出很多单菌落，随机挑取部分菌落，用菌内的重组质粒做DNA模板，进行菌落PCR（colony PCR）扩增，鉴定目的基因片段是否插入载体中。挑取阳性菌落于液体培养基中，37℃培养10～13h，而后采用碱裂解法提取细菌中的质粒DNA。在强碱性溶液中裂解菌体，释放质粒DNA，然后用酸中和反应，离心收集上清液后，通过硅胶膜纯化柱纯化出质粒DNA，经酶切鉴定和测序确定序列无误后用于进一步的实验（图2-9）。

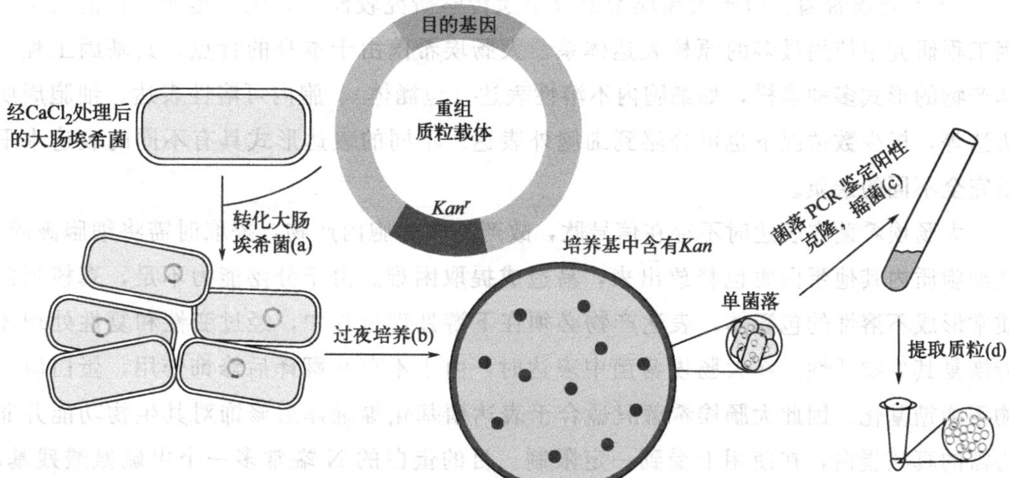

图2-9

重组载体利用细菌转化获得大量克隆过程示意图

三、目的基因在宿主中的表达

重组载体获得后，需要将其导入宿主细胞，从而实现目的基因的表达。进行基因表达研究，人们关心的问题主要是目的基因的表达产量、表达产物的稳定性、产物的生物学活性和表达产物的分离纯化。因此在进行基因表达设计时，必须综合考虑各种影响因素，建立最佳的基因表达体系。

1. 宿主的选择

目的基因获得后，必须在合适的宿主菌中进行表达，才能获得目的产物。宿主菌应满足以下要求：具有高浓度、高产量、高产率；能利用易得廉价原料；不致病、不产生内毒素；发热量低，需氧量低，具有适当的发酵温度和细胞形态；容易进行代谢调控；容易进行重组DNA；产物容易提取纯化。

通常情况下，某一特定的治疗性蛋白质，可以利用两种不同的表达系统生产，如胰岛素和生长激素可以在大肠埃希菌或酿酒酵母中表达，β干扰素（IFN-β）可在大肠埃希菌及中国仓鼠卵巢细胞（CHO细胞）中表达，其中CHO细胞中表达的IFN-β结构与人类天然蛋白质相同，大肠埃希菌表达的IFN-β则是N端缺失、一个半胱氨酸被丝氨酸取代以及没有任何糖基化的蛋白质。没有任何一个表达系统能在所有情况下都普遍具有优势，表达系统需要在个案的基础上进行选择。从安全性角度出发，理论上最好选择一个远离人类种属的表达平台，以使人类病原体不能污染该表达系统。

基因表达的宿主细胞分为两大类：第一类为原核细胞，目前常用的有大肠埃希菌、枯草芽孢杆菌、链霉菌等；第二类为真核细胞，常用的有酵母细胞、丝状真菌、昆虫细胞以及哺乳动物细胞等。

(1) 原核细胞

① 大肠埃希菌：由于大肠埃希菌分子遗传学研究较深入，生长迅速，目前仍是基因工程研究中使用最多的原核表达体系。大肠埃希菌由于本身的特点，其基因工程表达产物的形式多种多样，如细胞内不溶性表达（包涵体）、胞内可溶性表达、细胞周质表达等，极少数情况下也可分泌到细胞外表达。不同的表达形式具有不同的表达水平及完全不同的杂质。

大肠埃希菌在表达时不存在信号肽，故产品多为胞内产物，提取时需将细胞破碎，使细胞质内其他蛋白质也释放出来，易造成提取困难。由于分泌能力不足，真核蛋白质常形成不溶性的包涵体，表达产物必须在下游处理过程中，经过变性和复性处理才能恢复其生物活性。在大肠埃希菌中表达时，由于不存在翻译后修饰作用，蛋白质产物不能糖基化，因此大肠埃希菌只适合于表达糖基化等翻译后修饰对其生物功能并非必需的真核蛋白，在使用上受到一定限制。目的蛋白的 N 端常多一个甲硫氨酸残基，这是由于翻译常从甲硫氨酸的 AUG 密码子开始，同时也会引起免疫反应。细胞死亡后，细胞壁脂多糖游离出来，形成内毒素，其具有抗原性，易产生热原，很难除去，还会产生蛋白酶破坏目的蛋白。

大肠埃希菌表达的产物一般都是结构相对简单、分子量较小的细胞因子类蛋白质药物。在这些药物中，胰岛素及其突变体、粒细胞集落刺激因子（G-CSF）、干扰素 α、干扰素 β-1b 和生长激素仍是销售额巨大的生物制药重要品种。而随着生物技术的进步，大肠埃希菌表达的比较复杂的分子如抗体片段也显示了较好的应用前景，anti-VEGF 抗体片段、PEG 化 anti-TNF-α 抗体片段和甲状腺过氧化物酶（TPO）类多肽-Fc 融合蛋白的上市，是大肠埃希菌表达系统应用于生物制药产业中的重大突破，这些产品的市场表现将决定大肠埃希菌表达系统在未来生物制药产业中的地位。

② 枯草芽孢杆菌：作为革兰氏阳性菌的典型代表，对其生理、生化、遗传及分子生物学性质进行了详细的研究，其基因组测序已经完成。枯草芽孢杆菌自身没有致病性，只具有单层细胞外膜，能直接将许多蛋白质分泌到培养基中，不形成包涵体。该菌不能使蛋白质产物糖基化，而且由于有很强的胞外蛋白酶，可对目的产物进行不同程度的降解，因此在外源基因克隆表达中受到影响。另外，可用的载体相当有限，极少有蛋白质在枯草芽孢杆菌中的表达量高于在大肠埃希菌中的表达量。目前用枯草芽孢杆菌系统成功表达的真核基因产物有白介素-3、乙型肝炎核心抗原、乙型肝炎 PreS2 抗原、丙型肝炎病毒壳蛋白等，成功表达的原核基因产物有甘油-3-磷酸脱氢酶、甘油激酶、纤维素酶、色氨酸合成酶等。

③ 链霉菌：链霉菌是重要的工业微生物，作为外源基因表达系统正日益受到人们的重视，已发展了一大批有实用价值的载体质粒。对链霉菌的分子遗传学研究的长足进展，特别是有关链霉菌质粒的分子生物学、链霉菌启动子、链霉菌蛋白质分泌的信号肽序列等方面研究的综合进展，为外源基因在链霉菌中的表达提供了理论基础，链霉菌成为继大肠埃希菌、枯草芽孢杆菌之后又一个有价值的基因表达宿主。链霉菌的模式菌株天蓝色链霉菌的基因组测序已完成。其主要特点是：无致病性、使用安全；分泌能力强，可将表达产物直接分泌到培养液中；表达蛋白基本能正确折叠，不形成包涵体；具有糖基化能力。利用链霉菌进行工业化规模生产抗生素的历史悠久，其在工业规模发酵技术方面已积累了相当丰富的经验，因而可利用现有的技术及设备生产链霉菌表达的外源基因产物。在链霉菌中表达的蛋白质常常是可溶性的，因此就无须为了获得具有生物活性的蛋白质而使表达的蛋白质重新溶解并折叠成正确的构型。

（2）真核细胞

原核表达系统缺乏蛋白翻译后加工修饰系统，从而影响外源蛋白的生物活性。原核表达系统表达的外源蛋白会以包涵体形式存在，蛋白质须经变性、复性处理，难以维持蛋白质原有的天然活性。外源蛋白在原核生物中不稳定，容易被蛋白酶降解。由于原核表达系统存在上述缺点，利用真核表达系统表达外源蛋白越来越受到重视。目前基因工程中常用的真核表达系统有酵母细胞、昆虫细胞和哺乳动物细胞。

① 酵母细胞：酵母包括酿酒酵母、裂殖酵母、克鲁维酵母、甲醇酵母等表达系统，其中甲醇酵母基因表达系统是目前应用最为广泛的酵母表达系统之一。基因工程中应用较为广泛的酵母表达系统为巴斯德毕赤酵母（*Pichia pastoris*）。巴斯德毕赤酵母表达系统相对于大肠埃希菌表达系统的主要优点如下所述。

a. 高表达量：外源蛋白在毕赤酵母中可达到 g/L 以上表达量水平。

b. 高稳定性：外源基因被整合至毕赤酵母染色体上，随之复制和遗传，避免了丢失现象。

c. 翻译后修饰功能：包括信号肽的加工、蛋白质折叠、二硫键的形成和 *O*-糖基化及 *N*-糖基化、脂类添加等。

d. 分泌表达：培养基中含毕赤酵母自身蛋白质较少，主要为分泌表达的外源蛋白，因此，有利于后续的分离纯化。外源蛋白在酵母表达系统中表达的影响因素包括外源基因结构，表达形式及信号肽的选择，启动子的选择，转化子的拷贝数，甲醇诱导浓度、时间、温度，外源蛋白的降解等。

② 昆虫细胞：该表达系统是利用昆虫细胞和杆状病毒载体表达外源蛋白。与其他表达系统比较，具有以下优点。

a. 可以表达较大的外源基因，可以同时表达多个外源基因。

b. 可以实现不同生物来源的外源基因的表达，表达形式为胞内表达和分泌型表达。

c. 蛋白质翻译后加工功能与高等生物类似，外源蛋白可保持天然生物活性。

d. 杆状病毒具有宿主专一性，对植物和脊椎动物无致病性，生物安全性高。

昆虫细胞的表达载体主要由核型多角体病毒改建而成，该表达载体由大肠埃希菌的基础质粒插入多角体病毒的多角体蛋白基因的部分 DNA 序列改造而成。昆虫细胞宿主对杆状病毒的感染非常敏感，常用细胞株为 sf9 和 sf21。正常昆虫细胞贴壁生长，18～24h 扩增一代，被病毒感染后，昆虫细胞变大、变圆，且不能贴壁生长。外源基因与昆虫表达载体连接构建成重组的昆虫表达载体，重组载体不能直接感染昆虫细胞，必须通过共转染的方式，在昆虫细胞内发生同源重组，将外源基因的表达单元整合到杆状病毒基因组中，成为重组病毒，感染细胞进行复制。

③ 哺乳动物细胞：在哺乳动物细胞表达系统中表达外源蛋白，蛋白质能正确折叠，实现精确的 *N*-糖基化和 *O*-糖基化等多种蛋白质翻译后加工功能，因此外源蛋白在结构、理化性质及生物功能方面最为接近天然的高等生物蛋白质。

哺乳动物细胞表达系统的表达载体可分为病毒载体和质粒载体。病毒载体通过病毒颗粒的外壳蛋白与宿主细胞膜相互作用介导外源基因进入细胞内，常用的病毒载体包括腺病毒、腺相关病毒、反转录病毒、森林脑炎病毒（SFV）等。质粒载体根据物理或化学方法将外源基因导入细胞内，根据质粒是否能够独立于染色体进行自我复制将质粒载体分为整合型载体和附加型载体两类。整合型载体整合于宿主细胞染色体，附加型载体独立于染色体进行自我复制。常用的哺乳动物细胞株包括 CHO 细胞、骨髓瘤细胞株、COS 细胞、HEK293 细胞等，不同的细胞对外源蛋白的修饰存在差别。

哺乳动物细胞表达系统可分为瞬时表达系统、稳定表达系统和诱导表达系统。瞬时表达是指表达载体导入宿主细胞后，不经选择培养，即时表达，操作简单，周期短，但表达载体随细胞分裂逐渐丢失，外源蛋白的表达时限短暂。稳定表达系统是指表达载体进入宿主细胞后经选择培养，表达载体稳定存在于细胞内，外源蛋白的表达稳定，持久。诱导表达系统是指外源基因在外源性物质诱导后开始转录表达。

2. 载体导入宿主的方法

重组 DNA 分子导入宿主细胞的常用方法包括转化、转染、显微注射和电穿孔等。

（1）重组 DNA 导入大肠埃希菌

重组 DNA 导入大肠埃希菌有两个方法。

① 氯化钙转化法，具体操作过程参考本章第二节重组载体的构建中关于大量重组载体拷贝的获得方法。

② 转染法，以 λDNA 或黏尾质粒作为载体构建的重组 DNA 经外壳的包装成为具有感染能力的 λ 噬菌体颗粒，该噬菌体颗粒能将重组 DNA 注入大肠埃希菌，并在大肠埃希菌内进行扩增。

（2）重组 DNA 导入酵母

目前将重组 DNA 导入酵母的方法包括电转化法、化学转化法、原生质体转化法等。其中，电转化法方便、快速、高效，因此最受欢迎。电转化法基本步骤如下：用山梨醇处理酵母细胞制备感受态细胞，将线性化 DNA、感受态细胞置于电转仪中，通过电击将重组 DNA 导入酵母细胞，电击后加入山梨醇，28～30℃培养 2～3 天，直至单菌落出现。化学转化法简单，对设备要求低，是另一种常用的方法。处于生长期的酵母细胞经氯化锂或乙酸锂处理，加入重组 DNA，在运载 DNA（鲑鱼精 DNA、小牛胸腺 DNA）、PEG、二甲基亚砜（DMSO）等存在下，经热休克处理，重组 DNA 可以进入酵母细胞。

（3）重组 DNA 导入链霉菌

重组 DNA 导入链霉菌的方法包括原生质体转化法和电穿孔转化法。原生质体转化法是最为常用的方法，链霉菌经处理制备原生质体，原生质体经 PEG 处理后可以有效吸收重组 DNA。

（4）重组 DNA 导入哺乳动物细胞

哺乳动物细胞基因转移效率远远低于大肠埃希菌，因此发展了多种基因转移方法。主要分为物理法、化学法和生物法。物理法有显微注射法、电穿孔法等；化学法有 DNA-磷酸钙共沉淀转染法、DEAE-葡聚糖转染法等；生物法有细胞融合法和病毒感染法等。

① 显微注射法：在显微镜观察下，用玻璃毛细管携带 DNA 注射入细胞核中，导入外源 DNA 的受精卵经体外培养以及分子生物学检测，然后做胚胎移植。

② 电穿孔法：哺乳动物细胞在高压电脉冲作用下，产生瞬时可逆性穿孔和吞噬作用，摄取目的基因 DNA。

③ DNA-磷酸钙共沉淀转染法：含有目的基因 DNA 的氯化钙溶液与含有哺乳动物细胞的磷酸盐缓冲溶液混合，目的基因 DNA 与磷酸钙形成白色沉淀复合物黏附于细胞膜表面，并被哺乳动物细胞捕获进入细胞内。

④ DEAE-葡聚糖转染法：目的基因 DNA 经多聚阳离子试剂二乙氨基乙醇（DEAE）介导，被导入哺乳动物细胞。

⑤ 阳性脂质体介导的基因转染：以阳性脂质体为运载载体，介导基因 DNA 被哺乳动物细胞吞噬。

⑥ 细胞融合法：携带目的基因 DNA 的供体细胞和受体细胞经 PEG 或仙台病毒等处理发生融合，目的基因 DNA 转移至受体细胞。

⑦ 病毒感染法：携带目的基因 DNA 的病毒经外壳包装后成为成熟的病毒颗粒感染哺乳动物细胞，将目的基因 DNA 整合至受体细胞染色体 DNA 上。

3. 重组子筛选方法

在重组 DNA 导入宿主细胞实验中，由于重组率不可能达到 100%，因此需要从这些细胞中筛选出期望的重组子，将转化后的细胞涂布于特定的固体培养板，对生长出的单菌落或噬斑（单克隆）进一步筛选和鉴定。

（1）载体遗传标记法

① 抗生素抗性筛选法：抗生素抗性基因是最常见的筛选标记方法，包括氨苄西林（*amp*）、四环素（*tet*）、氯霉素（*cm*）、卡那霉素（*kan*）和新霉素（*neo*）等。含有转化子被赋予拮抗抗生素表型的重组子能在含抗生素的环境中生长，从而达到筛选鉴定

的目的。如图 2-10 所示，pBR322 质粒含有氨苄西林和四环素抗性基因，如果将目的基因插入四环素基因内部，经过转化获得的菌株如果同时带有氨苄西林和四环素抗性，则说明该菌株中的质粒为空载质粒。只有对氨苄西林有抗性的重组菌株才是携带有目的基因的重组质粒，以此达到筛选的目的。

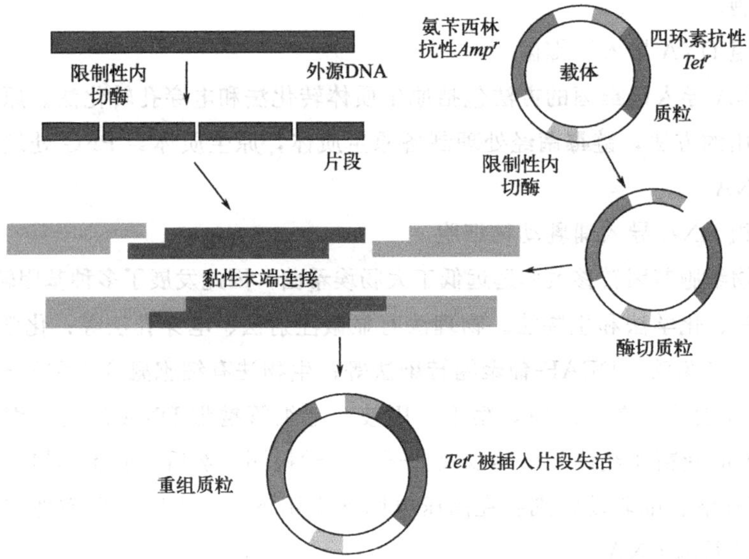

图 2-10
抗性基因筛选法示意图

② 互补筛选法：将重组子转化宿主细胞，载体的表达产物与宿主细胞中营养缺陷型突变发生互补作用，从而实现重组子的筛选。最常见的为蓝-白斑筛选。pUC 载体及其衍生质粒含有 *lacZ′*基因，该基因编码大肠埃希菌 β-半乳糖苷酶 α 氨基端的 α 互补肽段，与宿主细胞编码的缺陷型 β-半乳糖苷酶 α 实现互补。在异丙基硫代-β-D-硫代半乳糖苷（IPTG）的诱导下，含有该类载体的宿主细胞的两个互补肽段产生活性，可分解培养基上的底物 5-溴-4-氯-3-吲哚-β-D-半乳糖苷（X-gal），形成蓝色菌落。当外源基因插入 *lacZ′*基因内部的多克隆位点时，X-gal 培养基的重组子由于 *lacZ′*基因的插入失活而呈白色，而含有空载体的宿主细胞显蓝色，从而达到筛选鉴定的目的（图 2-11）。

③ 营养缺陷型筛选法：载体携带某些营养成分（如某种氨基酸）的编码基因，而宿主细胞因该基因突变而不能合成该细胞生长所必需的营养物质。因此只有含转化子的菌落才能够在缺少该营养物质的培养板上生长，从而实现筛选。

④ 噬斑筛选法：经噬菌体载体包装的外源重组 DNA 转染宿主细胞，转化子在固体培养板上出现清晰的噬斑，不含外源 DNA 的空载体因长度过小不能装配成噬菌体颗粒，不能感染宿主细胞形成噬斑，从而实现筛选的目的。

（2）核酸分子杂交法

① 菌落原位杂交：菌落原位杂交又称探针原位杂交法，制备与目的基因某一区域

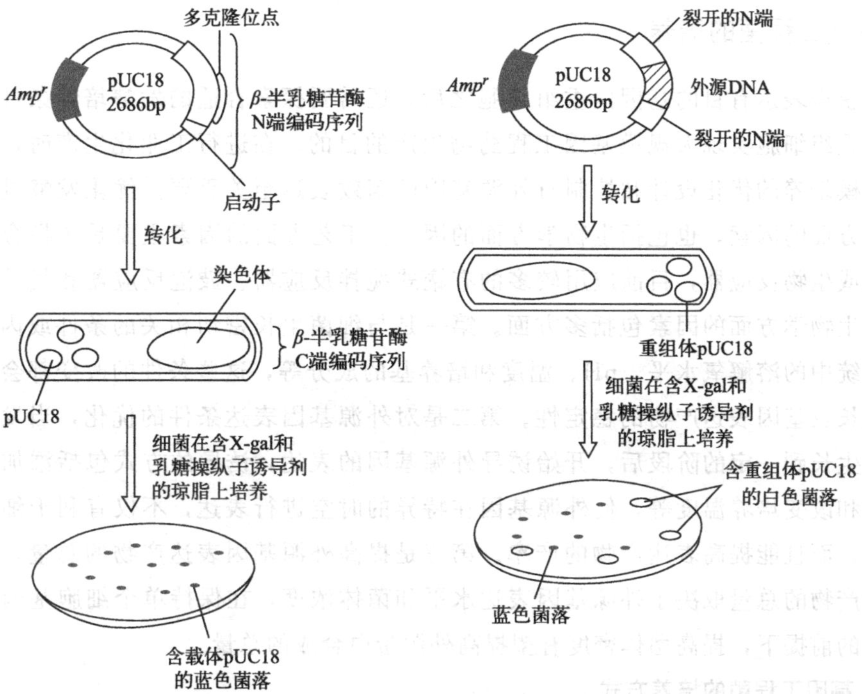

图 2-11

α 互补筛选法示意图

同源的探针序列，根据核酸杂交原理，探针序列特异性地杂交目的基因，并通过放射性同位素或荧光基团进行定位检测。

② DNA 印迹分析：1975 年，E. M. Southern 发明 Southern 印迹法（Southern blotting），用 DNA 探针来检测特定序列的 DNA。将待检测 DNA 混合物进行凝胶电泳分离，分离后的 DNA 片段转移至硝酸纤维素膜上，与放射性核素标记的 DNA 探针进行杂交，以检测目的 DNA 片段。

③ RNA 印迹分析：用 DNA 探针检测特定序列的 RNA，分析该基因表达及 mRNA 的分子量大小。

（3）限制性内切酶图谱法

从初步筛选的转化子中提取重组 DNA，选择合适的限制性内切酶进行酶切，通过琼脂糖凝胶电泳鉴定分子量大小，含有目的基因 DNA 片段酶切产物的为阳性克隆。

（4）DNA 序列测定法

限制性内切酶图谱法只能鉴定外源 DNA 存在与否，而插入序列的正确性必须由 DNA 测序法进行分析。由于 DNA 测序技术的不断进步，目前已经有大量的生物技术公司可利用大型全自动测序仪提供商业化的测序服务。

（5）目的基因表达产物测定法

如果重组 DNA 的目的基因能在宿主细胞中编码蛋白质，且宿主细胞本身不含有该蛋白质，那么可以通过检测蛋白质的生物功能或结构来筛选和鉴定重组子。

四、基因工程菌的培养

在获得表达有目的基因的重组细胞之后，还需要探索合适的发酵培养条件，以达到利用重组细胞实现大规模基因工程药物生产的目的。在进行工业化生产时，工程菌株大规模培养的优化设计和控制对外源基因的高效表达至关重要。优化发酵过程既包括工艺方面的因素，也包括生物学方面的因素。工艺方面的因素主要是选择合适的发酵系统或生物反应器，目前应用较多的有罐式搅拌反应器、鼓泡反应器和气升式反应器等。生物学方面的因素包括多方面。第一是与细菌生长密切相关的条件或因素，如发酵系统中的溶解氧水平、pH、温度和培养基的成分等，这些条件的改变都会影响细菌的生长及基因表达产物的稳定性。第二是对外源基因表达条件的优化，当发酵罐内工程菌生长到一定的阶段后，开始诱导外源基因的表达，诱导的方式包括添加特异性诱导物和改变培养温度等，使外源基因在特异的时空进行表达，不仅有利于细胞的生长代谢，而且能提高表达产物的产率。第三是提高外源基因表达产物的总量，外源基因表达产物的总量取决于外源基因表达水平和菌体浓度，在保持单个细胞基因表达水平不变的前提下，提高菌体密度有望提高外源蛋白合成的总量。

1. 基因工程菌的培养方式

（1）补料分批培养

在分批培养中，为了保持基因工程菌生长所需的良好微环境，延长其生长对数期，获得高密度菌体，通常把溶解氧控制和流加补料措施结合起来，根据基因工程菌的生长规律来调节补料的流加速率，具体方法如下。

① DO-Stat 方法：这一方法是通过调节搅拌转速和通气速率来控制溶解氧在 20%的水平，用固定或手动调节补料的流加速率。要获得高水平表达，补料的流加速率是关键因素，过高或过低都会降低产量。

② 平衡的 DO-Stat 方法：该法通过控制溶解氧、搅拌转速及糖的流加速率，使乙酸维持在低浓度水平，从而获得高密度菌体及高表达产物。其原理是：溶解氧水平及糖的流加速率对菌体代谢的糖酵解途径和氧化途径之间的平衡产生影响，缺氧时将迫使糖代谢进入糖酵解途径，糖的流加速率过大也有类似效应，当碳源供给超过氧化容量时，糖就会进入糖酵解途径而产生乙酸或乳酸。因此，操作设计策略是要维持高水平溶解氧，并控制糖的流加速率不超过氧化容量，且两者是互相依赖的，由两个偶联的控制回路来实现。

③ 控制菌体比生长速率方法：基因工程菌的产物表达水平与菌体的比生长速率有关，控制菌体的比生长速率在最优表达水平可同时获得高密度和高表达的产物。可通过两种方式来控制菌体的比生长速率：第一，通过调节葡萄糖流加速率以控制溶解氧在 20%的水平；第二，通过调节搅拌转速来控制菌体的比生长速率在最优值。可以采用两种方法来调节转速：一是由通气量、起始菌浓度、培养体积、尾气中 CO_2 和 O_2 分析来计算出某一时刻的真实值，通过微机反馈来控制转速；二是根据以前的实验数

据，预先建立转速的指数控制方程，从而获得所需要菌体的比生长速率。

（2）连续培养

连续培养是将种子接入发酵反应器中，搅拌培养至菌体浓度达到一定程度后，开动进料和出料蠕动泵，以一定稀释率进行不间断培养。连续培养可以为微生物提供恒定的生活环境，控制其生长速率，为研究基因工程菌的发酵动力学、生理生化特性、环境因素对基因表达的影响等创造良好的条件。

但是由于基因工程菌的不稳定性，连续培养比较困难。为了解决这一问题，人们将工程菌的生长阶段和基因表达阶段分开，进行两阶段连续培养。在这样的系统中，关键的控制参数是诱导水平、稀释率和细胞比生长速率。优化这3个参数以保证在第一阶段培养时质粒稳定，菌体进入第二阶段后可获得最高表达水平或最大产率。

（3）透析培养

透析培养技术是利用膜的半透性原理使培养物和培养基分离，其主要目的是通过去除培养液中的代谢产物来消除其对生产菌的不利影响。在传统的生产外源蛋白的发酵方法中，乙酸等代谢副产物过高积累，限制了工程菌的生长及外源基因的表达，而透析培养技术解决了上述问题。其采用膜透析装置，在发酵过程中用蠕动泵将发酵液抽出打入罐外的膜透析器的一侧循环，其另一侧通入透析液循环。在补料分批培养中，大量乙酸在透析器中透过半透膜，可降低培养基中的乙酸浓度，并可通过在透析液中补充养分而维持较合适的基质浓度，从而获得高密度菌体。膜的种类、孔径、面积，以及发酵液和透析液的比例、透析液的组成、循环流速、开始透析的时间和透析培养的持续时间都对产物的产率有影响。用此法培养重组菌 *E. coli* HB101（pPAKS2）生产青霉素酰胺酶，可使产率提高11倍。

（4）固定化培养

基因工程菌培养的一大难题是如何维持质粒的稳定性。有人将固定化技术应用到这一领域，发现基因工程菌经固定化后，质粒的稳定性大大提高，便于进行连续培养，特别是对分泌型菌更为有利。由于这一优点，基因工程菌固定化培养研究已得到迅速开展。

2. 基因工程菌的培养工艺

利用基因重组技术构建的生物工程菌的发酵工艺不同于传统的发酵工艺，就其选用的生物材料而言，生物工程菌为含有外源基因的重组载体的微生物细胞，从发酵工艺考虑，生物工程菌的发酵生产的目的是希望能获得大量的外源基因产物，尽可能减少宿主细胞本身蛋白质的污染。外源基因的高水平表达，不仅涉及宿主、载体和克隆基因之间的相互关系，而且与其所处的环境条件息息相关。仅按传统的发酵工艺生产生物制品是远远不够的，需要对影响外源基因表达的因素进行分析，探索出一套既适于外源基因高效表达，又有利于产品纯化的发酵工艺。现就几个主要因素进行分析。

（1）培养基的影响

培养基的组成既要提高工程菌的生长速率，又要保持重组质粒的稳定性，使外源基因能够高效表达。常用的碳源有葡萄糖、甘油、乳糖、甘露糖、果糖等。常用的氮源有酵母粉、蛋白胨、酪蛋白水解物、玉米浆和氨水、硫酸铵、硝酸铵、氯化铵等。另外，培养基中还可加入一些无机盐、微量元素、维生素、生物素等。如果是营养缺陷型菌株，还要补加相应的营养物质。

使用不同的碳源对菌体生长和外源基因表达有较大的影响。如葡萄糖和甘油相比，它们所导致的菌体生长速率及呼吸强度相差不大，但甘油的菌体得率较大，而葡萄糖所产生的副产物较多。在各种有机氮源中，酪蛋白水解物更有利于产物的合成与分泌。培养基中色氨酸（trp）对 trp 启动子控制的基因表达有影响。无机磷在许多初级代谢的酶促反应中是一个效应因子，如在 DNA、RNA、蛋白质的合成，糖代谢，细胞呼吸及 ATP 水平的控制中。过量的无机磷会刺激葡萄糖的利用、菌体生长和氧的消耗。在低磷浓度下，尽管最大菌体浓度较低，但产物的比生产率及产物浓度都最高。

(2) 接种量的影响

接种量是指移入的种子液体积和培养液体积的比例，接种量的大小影响发酵的产量和发酵周期，它的大小取决于生产菌种在发酵中的生长繁殖速度。接种量小，菌体延迟期较长，不利于外源基因的表达。采用大接种量，种子液中含有大量体外水解酶，有利于对基质的利用，可以缩短生长延迟期，并使生产菌能迅速占领整个培养环境，减少污染机会，但接种量过高往往会使菌体生长过快，代谢产物积累过多，反而会抑制后期菌体的生长。例如，表达 rhGM-CSF 的工程菌——大肠埃希菌 DH5α 分别以 5%、10%、15%的接种量进行发酵，结果表明：5%的接种量，菌体延迟期较长，可能会使菌龄老化，不宜表达外源蛋白产物；10%、15%的接种量，延迟期极短，菌群迅速繁殖，很快进入对数生长期，适于表达外源蛋白产物。

(3) 温度的影响

温度对基因表达的调控作用可发生在复制、转录、翻译或低分子调节物合成等水平上。在复制水平上可通过调控复制，影响基因表达。在转录水平上可通过影响 RNA 多聚酶的作用，来调控基因表达，也可通过修饰 RNA 多聚酶来调控基因表达。温度也可在 mRNA 降解和翻译水平上影响基因表达。温度还可能通过调节细胞内小分子调节物的量而影响基因表达，也可通过影响细胞内鸟苷四磷酸（ppGpp）的量调控一系列基因表达。

温度诱导的基因工程菌，其最佳的诱导温度可能随产物而异。温敏扩增型质粒，升温后质粒拷贝数就处于失控状态，对菌体生长有很大影响。对含此类质粒的工程菌，通常要先在较低温度下培养，然后升温，以大量增加质粒拷贝数，诱导外源基因表达。

温度还影响蛋白质的活性和包涵体的形成。培养温度对蛋白质的表达有一定的影响，37℃时工程菌生长较好，适合大肠埃希菌蛋白表达系统的运转，重组蛋白表达量较高，但由于蛋白质表达速度过快，其表达产物大多以不可溶的包涵体形式存在，反而造成可溶性重组蛋白表达量降低，因此，在加诱导剂后，选择 30℃培养。分泌型重组人粒细胞-巨噬细胞集落刺激因子工程菌 *E. coli* W3100/pGM-CSF 在 30℃培养时，目的产物表达量最高；温度低时影响细菌生长，不利于目的产物的表达。温度高（37℃）时由于细菌的热休克系统被激活，大量的蛋白酶被诱导，降解表达产物，因此，产物表达量低于在30℃时的发酵产量。重组人生长激素在不同的温度下培养会影响产物的表达形式：30℃培养时是可溶的，37℃培养时则形成包涵体。

（4）溶解氧的影响

溶解氧（dissolved oxygen，DO）是工程菌发酵培养过程中影响菌体代谢的一个重要参数，溶解氧浓度对菌体生长和产物生成的影响很大。菌群在大量扩增过程中，耗氧进行氧化分解代谢，饱和氧的及时供给很重要。发酵时，随DO浓度的下降，细胞生长减慢，存活时间下降，尤其在发酵后期，随DO浓度的下降，存活时间下降幅度更大，外源基因的高水平转录和翻译，细胞需要大量的能量，以促进细胞的呼吸作用，提高了对氧的需求，因此只有维持较高水平的DO值（≥40%）才能促进带有重组质粒的细胞生长，有利于外源蛋白产物的形成。

研究发现，分泌型重组人粒细胞-巨噬细胞集落刺激因子工程菌 *E.coli* W3100/pGM-CSF在发酵过程中若溶解氧水平长期低于20%，则易产生大量杂蛋白，影响以后的纯化。为此，在发酵过程中，应始终控制溶解氧水平不低于25%。

（5）诱导剂的影响

IPTG是一种十分有效的乳糖操纵子诱导剂。然而，IPTG对于人体具有潜在的毒性，当利用IPTG诱导表达应用于人体的重组药物时，有可能对最终的产品带来一些不利影响。另外，IPTG的价格也较为昂贵，尤其是在较大体积的发酵罐中进行诱导时，IPTG的应用会造成发酵成本的增加。乳糖是一种二糖，没有毒性，其低廉的价格，使其有可能成为替代IPTG的诱导剂。乳糖本身作为一种碳源，可以被菌体所代谢利用，同时，作为一种糖类物质，它的存在亦会导致菌体的生理及生长特性发生变化。与IPTG所不同的是，乳糖自身无法进入菌体细胞的内部，它需要借助于乳糖渗透酶的作用，乳糖的转运因此受多种因素的影响。另外，乳糖进入细胞后仍然不能诱导 *lac* 启动子的启动。它需要经过β-半乳糖苷酶的作用转化为异乳糖才会起到诱导剂的作用。与IPTG相比，利用乳糖作为诱导剂，其诱导过程更为复杂和麻烦，而且诱导效果也有所不及。

（6）诱导时机的影响

对于PL启动子型的工程菌来说，一般在对数生长期或对数生长后期进行升温诱导表达。在对数生长期，细胞快速繁殖，直到细胞密度达到每毫升10^9个细胞（OD_{600}为2.5）为止，这时菌群数目倍增，对营养和氧的需求量激增，营养和氧成了菌群旺盛代谢的限制因素。如果分批发酵培养，控制在一定的菌体密度下进行诱导，有利于外源蛋白的表达，菌体湿重一般为8～10g/L；如果采用流加工艺，补充必要的营养，加大供氧量，菌群继续倍增，菌体密度提高（25～30g/L），而且表达量并不降低。这在工业化生产中确实有着巨大的潜力，生物量能够提高2～3倍，会产生巨大的经济效益。

(7) pH 的影响

在发酵过程中 pH 的变化是由工程菌的代谢、培养基的组成和发酵条件所决定的。细胞自身对 pH 具有一定的调节能力，但当外界条件变化过于激烈时，细胞失去自身调节能力，从而影响细胞的正常生长。如采用两阶段培养工艺，培养前期阶段着重于优化工程菌的最佳生长条件，培养后期阶段着重于优化外源蛋白的表达条件。实验发现细胞生长期的最佳 pH 范围为 6.8～7.4，而外源蛋白表达的最佳 pH 范围为 6.0～6.5。因此在发酵前期，pH 可以控制在 7.0 左右，开始热诱导表达时，关闭碱泵，由于细胞自身代谢的影响，pH 逐渐下降，当 pH 降至 6.0 时，重新启动碱泵，采用自动调节程序，就可避免环境 pH 激烈变化对细胞生长和代谢造成的不利影响。

总之，必须建立工程菌发酵的最佳工艺。最佳工艺是指最快周期、最高产量、最好质量、最低消耗、最大安全性、最周全的废物处理效果与最低失败率等综合指标。工艺最佳化需对不同的菌种做大量实验，取得重复性好的准确数据后，模拟发酵代谢曲线，预测放大值。只有对菌种生物特性和发酵工艺了如指掌，最佳工艺条件的设计才更合理。

3. 基因工程菌的培养设备

生物药品已进入生物技术时代，愈来愈多地应用发酵罐来大规模培养基因工程菌。为了防止工程菌丢失携带的质粒，保持基因工程菌的遗传特性，对发酵罐的要求十分严格。由于生化工程学和计算机技术的发展，新型自动化发酵罐完全能够满足安全可靠地培养基因工程菌的要求。

常规的微生物发酵设备可直接用于基因工程菌的培养。但是微生物发酵和基因工程菌发酵有所不同，微生物发酵主要收获的是它们的初级或次级代谢产物，细胞生长并非主要目标，而基因工程菌发酵是为了获得最大量的外源基因表达产物，由于这类物质是相对独立于细胞染色体之外的重组质粒上的外源基因所合成的、细胞并不需要的蛋白质，因此，培养设备以及控制应满足获得高浓度的受体细胞和高表达的基因产物的需求。

发酵罐组成部分有发酵罐体、保证高传质作用的搅拌器、精细的温度控制和灭菌系统、空气无菌过滤装置、残留气体处理装置、参数测量与控制系统（如 pH、O_2、CO_2 等）以及培养液配制及连续操作装置等（图 2-12）。由于基因工程菌在发酵培养过程中要求环境条件恒定，不影响其遗传特性，更不能引起所带质粒丢失，因此对发酵罐有特殊要求：要提供菌体生长的最适条件，培养过程不得污染，保证纯菌培养，培养及消毒过程中不得游离出异物，不能干扰细菌代谢活动等。为达到上述要求，发酵罐材料的稳定性要好，一般要用不锈钢制成，罐体表面光滑易清洗，灭菌时没有死角。与发酵罐连接的阀门要用模式阀，不用球形阀。所有的连接接口均要用密封圈封闭，不留“死腔”。搅拌器转速和通气应适当，任何接口处均不得有泄漏。要防止操作过程中杂菌污染，空气过滤系统要采用活性炭和玻璃纤维棉材料。为避免基因工程菌株在自然界扩散，培养液要经化学处理或热处理后才可排放，发酵罐的排气口要用蒸汽灭菌或微孔滤器除菌后，才可以将废气放出。轴封可采用磁力搅拌或双端面密封的方式。

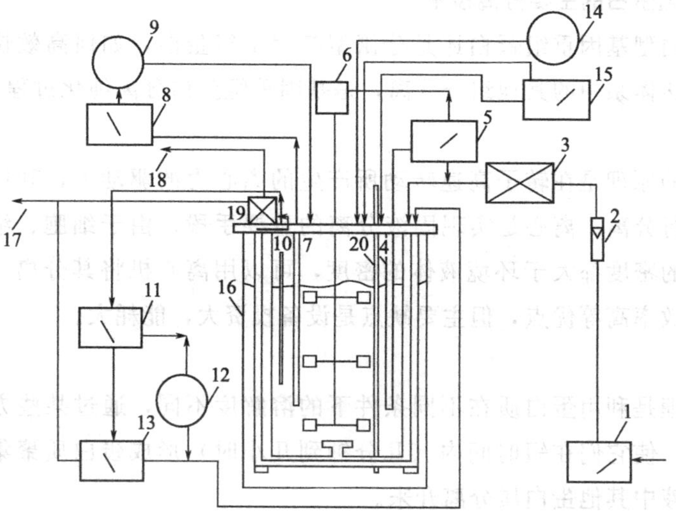

图 2-12

发酵罐示意简图

1—去水去油空压机系统；2—转子流量计；3—空气过滤系统；4—溶解氧电极；5—溶解氧控制系统；6—搅拌转速器；7—pH 电极；8—pH 控制系统；9—酸碱补加装置；10—热敏电极；11—温度控制系统；12—加热器；13—冷冻水浴系统；14—消泡装置；15—培养基流加装置；16—培养罐体；17—冷却水排出；18—排气；19—排气冷凝器；20—取样管

五、基因重组蛋白的分离纯化与鉴定

基因重组蛋白的纯化是根据产物性质以及杂质的状况，将各种分离纯化的步骤加以组合，从而达到去除杂质的目的。利用基因重组方法生产的重组蛋白往往与发酵液培养基中的蛋白质和其他菌体蛋白等混在一起，分离纯化步骤的设计必须从有关蛋白质的等电点、解离性质、溶解性、分子的沉淀性质、分子量大小以及对特殊物质的亲和性等方面进行考虑。由于基因重组蛋白大多为生物活性物质，因此在提取纯化过程中不仅要保证一定的回收率，而且还要保证提纯的条件不能太剧烈，以免影响生物活性。

基因重组蛋白的分离纯化，根据目的产物的性质和对产品纯化要求的不同，可选择不同的分离纯化方法和不同的分离纯化路线，但主要分为两个方面：①目标产物的初级分离，主要是在发酵培养后，将目标产物从培养液中分离出来；②目标产物的纯化，这是在分离的基础上，运用各种具有高选择性的纯化手段，使产物按要求进行纯化。

分离纯化技术应满足下列要求：①技术条件要温和，能保持目标产物的生物活性；②选择性要好，能从复杂的混合物中有效地将目标产物分离出来，达到较高的纯化倍数；③回收率要高；④两个技术之间要能直接衔接，不需要对物料加以处理或调整，这样可以减少工艺步骤；⑤整个分离纯化过程要快，能够满足高生产率的要求。

1. 基因重组蛋白的主要分离技术

无论是胞内型基因重组蛋白还是分泌型基因重组蛋白，如何高效快速地将表达的目的蛋白与表达体系中的其他组分分离，是基因重组蛋白分离纯化过程中的关键步骤。

（1）离心

离心分离的原理是在转子高速转动所产生的离心力的驱动下，利用固体及液体间的密度差来进行分离。离心是实现固液分离的重要手段。由于细胞、细胞碎片、包涵体和病毒颗粒的密度都大于环境液体的密度，可以用离心机将其分离。离心分离具有速度快、分离效率高等优点，但主要缺点是设备投资大，能耗大。

（2）沉淀

沉淀的原理是利用蛋白质在不同条件下的溶解度不同，通过某些方法降低某一蛋白质的溶解度，使它们在短时间内（几分钟到几小时）形成蛋白质聚集体，再用离心方法将其与溶液中其他蛋白质分离开来。

① 等电点沉淀法：蛋白质具有带电特性，而蛋白质的带电特性与溶液的 pH 值有关，当溶液的 pH 值为某一值时，即在等电点（pI）时，蛋白质所带净电荷正好为零，溶液系统的溶剂成分水会把蛋白质从本体溶剂中排挤出来，这种情况下，等电点附近的蛋白质分子便有利于相互作用、凝聚并沉淀。故可以利用这一性质来富集具有某一等电点的蛋白质组分，使其与其他的蛋白质组分分离。

② 盐析法：在高盐浓度时，蛋白质的溶解度会明显地随着溶液中盐离子浓度的增加而降低。增加溶液中的盐浓度，会使蛋白质表面的极性基团与溶液中的离子配对，从而消除溶液中蛋白质的相互作用。此外，高盐还能促进蛋白质表面疏水区的相互作用，形成蛋白质聚集体而沉淀。蛋白质的盐析效应按下列顺序依次递减。阴离子：柠檬酸盐＞酒石酸盐＞SO_4^{2-}＞F^-＞IO_3^-＞$H_2PO_4^-$＞醋酸盐＞$B_2O_3^-$＞Cl^-＞ClO_3^-＞Br^-＞NO_3^-＞ClO_4^-。阳离子：Th^{4+}＞Al^{3+}＞H^+＞Ba^{2+}＞Sr^{2+}＞Ca^{2+}＞Mg^{2+}＞Cs^+＞Rb^+＞NH_4^+＞K^+＞Na^+＞Li^+。

目前最常用的盐析剂是硫酸铵，虽然从上述阴阳离子的特性来看，硫酸铵并不是盐析效应最好的盐类，但它在水溶液中的溶解度大，离子浓度大，有利于盐析。

（3）膜分离

膜分离技术是指用半透膜作为选择性障碍层，使溶液中某些组分通过，而截留其他组分的分离方法。它具有设备简单、无变性、无化学变化、费用较低及处理效率较高等特点。由于可在常温下操作，节省能源，特别适用于热敏性物质的分离。另外，使用膜分离法分离目标产物，产物的损失也很小。

① 渗透和透析：渗透是一种扩散过程，利用膜两侧渗透压的差异使溶剂产生流动。透析是利用膜两侧的浓度差为驱动力，从溶液中分离出小分子物质的过程。从原则上讲，一般透析过程与渗透重叠，使原溶液中的浓度不断降低，过程的驱动力也不断地减小。

在选择透析袋时，应注意透析袋的直径和纤维膜孔的标称孔径。由于截留的目标产物的分子量是以假定的球蛋白平均大小为基础标定的，如果所需截留的目标蛋白的形状是长链的，那么即使它的分子量大于截留分子量，也有可能流失。因此，应选用标称截留分子量小于待研究蛋白分子量的透析袋，以免造成目标蛋白的损失。另外，样品的透析率与样品的扩散速率有关，扩散速率又与分子量有关，小分子比大分子透析得快。温度也影响透析率，较高的温度可增大扩散速率，但为防止目的蛋白失活和变性，透析通常在4℃下进行。

② 反渗透、超滤和微滤：反渗透是通过外加高于溶液渗透压的压力，使溶液中的水透过膜，而溶液中的溶质则全部被截留，从而使溶液进一步浓缩。超滤与反渗透并无原则上的区别，只是超滤使用孔径较大的薄膜，截留的分子量也较大。微滤则是以多孔细小的薄膜为过滤介质，使不溶物浓缩过滤。因此反渗透、超滤和微滤都是以压力差为驱动力。原则上，反渗透只允许溶剂通过，较大分子的盐类被截留，主要起浓缩作用；超滤允许较大的分子通过，可同时实现浓缩和纯化。

③ 电渗透：电渗透是在电位差的驱动下，通过离子交换膜从溶液中分离离子的过程。其原理是将阴、阳离子交换膜交替排列在正负极之间，由此形成许多独立的小单元。当溶液中的离子在电场作用下通过这些单元时，某些单元中的正、负离子透过离子交换膜，其溶液被脱盐，另一些单元中的正、负离子受电场及离子交换膜的排斥作用而留在单元中，形成高盐溶液。利用电渗透法，可使溶液中的蛋白与离子分离，从而达到脱盐的目的。

（4）双水相萃取

细胞破碎后，如何高效快速地将细胞碎片与胞内的基因重组蛋白分离，是基因重组蛋白分离纯化过程中关键的步骤之一。普通的离心法和膜分离法往往显得效率低下，因为离心沉淀不仅能耗大，且细胞碎片清除不干净，而膜分离法速度慢，且易出现蛋白质滞留等情况。

双水相萃取的原理是在水相中加入可溶于水的高分子化合物如聚乙二醇和葡聚糖，形成密度不同的两相体系。由于两相中均含有较多的水，故称为双水相。常见的双水相系统有聚乙二醇（PEG）/无机盐、PEG/葡聚糖等。当使用PEG/无机盐提取胞内蛋白时，细胞碎片能全部加入下相（盐相），蛋白质则留在上相（例如PEG相）中。此时，再加入一定量的PEG，进行第二次萃取，因为多糖和核酸的亲水性较蛋白质强，这样蛋白质继续留在PEG相中，而多糖和核酸则加入盐相中。如此，再进行第三次萃取，使蛋白质加入盐相中，还可使蛋白质与色素分离。萃取所使用的条件比较温和，有利于目的蛋白活性的保持，且所得产率高，并可达到一个较高的纯度。

2. 基因重组蛋白的主要纯化技术

基因重组蛋白的纯化主要采用色谱法。

（1）离子交换色谱

离子交换色谱（ion exchange chromatography）是最常用的色谱方法之一，它是利用蛋白质等电点的差异，来实现不同蛋白质间的分离和纯化。离子交换色谱的基本原理是通过带电的溶质分子与离子交换剂中可以交换的离子进行交换，从而实现分离纯化。离子交换所采用的分离介质是一类树脂骨架上固定有离子化基团的凝胶，由于不同蛋白质的等电点不同，因此在某一特定的 pH 时所带的电荷也不同，从而与这些基团的结合能力亦不同，在不同浓度的反离子（counterion）溶液中，逐渐被洗脱下来从而实现目标蛋白的分离纯化（图 2-13）。

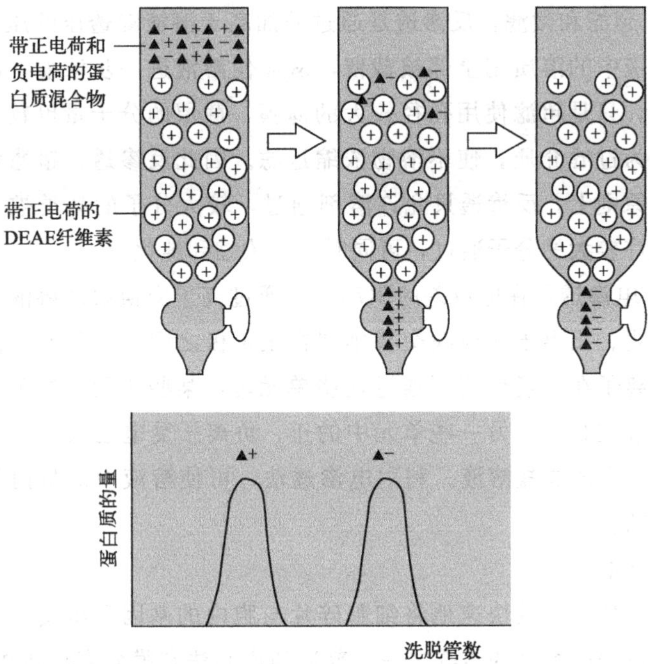

图 2-13
离子交换色谱示意图

由于离子交换色谱分辨率高、容量大、操作容易，该法已成为基因重组蛋白分离纯化的一种重要方法。

（2）亲和色谱

亲和色谱（affinity chromatography，AC）是利用固定化配体与目的蛋白之间特异的生物亲和力进行吸附（图 2-14）。这些相互作用包括酶与激活剂、抑制剂、底物之间的诱导契合，抗原与抗体之间的特异性结合，激素或配体与受体之间的相互作用，以及蛋白质与 DNA、RNA 上某些特定区域之间的相互作用等。由于分子之间相互作用的特异性和专一性，用亲和色谱技术进行分离，能使大多数的蛋白质在经过一次亲和之后就达到很高的纯度。在亲和色谱中起可逆结合的特异性物质称为配体，与配体结合的支撑物称为载体。

固相基质上的配体应该具有与目的蛋白结合的特异性，且有能形成稳定复合物的能力。当亲和力过低时，配体与目的蛋白的结合力较弱，选择性低，分离效果不理想；

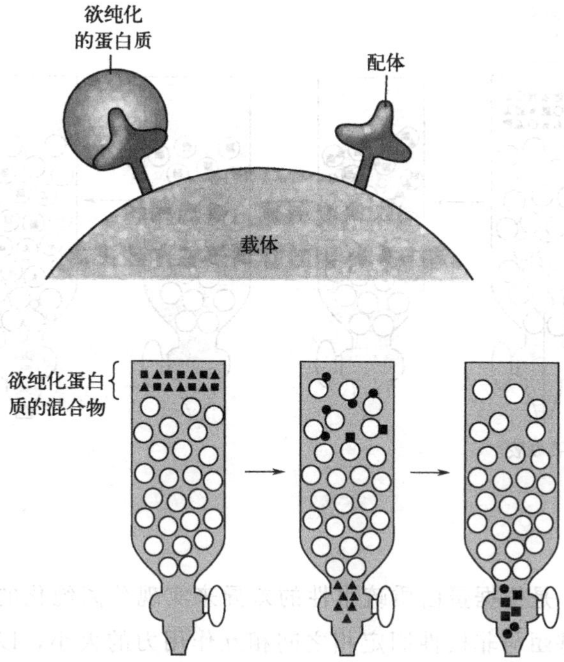

图 2-14

亲和色谱示意图

但若亲和力过高，洗脱条件必须十分强烈，又有可能造成蛋白质变性。因此，要使亲和色谱达到最佳的分离纯化效果，首先要选用恰当的亲和色谱介质。

(3) 凝胶过滤色谱

凝胶过滤（gel filtration）色谱又称为分子筛色谱，也称排阻色谱，其基本原理是根据生物分子的大小来实现目的蛋白的分离纯化（图 2-15）。凝胶过滤色谱中所用的凝胶是一种惰性的不带电荷具有三维空间结构的多孔网状物质，凝胶的每个颗粒的微细结构就如一个筛子，当样品随流动相经过凝胶柱时，较大的分子不能进入凝胶网孔内而受到排阻，将与流动相一起，首先被洗脱下来，而较小的分子进入部分凝胶网孔内，所以流出的速度相对较慢。

凝胶过滤主要用于脱盐、分级分离及分子量的测定。脱盐是将无机盐与生物大分子进行分离；分级分离则是将分子量大小相近的产物分开。在使用标准样品作对照时，凝胶过滤可以测定生物大分子的分子量。一般来说，凝胶过滤法对分子量大小差异较大的蛋白质之间的分离效果较好，而对那些分子量大小差异较小的蛋白质分离效果较差。

凝胶过滤法具有许多优点：①分离蛋白质的分子量范围广，在几百到几百万之间；②凝胶是不带电荷的惰性基质，不会与溶质分子发生作用，因此蛋白质的回收率高，实验的重复性好；③凝胶介质可反复使用。

(4) 反相色谱和疏水色谱

反相色谱（reverse-phase chromatography，RPC）和疏水色谱（hydrophobic chro-

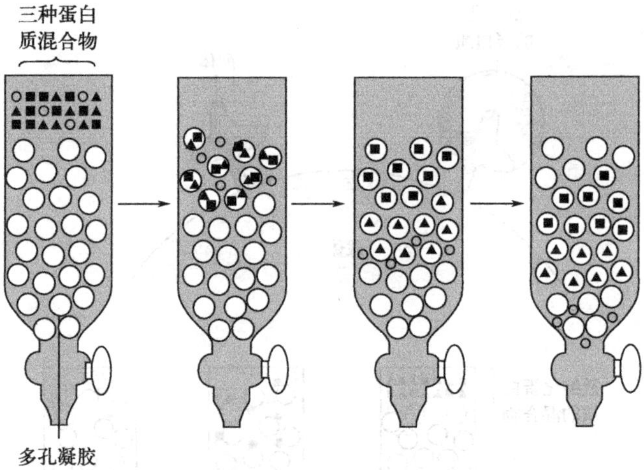

图 2-15
凝胶过滤色谱示意图

matography，HIC）是根据蛋白质疏水性的差异来实现分离纯化的。反相色谱是利用溶质分子中非极性基团与非极性固定相之间相互作用力的大小，以及溶质分子中极性基团与流动相中极性分子之间在相反方向作用力大小的差异进行分离的。进行生物大分子反相色谱分离时，常用的固定相为硅胶烷基键合相。流动相常采用低离子强度的酸性水溶液，并加入一定比例的能与水互溶的乙腈、甲醇、异丙醇等有机溶剂。由于固定相骨架的疏水性强，吸附的蛋白质需要用有机溶剂才能洗脱下来。疏水色谱的原理与反相色谱相似，主要是利用蛋白质分子表面上的疏水区域（非极性氨基酸的侧链，如丙氨酸、甲硫氨酸、色氨酸和苯丙氨酸）和介质的疏水基团（苯基或辛基）之间的相互作用。所用介质表面的疏水性比反相色谱所用介质的疏水性弱，常为有机聚合物键合相或大孔硅胶键合相，流动相一般采用 pH 6.0～8.0 的盐水溶液。在高盐离子浓度时，蛋白质分子中的疏水性部分与介质的疏水基团产生疏水性作用而被吸附，盐离子浓度降低时蛋白质的疏水作用也随之减弱，不同蛋白质被逐步洗脱下来，蛋白质的疏水性越强，洗脱的时间越长。相对于反相色谱，疏水色谱回收率较高，蛋白质变性的可能性较小。

反相色谱和疏水色谱的差异在于前者在有机相中进行，蛋白质经过反相流动相与固定相作用有时会发生部分变性，而后者通常在水溶液中进行，蛋白质在分离过程中一般仍保持其天然构象。

3. 根据分离纯化工艺的要求来选择

在基因重组蛋白分离纯化过程中，通常需要综合使用多种分离纯化技术，一般来说，分离纯化工艺应遵循以下原则。

（1）具有良好的稳定性、重复性和较高的安全性

工艺的稳定性包括不受或少受发酵工艺、条件及原材料来源的影响，在任何环境下使用都应具有重复性，可生产出同一规格的产品。为保证工艺的重复性，必须明确

工艺中需严格控制的步骤和技术，以及允许的变化范围。严格控制的工艺步骤和技术越少，工艺条件的可变动范围越宽，工艺的重复性越好。在选择后处理技术、工艺和操作条件时，要确保去除有危险的杂质，保证产品质量和使用安全，以及生产过程的安全性。药品生产要保证安全、无菌、无热原、无污染。

(2) 尽可能减少组成工艺的步骤

步骤越多，产品的后处理收率越低，但必须保证产品的质量。组成工艺的各技术或步骤之间要能相互适应和协调，工艺与设备也能相互适应，从而减少步骤之间对物料的处理和条件的调整。

(3) 分离纯化工艺所用的时间要尽可能地短

稳定性差的产物随工艺时间的增加，收率特别是生物活性收率会降低，产物质量也会下降。

(4) 工艺和技术必须高效

收率高，易操作，对设备要求低，能耗低。

4. 基因重组蛋白的分析和鉴定

(1) 蛋白质含量的测定

蛋白质含量的测定是研究蛋白质的第一步，目前常用的方法如下。

① 紫外（UV）吸收光谱：由于蛋白质中含有芳香族氨基酸（如色氨酸和酪氨酸），因此蛋白质在 280nm 处有特征吸收峰，故测定 280nm 的光吸收值可以计算出对应溶液中的蛋白质含量。由于不同蛋白质中芳香族氨基酸的含量不同，因此，紫外吸收法必须用同源蛋白质制备标准曲线。

② BCA 法：BCA（bicinchoninic acid）法是近年来得到广泛使用的蛋白质浓度测定方法，其优点是不受蛋白质中氨基酸组成差异的影响，抗干扰能力强，与几乎所有的缓冲溶液相容。其原理是在碱性溶液中，蛋白质分子将二价铜离子还原成一价铜离子（双缩脲反应，biuret reaction），后者与试剂中的二辛可酸（BCA）形成一个在 562nm 处具有最大吸光度的紫色复合物，其吸光度与蛋白质浓度成正比，线性范围在 20～2000pg/mL。但必须指出，BCA 法不是真正的反应终点测定法，随着时间的延长，溶液颜色会不断加深，所以样品的测定必须在短时间（最长为 10min）内完成。

③ Lowry 法：Lowry 法是采用福林-酚试剂来进行测定，其原理是基于蛋白质在碱性溶液中与铜形成复合物，此复合物可以还原磷钼酸-磷钨酸试剂产生蓝色。该法测定蛋白质浓度的线性范围在 20～100μg/mL，灵敏度和准确度高，缺点是操作步骤较多，略显烦琐，特别是高浓度的盐酸胍、尿素、一些表面活性剂（如 Triton、吐温）和金属离子螯合剂如乙二胺四乙酸（EDTA）、三羟甲基氨基甲烷（Tris）等会干扰实验结果。

④ 考马斯亮蓝法：它是近年来常用的方法，由 Bradford 首先提出。其原理是将考马斯亮蓝（Coomassie brilliant blue）G250 溶于 pH＜1 的酸性溶液时，溶液呈红褐色，但当溶液中有蛋白质存在时，与蛋白质结合的考马斯亮蓝恢复为原先的蓝色，在

595nm 处有最大的光吸收。该法测定蛋白质浓度的线性范围在 10～100pg/mL，优点是操作简单，灵敏度高，重复性好，缺点是抗干扰能力弱，与缓冲液的相容性较差。

⑤ SDS-凝胶染色与扫描分析法：该法首先用考马斯亮蓝对 SDS-电泳凝胶进行染色，然后对凝胶快速脱色，常用混合床树脂等吸附材料来吸附从染色凝胶中扩散出来的染料。脱色后的凝胶用凝胶成像扫描分析仪分析。在测定过程中，为确保测定的准确性，必须注意染色要充分、均匀，脱色时在保证染色较浅的条带不被褪色的前提下，要充分洗净凝胶上的背景染料。

(2) 蛋白质纯度的鉴定

蛋白质的纯度一般指是否含有其他杂蛋白，而对于基因工程产品，根据《中国药典》(2025 年版) 生物制品检定规程，除其他杂蛋白外，还要考虑是否存在盐、缓冲液离子、十二烷基硫酸钠等小分子。

目前鉴定蛋白质纯度的方法常见的有电泳法、色谱法、质谱法和末端氨基酸分析法等。

(3) 蛋白质分子量的测定

蛋白质分子量的测定有凝胶色谱法、十二烷基硫酸钠聚丙烯酰胺凝胶电泳 (SDS-PAGE) 法和质谱法等。实验室常用的蛋白质分子量的测定方法是 SDS-PAGE 法，它是在 SDS 存在下，蛋白质表面带有大量负电荷，呈杆状分子，在这种情况下电泳时，蛋白质会根据分子大小进行分离，聚丙烯酰胺凝胶起到了一个分子筛的作用。如加入一定量的 β-巯基乙醇，可使蛋白质的二硫键被还原，此时电泳的条带均为单一的多肽链分子。但此法的缺点是电泳在变性条件下进行时，若未知蛋白质是由多个亚基组成的分子，只能得到各个亚基的分子量，还必须配合非变性凝胶电泳或其他方法，才能正确鉴定该蛋白质分子的分子量。凝胶过滤是测定完整蛋白质的分子量，因此同时采用 SDS-PAGE 和凝胶过滤测定同一种蛋白质的分子量，可以方便地判断样品中的蛋白质是否是寡聚蛋白质。

目前最为常用、最为准确的测定蛋白质分子量的方法是质谱法 (mass spectrometry, MS)。质谱技术在近年发展迅速，基质辅助激光解吸电离飞行时间 (MALDI-TOF) 和电喷雾离子化 (ESI) 是最常用的两种方法。ESI 测定的是离子形式的分子量。待测样品经过分离装置 (如高效液相色谱) 或其他仪器，流速一般控制在 1～8μL/min。样品流出所形成的微小液滴在外加电场作用下带电，并被吸附到质谱仪的进口处，当溶剂挥发时，液滴被干燥，直径减小，单位面积的电荷密度增加，当电荷密度增加到一定程度时，产生的强大电场使液滴中的粒子逸出至气相中，并在外加电场的作用下运动，通过质荷比 (m/z) 的分析就能确定待测蛋白的分子量。目前，ESI 法测定的精确度可达万分之一，m/z 的测定值高达 2500 或更高，样品的需求量只有数个到十几个飞摩尔 (fmol) 左右。基质辅助激光解吸电离飞行时间质谱法 (MALDI-TOF-MS) 近年来也得到了越来越多的应用，其方法是将基质 (如肉桂酸的衍生物等) 加入待测蛋白样品中，基质的浓度应远高于待测样品的浓度。当用紫外光短脉冲 (1～

10ns）照射样品时，相应的基质对某波长有很强的紫外吸收，可导致基质和待测样品分子的解吸及离子化。被离子化后的样品在一个很高的外加电场作用下加速，并进入一个无电场的飞行管内，此时，离子的分子量可通过其在管内的飞行时间来确定。目前分子量在数百 kDa 以内的蛋白质或其他生物大分子均可用 MALDI-TOF-MS 来测量，精确度可高达万分之几。

（4）蛋白质等电点的测定

蛋白质的等电点（pI）是蛋白质净电荷为零时的 pH。测定蛋白质等电点常用的方法是等电聚焦（isoelectric focusing，IEF）。等电聚焦是利用蛋白质在一定的 pH 条件下所带的净电荷不同，通过外加电场作用，在线性 pH 梯度下移动，当 pH 等于某一数值时，该蛋白质分子不再移动，此处凝胶的 pH 就是该蛋白质的等电点。理论上来说，一种蛋白质只有一个等电点，但由于蛋白质空间构象不同，可能会导致同一蛋白质的等电点有所差异。

（5）蛋白质序列分析

蛋白质测序首先是将氨基酸一个一个依次从蛋白质的末端（N 端或 C 端）切割下来，然后在氨基酸残基上衍生一个生色团，再通过高效液相色谱进行分离分析。

根据切割末端不同，序列分析又分为 N 端氨基酸序列分析和 C 端氨基酸序列分析。

① N 端氨基酸序列分析：目前 N 端测序在自动氨基酸测序仪上进行，其基本原理就是埃德曼降解法（Edman 法）。Edman 法的第一步是偶联反应，其原理是异硫氰酸苯酯（PITC）与多肽或蛋白质的 α-氨基发生反应，生成苯氨基硫代甲酰基衍生物。此时应注意的是对于非 N 末端的酰氨基必须保护起来，且反应时的 pH 必须高于氨基端的 pK_a 值（通常在 pH 8.0～9.0 下进行）。第二步是环化裂解反应，在 45～55℃、无水有机酸［三氟乙酸（TFA）］中，苯氨基硫代甲酰基衍生物的硫原子与碳原子发生关环反应，使肽链断裂，并产生一个五元环的氨基酸衍生物——苯氨基噻唑啉酮（anilino-thiazolinone，ATZ）。第三步是转化反应，生成乙内酰硫脲（thiohydantoin）衍生物，如苯基乙内酰硫脲（PTH）氨基酸衍生物。蛋白质或者多肽和 PITC 反应，只有 N 端氨基酸的 PTH 衍生物释放出来，通过反相高效液相色谱法（RP-HPLC）进行分离分析，而原来的多肽少了 N 端的一个氨基酸，开始进行下一轮与 PITC 的反应，如此循环进行，就可以分析出 N 端氨基酸序列。

② C 端氨基酸序列分析：C 端测序对确认表达蛋白质的 C 端是否正确，以及判断在表达、纯化过程中是否发生了必不可少的加工有很大的帮助，因此基因重组蛋白在测定 N 端序列的同时，还有必要测定 C 端的几个氨基酸序列。另外，对于 N 端封闭的蛋白质，C 端测序尤为适用。C 端测序除经典的用羧肽酶的方法外，目前多采用类似 N 端测序的化学方法。采用化学试剂与蛋白质或多肽的 α-羧基反应，反应后的 C 末端衍生物被切割下来，通过 HPLC 分离鉴定。C 端测序技术虽然有了很大改进，但其反应效率和 N 端的 Edman 法测序仍有一定的差距，还有待进一步的改善。一般基因重组蛋白的 C 端测序可以根据需要测定 1～3 个氨基酸。

另外，在蛋白质分子量测定中常用的质谱法，近几年来也越来越被广泛地应用在蛋白质测序中。常用的一种方法是 Edman 法与 MALDI-TOF-MS 联合使用。蛋白质在酶或化学裂解试剂作用下产生不同分子量的多肽，用反相 HPLC 将多肽分离，再用质谱法分析其分子量，也可结合氨基酸分析仪进行测定。各种多肽随后用 Edman 法测定 N 末端的氨基酸组成，通过人工或计算机辅助拼接出完整的多肽序列。使用几种不同的酶或化学裂解的方法可得到蛋白质的完整序列。例如，羧肽酶 Y 与 MLADI-TOF-MS 联合使用，可得到蛋白质 C 末端的氨基酸序列。但使用质谱法时无法区分末端的亮氨酸与异亮氨酸。

(6) 蛋白质的二硫键分析

蛋白质中二硫键的数量可以根据相关的半胱氨酸残基的数量，通过还原反应和烷基化反应前后的质量差异来确定。人们更为关注的是基因重组蛋白的二硫键是否正确配对，因为这对其生物活性至关重要。不同的蛋白质分子鉴定二硫键位置的方法也各异，可以根据其不同的蛋白质分子结构的已知性质来设计鉴定方法。

(7) 蛋白质活性的测定

分离与纯化后的蛋白质能否保持其完整的生物活性，是整个分离与纯化过程成功与否最重要的定性和定量指标。对重组蛋白活性的测定没有统一的模式可循。一般来说，重组蛋白的生物活性可通过酶促活性检测、待测蛋白质与其他蛋白质或核酸分子的结合能力、或与配体的结合能力等来测定，或通过蛋白质对细胞、组织和器官等生物功能的影响来鉴定，但这些鉴定方法必须建立在定性的基础上，才能得到准确的生物活性数据。体内生物活性的测定可根据目的蛋白的生物学特性建立合适的生物学模型，体外生物活性测定的方法有细胞培养计数法、酶法细胞计数和^{3}H-TdR 掺入法等。

(8) 免疫测定法

免疫测定法是常用的重组蛋白的检测方法之一。基因重组蛋白是一种抗原，均可制备相应的抗体或单克隆抗体，因此，可以用放射性免疫分析法（RIA）或酶联免疫吸附分析（ELISA）测定其免疫学性质。

第三节 基因工程药物生产的特殊性要求

一、基因工程药物的质量控制

基因工程药物与传统意义上一般药物的生产有着许多不同之处，首先它是利用活的细胞作为表达系统来制备产品，所获得的蛋白质产品往往分子量较大，并具有复杂的分子结构。另外，许多基因工程药物是一些参与人体生理功能精密调节所必需的蛋白质分子，在极微量的情况下就可产生显著效应（每剂量用量白介素-12 仅 0.1pg，α-

干扰素也只有 10～30μg)，任何性质或数量上的偏差，都可能贻误病情甚至造成严重危害。基因工程药物在整个生产过程中会产生许多杂质，如内毒素、宿主细胞蛋白、蛋白突变体、DNA、氨基酸替代物、内源性病毒、蛋白水解修饰物等，因此可能含有传统生产方法不可能存在的有害物质，所以这类产品的质量控制与传统方法生产的产品有本质的差别。由于这类产品生产工艺的特殊性，除需要鉴定最终产品外，还须从基因的来源及确证、菌种的鉴定、原始细胞库等方面提出质量控制的要求，对培养、纯化等每个生产环节严格控制，才能保证最终产品的有效性、安全性和均一性。因此，对基因工程药物产品进行严格的质量控制是十分必要的。

1. 生物材料的质量控制

原材料的质量控制是要确保编码药品的DNA序列的正确性，重组微生物来自单一克隆，所用质粒纯而稳定，以保证产品质量的安全性和一致性。所以原材料的质量控制主要是对目的基因、表达载体以及宿主细胞的检查。

(1) 目的基因

根据质控要求，需明确目的基因的来源、克隆经过；对于改造过的基因应说明被修改过的密码子、被切除的肽段及拼接的方法；使用 PCR 技术扩增得到的基因，应说明扩增的模板、引物及酶反应条件等情况，并以限制性内切酶酶切图谱和核苷酸序列等分析方法确证基因结构正确无误。

(2) 表达载体

应提供表达载体的名称、结构、遗传特性，以及其各组成部分（如复制子、启动子）的来源与功能、构建中所用位点的酶切图谱、抗生素抗性标志物。

(3) 宿主细胞

应提供宿主细胞的名称、来源、传代历史、检定结果及其生物学特性等；需阐明载体引入宿主细胞的方法及载体在宿主细胞内的状态，是否整合到染色体内及拷贝数，并证明宿主细胞与载体结合后的遗传稳定性；提供插入基因与表达载体两端控制区内的核苷酸序列，详细叙述在生产过程中，启动与控制克隆基因在宿主细胞中表达的方法及水平。

2. 培养过程的质量控制

在贮存中，要求种子克隆纯而稳定；在培养过程中，要求质粒稳定，始终无突变；在重复生产发酵中，要求工程菌表达稳定；始终能排除外源微生物污染。

(1) 生产用细胞库

基因工程产品的生产采用种子批系统。需证明种子批不含致癌因子，无细菌、病毒、霉菌和支原体等污染，由原始种子批建立生产用工作细胞库。在此过程中，在同一实验室工作区内，不得同时操作两种不同的细胞或菌种，一个工作人员亦不得同时操作两种不同的细胞或菌种。建立原始种子批时须确证克隆基因 DNA 序列，详细叙述种子批来源、方式、保存及预计使用期限，保存与复苏时宿主载体表达系统的稳定性。对生产种子，应详细叙述细胞生长与产品生成的方法和材料，并控制微生物污染，提供培养生产浓度与产量恒定性数据，依据宿主细胞/载体系统稳定性确定最高允许传种的代数。

(2) 培养过程

培养过程中应测定被表达基因分子的完整性及宿主细胞长期培养后的基因型特征，依宿主细胞/载体稳定性与产品恒定性，规定持续培养时间，并定期评价细胞系统和产品。培养周期结束时，应监测宿主细胞/载体系统的特性，如质粒拷贝数、宿主细胞中表达载体存留程度或含插入基因的载体的酶切图谱等。

3. 纯化过程的质量控制

产品有足够的生理和生物学试验数据资料，确证提纯物分子批次间保持一致性。分离纯化过程，常用分级沉淀、超滤、电泳、色谱等技术，其质量控制要求能保证去除微量DNA、糖类、残余宿主蛋白质、纯化过程带入的有害化学物质、热原，或者将这类杂质都控制在规定限度以下。

纯化工艺的每一步完成后均应测定收获物纯度，计算提纯倍数、收获率等，要对每一步的纯化效率、活性回收率和蛋白回收率进行检测，只有当这两种回收率呈正相关时，纯化过程才是有效和可行的。要明确使用的纯化方法的原理、目的以及达到预期去除杂质的效果，在不同纯化步骤中能去除不同性质的杂质，并进行相应的工艺验证。工艺验证的内容应包括分离度、目的蛋白回收率、活性回收率、每一步纯度变化情况等，也需要包括色谱柱的使用寿命、保存条件等。纯化方法的设计应考虑到尽量去除污染的病毒、核酸、宿主细胞杂蛋白、糖以及纯化过程带入的其他有害物质。纯化工艺过程中应尽量不加入对人体有害的物质，若不得不加时，应设法除去，并在最终产品中检测残留量，残留量应远远低于有害剂量，还要考虑到多次使用的积蓄作用。

如柱色谱技术应提供所用填料的质量认证证明，并证实从柱上不会掉下有害物质。上样前应清洗除去热原等。若用亲和色谱技术，例如单克隆抗体，应有检测可能污染此类外源性物质的方法，不应含有可测出的异种免疫球蛋白。如在反相纯化步骤中用到的乙腈或甲醇等有机溶剂、用 Protein A 亲和色谱纯化抗体时，有机溶剂和 Protein A 等这些对人体有害的物质应加以去除和控制。

4. 目标产品的质量控制

基因工程药物质量控制主要包括以下几项要点：产品的鉴别、纯度、活性、安全性、稳定性和一致性。任何一种单一的分析方法都已无法满足对该类产品的检测要求。它需要综合生物化学、免疫学、微生物学、细胞生物学和分子生物学等多门学科的理论与技术，才能切实保证基因工程药物的安全有效。相关分析鉴定可以参考本章第二节基因重组蛋白的分离纯化与鉴定部分内容。

5. 产品保存要求

目标产物失活受多种理化因素的影响，保存时要根据其不同特性，采取不同的措施，防止变性、降解，保护其活性。

(1) 液态保存

① 低温保存。蛋白质对热敏感，温度越高，稳定性越差，在绝大多数情况下可以低温保存蛋白质溶液，液态蛋白质样品在－20～－10℃以下冰冻保存比较理想。

② 在稳定 pH 条件下保存。多数蛋白质只有在很窄的 pH 范围内才稳定，超出此范围会迅速变性，蛋白质较稳定的 pH 一般在等电点附近，因而保存液态蛋白质样品时，应小心调到其稳定的 pH 范围内。

③ 高浓度保存。一般蛋白质在高浓度溶液中比较稳定，这是因为液态蛋白质容易受水化作用的影响，保存时浓度不能太低，否则可能会引起亚基解离和表面变性。

④ 真空保存蛋白质。在真空状态或者在惰性气体中密闭保存，能抵抗氧化作用。

⑤ 加保护剂保存。多数蛋白质在疏水环境中才能长期保存，加入某些稳定剂可以降低蛋白质溶液的极性，以免变性失活。这类蛋白质的稳定剂有糖类、脂肪、蛋白质、多元醇、有机溶剂等；有些蛋白质在高离子强度的极性环境下才能保持其活性，加入中性盐可稳定这些蛋白质；某些蛋白质表面或内部含有半胱氨酸巯基，容易被空气中的氧缓慢氧化为次磺酸或二硫化物，使蛋白质的电荷或构象发生改变而失活，可加入2-巯基乙醇、二硫苏糖醇等，在真空或惰性气体中密闭保存。

(2) 固态保存

固态蛋白质比液态蛋白质稳定，一般蛋白质含水量超过 10% 时容易失活。含水量降到 5% 时，在室温或冰箱中保存均比较稳定，但在 37℃保存时活性则明显下降。长期保存蛋白质的最好方法是把它们制成冻干粉或结晶。冻干粉或结晶都具有强抗热性和稳定性，把它们放在干燥器中在 4℃以下可保存相当长的时间。

冷冻干燥是指使被干燥液体冷冻成固体，在低温低压条件下利用水的升华性能，使冰直接升华变成气而除去，以达到干燥目的的一种干燥方法。冷冻干燥要求高度真空及低温，因而适用于受热易分解被破坏的药物。冷冻干燥的成品呈疏松状，易溶解，故一些生物制品如血浆、疫苗、蛋白质类药物以及一些需以稳定的固体保存而临用前溶解的注射制剂多用此法制备。冻干过程一般分 3 步进行，即预冻结、升华干燥和解吸干燥。为了有利于干燥，一般将冻干产品溶液配制成含固体物质 4%～15% 的稀溶液，先进行预冻结。通过预冻结将溶液中的自由水固化，赋予干后产品与干燥前相同的形态，防止抽空干燥时产生气泡、浓缩、收缩等不可逆变化，减小因温度下降引起的物质可溶性降低的可能性。将预冻结后的产品置于密闭的真空容器中，其冰晶就会升华成水蒸气逸出而使产品脱水干燥。通过该步升华干燥可除去约 90% 的水分。但是在干燥物质的毛细管壁和极性基团上还吸附有一些水分，这些未被冻结的水分常会造成产品的不稳定，还需将其去除。由于吸附水的吸附能量高，需要在解吸干燥过程中升高温度，以提供能量。同时，为了使解吸出来的水蒸气有足够的推动力逸出产品，必须使产品内外形成较大的蒸汽压差，因此该阶段箱内必须是高真空。经过冻干后，产品内残余水分含量一般在 0.5%～4% 之间。

在生物制品的冻干过程中，保护剂的使用至关重要，它直接影响到冻干成品的质量及其中的生物活性物质的活性。保护剂通常选用一些小分子化合物（如谷氨酸、天冬氨酸、葡萄糖、蔗糖、肌醇等）及某些高分子化合物（如明胶、蛋白胨、可溶性淀粉、糊精等）。一些脱脂牛奶、血清等天然混合物也可以用作保护剂。在冻干过程中，某些物质在真空中升华时会与水蒸气一起飞散，或出现冻干后变成绒毛状结构，在停止真空后飞散的情况。因此，在冻干前必须在溶液中加入填充保护剂，使之成形。同时，添加保护剂可防止冻结前溶液沉淀和冻干后发生破碎，也可以使制品易于冻干。

冷冻干燥法具有保持产品成分稳定，抑制微生物生长和酶的降解，使之可长期保存等优点，非常适合于具有热敏性和黏稠性特点的生物物质的干燥，是制备生物制品的常规方法。

二、基因工程药物临床前安全性评价的特殊性

在药物研究中，化学药物的安全性评价已经建立了比较完善的体系。而蛋白质类药物由于下述的几个特点造成了其在临床前安全性评价时的不适用性，给新药研究的科技工作者和进行新药评审的专家都带来了思考。①结构确证不完全性：蛋白质类药物的活性主要取决于其氨基酸序列和空间结构，但由于其一般分子量较大，空间结构复杂，现有的分析方法和手段并不能完全地确认其化学结构。②种属特异性：蛋白质类药物的作用靶点主要是受体或抗原表位（又称“抗原决定簇”）。由于不同种属的动物的同类受体在结构或功能上可能存在差异，因此一个药物可能在恒河猴体内具有生物活性，而在大鼠体内没有生物活性。另外，不同种属的动物对同一药物也有可能表现出不同的反应。这是蛋白质类药物需要采用相关动物来进行安全性评价的主要原因。③多功能性：在同一生物体内，蛋白质类药物的受体可能广泛分布，从而产生广泛的药理活性和毒性作用，这也是蛋白质类药物临床前安全性评价关注的重点内容之一。④免疫原性：对实验动物而言，许多蛋白质类药物都是异源大分子，具有免疫原性，其诱生的免疫反应可能会对安全性评价的结果产生影响。

蛋白质类药物临床前安全性评价中试验项目的选择、实验设计和结果评价等都应该结合具体药物的特点来进行，具体应考虑的因素包括具体药物的生物活性、结构特点、临床适应证、用药人群、临床用药方案等。研究过程中应本着实事求是的态度，针对不同的药物品种就事论事地设计研究方案。

1. 蛋白质类药物安全性担忧的性质和来源

蛋白质类药物的安全性问题主要来自以下三方面：①药理作用的放大或延伸；②免疫毒性，包括免疫原性、免疫抑制和刺激反应及过敏反应；③杂质或污染物引起的毒性。对具体药物安全性担忧的性质和来源的分析有助于确定临床前安全性研究的试验项目和具体设计，以最大限度地为临床研究提供有价值的安全性信息。

2. 受试物的纯度

表达蛋白的宿主细胞（如细菌、酵母、昆虫、植物和哺乳动物细胞）的污染会导致安全性评价结果的复杂性，因此，蛋白质类药物应尽可能地纯化。一般来说，用于

安全性试验的蛋白质类药物应与拟用于临床试验的产品具有可比性。当在药物的开发过程中为提高产品的质量或产量进行工艺改进时，应考虑到生产工艺的改变对动物实验结果外推至人体可能产生的影响。

3. 相关动物的选择

临床前安全性评价的意义很大程度上取决于动物毒性反应和人体不良反应之间的相关性，因此选择一种与人体相关的动物对于临床前安全性评价至关重要。蛋白质类药物大多具有高度的种属专一性，作用于人体特定受体的蛋白质不一定能够作用于其他动物。化学药物通常使用大鼠和犬进行临床前安全性评价，而对于蛋白质类药物而言，除非其在大鼠或犬体内具有生物活性，否则使用这类动物进行临床前安全性评价是不合适的。

那么该如何选择蛋白质类药物临床前安全性评价的相关动物呢？国外在临床前评价之前，一般通过体外试验来筛选蛋白质类药物的相关动物。传统的竞争结合试验或BIAcore结合试验可用来考察受试物与人体靶组织和不同实验动物靶组织的结合情况。当某种动物的靶组织结合试验结果呈阳性时，还可以针对不同受试物的特点，进行体外细胞功能试验，考察动物和人体生物功能的一致性。

通常认为动物蛋白质和人体蛋白质氨基酸序列的同源性越高，人体蛋白质越容易与动物受体发生交叉反应，因此人源性重组蛋白与动物同类蛋白质氨基酸序列的一致性往往被当作筛选相关动物的一种手段。然而，有时结果却出人意料。如IL-2和IL-6在动物和人体内的同源性很低，但重组人IL-2和IL-6却在很多种实验动物中显示出药理活性。因此，蛋白质的同源性只是筛选相关动物的一种依据。

传统的化学药物需要使用两种实验动物（啮齿类和非啮齿类）来进行临床前安全性评价，而对蛋白质类药物而言，如果能够找到相关动物且对其生物学活性已充分了解，一种动物已足够。不相关动物的毒性试验结果会对预测人体可能的毒性反应产生误导。如果确实无法找到相关动物时，表达人源性受体的转基因动物或使用同系蛋白进行安全性研究也是一种选择。

4. 给药剂量的选择

确定实验动物给药剂量的主要依据是临床给药剂量，同时也需考虑容量、浓度、制剂和给药部位的影响。如果活性成分清除较快或溶解度较低，可适当增加实验动物的给药次数或给药容量。动物给药剂量应包括中毒剂量和最大无毒性反应剂量（NOAEL），以反映剂量反应关系。对某些毒性很小或无毒的蛋白质类药物，需根据药物预期的药理和生理作用、受试物的易得程度以及临床适应证，选择合理的给药剂量。由于安全范围与每一类药物及其临床适应证的特点密切相关，因此在这种情况下，硬性地规定具体给药剂量或安全范围往往是不合适的。某些药物对动物细胞的亲和力和作用强度明显低于人细胞，此时选择较高的给药剂量进行动物实验是很重要的。

5. 免疫原性

一般化学药品在动物体内很少具有免疫原性。蛋白质类药物由于分子量较大，往往在动物体内具有免疫原性。在重复给药的毒性试验期间应注意检测抗体滴度、出现抗体的动物数、中和抗体等。

人体也可能产生抗人源蛋白的血清抗体，但往往在抗体出现后仍存在治疗作用。在很多情况下，如果蛋白质类药物的免疫原性不干扰对安全性评价数据的解释，可认为抗体的产生并无特殊意义。除非大部分动物的抗体中和或削弱了蛋白质类药物的毒性作用，否则抗体（即使是中和抗体）的检出不宜单独作为提前终止临床前安全性评价或改变试验设定观察时间的标准。

由于免疫原性的存在，在蛋白质类药物临床前安全性评价中应考虑到抗体形成对不良反应范围和程度的影响，补体活化等引起的毒性的干扰，以及与免疫复合物形成和沉积有关的病理变化。

6. 遗传毒性和致癌性

由于蛋白质类药物很难与DNA或其他染色体物质发生直接作用，因此通常不需要进行常规的遗传毒性试验。自发突变细胞的累积（如通过促进增殖的选择优势）可能致癌，但常规的遗传毒性试验并不能检测这类情况。针对这些问题，可以采用其他体内或体外试验方法进行研究和评价。标准致癌试验一般对蛋白质类药物并不适用。若从其生物活性角度考虑存在潜在致癌性担忧时，应结合其有效性、适应证性质等进行利弊权衡。

7. 药代动力学

在相关动物中进行的蛋白质类药物的药代动力学和组织分布试验对于辅助说明药物安全性具有重要的价值，但由于蛋白质在生物体内会很快降解为小肽和氨基酸，因此其药代动力学研究具有相当的难度。

在进行方法学研究时，应根据具体药物的特点选择至少一种经过确证的测定方法。放射性标记是蛋白质类药物药代动力学研究中经常使用的方法。使用这种方法时，重要的是显示放射标记的受试物质仍保持了与非标记物质相当的生物学活性。由于放射性标记连接不稳定，或标记的氨基酸进入与药物无关的蛋白质循环，使用放射性标记蛋白质得到的组织放射性活度和/或放射自显影数据有时会很难解释。由免疫介导的清除机制也可能影响蛋白质类药物在动物体内的药代动力学行为。由于对此类药物的代谢途径已有相当的了解，因此一般不需要进行经典的生物转化试验。

三、真核细胞表达制品的安全性问题

自20世纪80年代末，利用杂交瘤技术和重组DNA技术生产的鼠源性单克隆抗体在各国被批准使用以来，人类就已经认识到了这类产品的安全性问题。理论上，存在于生物制品中的微量DNA杂质，都有可能传递与肿瘤或病毒相关的基因，并导致癌变或其他病理变化。当残留的DNA与制品同时注射到人体后，含有致癌基因的细胞DNA就可能诱发肿瘤的产生，如果残留的DNA含有某些可以整合的病毒的DNA，这种DNA还可以进入宿主细胞，表达后感染受体，导致一系列不良后果。

1986年，世界卫生组织（WHO）召开了一个由国际专家参加的会议，根据当时的研究数据，一致认为100pg/剂的细胞DNA残留对于非口服途径的产品，其危险性是“可以忽略的”。这是基于一些科学家根据试验进行的理论推测，如果每个细胞中含有一个拷贝的活化癌基因，100pg的DNA的致癌概率将低于$1/10^{10}$（中等大小的哺乳动物细胞DNA含量为12pg/细胞±3pg/细胞；一个致癌基因是5～10pg，为细胞基因组的$1/10^{6}$；试验数据表明，2μg SV40病毒DNA可以使50%的动物致癌）。这个限度是出于对制品绝对安全的角度考虑的。当然，产品的DNA残留还要考虑是什么样的DNA，如来自致癌病毒的DNA，则危险性就大。

在WHO第46届生物制品标准化专家委员会（ECBS）会议上，与会专家通过对传代细胞系残余DNA风险的再评估，认为应视DNA为细胞污染物，但不是主要的危险因素，要求清除至最低水平。根据这一再评估，建议每人份传代细胞的纯化产品中可接受的DNA含量为10ng。纯化工艺应经验证，证明其去除细胞DNA的能力，包括参与示踪剂研究。另外，产品批间的均一性应通过临床效果观察，以及三批以上的检测结果予以证实。

目前重组蛋白药物常用的哺乳动物细胞系，如CHO、BHK、SP2/0、C127等，均有反转录病毒颗粒阳性的报道，因此，对其残余DNA含量就需要严格控制。

由于细胞培养常需要血清作为培养基成分，蛋白质类药物的生产工艺又基本没有经过严格的病毒去除和灭活。因此，动物源性病毒通过基因工程药物感染人类的风险性增大，潜在医源性感染问题变得日益突出。其中动物组织来源制品如小牛血清或胎牛血清，由于动物本身健康检疫状况差，携带病毒外源因子的情况复杂多变，风险性较高。

四、基因工程药物稳定性研究的相关问题

常见的影响因素有药物浓度、温度、湿度和水分、氧、光照以及pH等。

1. 药物浓度

常规情况下，降低化合物的浓度有利于其减缓分解速度，而蛋白质类药物在低浓度下会出现制剂不稳定现象，其原因主要是低浓度容易导致蛋白质空间结构的破坏。因此，这就提醒研究人员注意，浓度不同（多见于规格变更）的同类蛋白质类药物，在进行稳定性研究时，不能简单地相互替代。

2. 温度

蛋白质类药物一般对热敏感，制备过程中必须避免加热，通常应贮藏于冰箱中。在化学药物稳定性试验中普遍应用的升温加速试验不适用于蛋白质类药物，因为加热可以导致蛋白质类药物变性。

3. 湿度和水分

蛋白质类药物的冻干粉针受水分因素的影响比较突出。通常，冻干制剂的水分含量要求控制在1%～3%之间，还要注意储存环境的湿度。此外，内包材料的选择也很

关键，有研究表明，氯丁基橡胶塞对水的透过率比溴丁基橡胶塞高。

4. 氧

许多蛋白质类药物怕氧化，空气中的氧气是一种不稳定因素。一般在封装时采取适当措施，使蛋白质药物与空气隔绝，主要是内包材料要密闭，避免氧的透过，辅料中添加一些抗氧剂可以减缓其氧化过程，延长制剂的有效期，也可以在封装时充入氮气等。随着蛋白质药物的制剂剂型的多样化发展，如外科用制剂、妇科用制剂、眼科用制剂等，其暴露于有氧环境下的稳定性更应当受到重视。

5. 光照

光解作用速度受光的强度、波长，容器的种类及其形状、大小和厚薄，样品和光线的距离等条件影响。对于对光敏感的蛋白质药物，在制备过程中要避光操作，选择包装材料时也要注意选择遮光性能好的材料。虽然蛋白质药物多低温保存于冰箱或冷库等避光环境中，但使用时，光解作用的影响也是不可忽略的因素，因此也应加以关注。

6. pH

在不同 pH 条件下，蛋白质的结构可能完全不同。一般蛋白质在中性 pH 下稳定，但也有些蛋白质需要偏酸或偏碱的环境。基因工程药物的稳定性研究也要就事论事，具体问题具体分析。也就是根据蛋白质药物的结构特点及辅料的使用情况、制剂的类型等对稳定性的影响，设计稳定性研究方案。

设计稳定性方案，需考虑以上影响化学反应速率的因素，哪些对具体制剂有影响，就应该进行对该因素的考察。当然，如果这个蛋白质药物的结构复杂或者对其结构研究不是很清晰，又选择了新的辅料或剂型，最好进行全面的考察。

在进行稳定性考察时，需要检测哪些参数也是稳定性研究的重点内容。如果参数设计得不好，会造成稳定性研究结果的偏倚。通常应选择在药品保存期间易于变化，并可能会影响到制品的质量、安全性和有效性的项目。根据蛋白质药物的特点和质量控制的要求，尽量选取能灵敏反映其稳定性的指标，一般要涉及化学因素、物理因素、生物因素等方面，如生物活性、纯度、有关物质、pH、水分、无菌试验等。

第四节 基因工程药物制造实例

本节以干扰素为例，介绍基因工程药物制造的实际过程。干扰素（interferon，IFN）是人体细胞分泌的一种活性蛋白质，具有广泛的抗病毒、抗肿瘤和免疫调节活性，是人体防御系统的重要组成部分。

一、结构与性质

根据其分子结构和抗原性的差异分为 α、β、γ、ω 4 个类型。α 型干扰素又依其结构

的不同再分为 α1b、α2a、α2b 等亚型，其区别表现在个别氨基酸的差异上，如人干扰素 α2a 的第 23 位氨基酸为赖氨酸残基，而 α2b 的第 23 位氨基酸为精氨酸残基（图 2-16）。

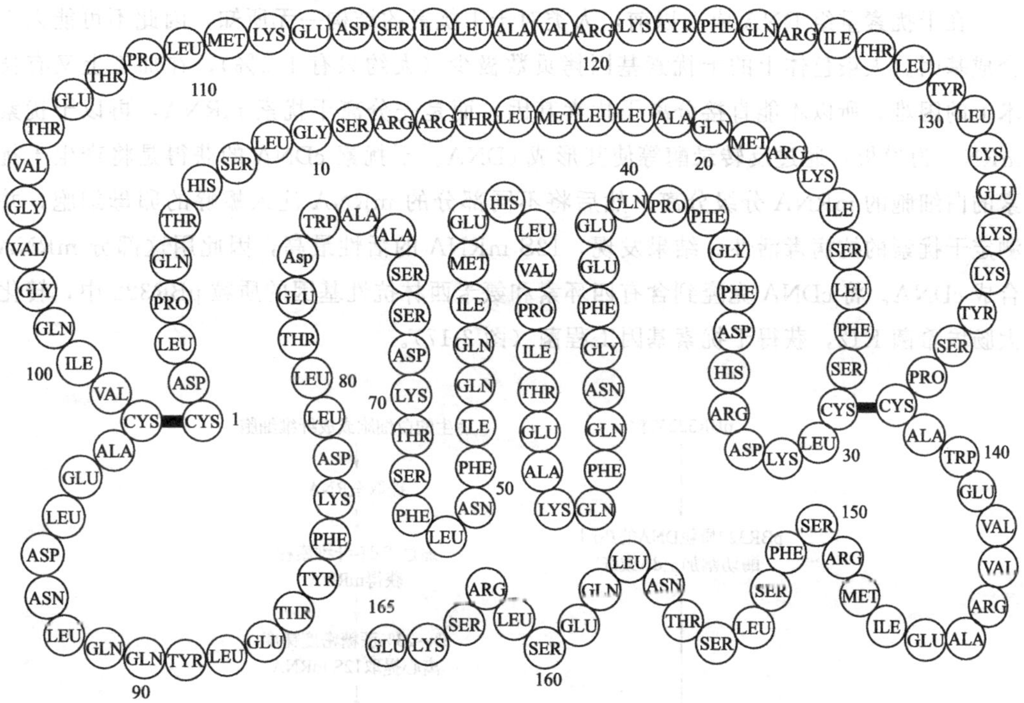

图 2-16

干扰素的分子结构

IFN-α 及 IFN-β 有 166 个氨基酸（有的为 165 个氨基酸），IFN-γ 有 143 个氨基酸。所有干扰素基因都具有类似的结构特点，由 5′非编码区、成熟肽编码区、信号肽编码区和 3′非编码区四部分组成。在 5′非编码区有一些保守序列，其功能主要与干扰素基因转录的起始、调控和识别有关，还有一些序列与病毒诱生有关。不同的干扰素，其信号肽数目也是不同的，信号肽的作用是通过其疏水性氨基酸的作用使干扰素前体与细胞膜结合，然后信号肽被切掉，成熟干扰素即可分泌到细胞外。IFN 的产生受细胞基因组控制，由于细胞 DNA 中的 IFN 基因抑制物（IFN suppressor）可与干扰素基因结合，抑制复制酶系统，所以一般情况下 *IFN* 基因处于抑制状态。不同干扰素基因所编码的氨基酸数目、种类不同，结构也有差异，其中 C 端与异种细胞上的抗病毒活性有关，而 N 端与同种细胞上的抗病毒活性有关。

IFN 的分子质量一般为 20～100kDa，不能透过普通透析膜，但可通过滤菌器，比病毒颗粒小。IFN 由多种氨基酸组成，不含核酸，所以不被 DNA 酶或 RNA 酶破坏，但对蛋白酶（胰蛋白酶、糜蛋白酶和 V8 蛋白酶）敏感。Ⅰ型干扰素具有耐酸性，在 pH 2.0 时稳定。Ⅱ型干扰素不耐酸，也不耐热，在 pH 2.0 时不稳定，在 56℃下 30min 会被破坏。

二、制备工艺

1. 基因工程菌的组建

在干扰素重组DNA成功以前，人类对于干扰素的结构一无所知，因此不可能人工合成基因。人染色体上的干扰素基因拷贝数极少（大约只有1.5%），在加工上又有技术上的困难，所以不能直接分离干扰素基因，而是先分离干扰素mRNA，再以干扰素mRNA为模板，通过反转录酶等使其形成cDNA。干扰素cDNA的获得是将产生干扰素的白细胞的mRNA分级分离，然后将不同部分的mRNA注入蟾蜍的卵母细胞，并测定干扰素的抗病毒活性。结果发现，12S mRNA的活性最高，因此用这部分mRNA合成cDNA。将cDNA克隆到含有四环素和氨苄西林抗性基因的质粒pBR322中，转化大肠埃希菌K12，获得干扰素基因工程菌（图2-17）。

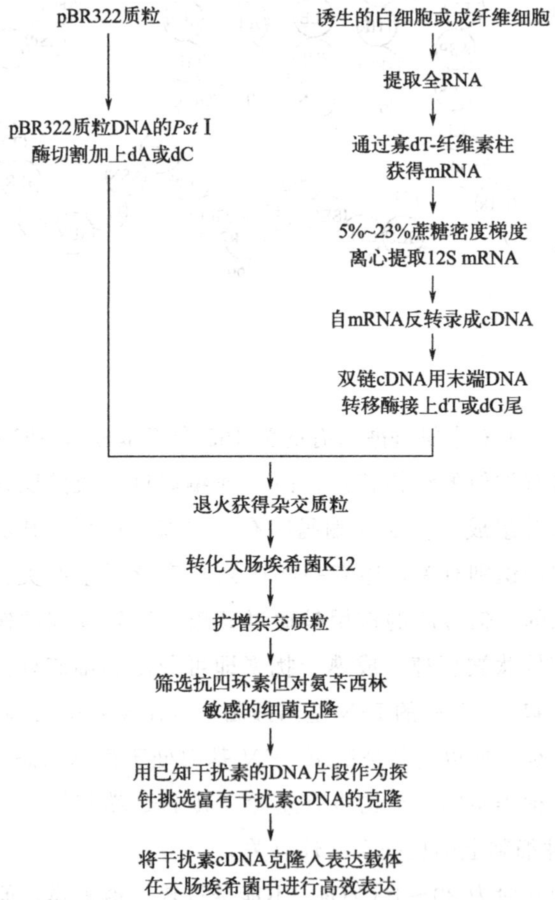

图2-17

干扰素工程菌构建流程图

2. 基因工程干扰素的制备

人干扰素α2b基因工程菌为SW-IFN-α2b/*E. coli* DH 5α，质粒用PL启动子，含氨苄西林抗性基因。种子培养基含蛋白胨1%、酵母抽提粉0.5%、NaCl 0.5%。分别接种人干扰素α2b基因工程菌到4个装有250mL种子培养基的1000mL三角瓶中，30℃摇床培养10h，作为发酵罐种子使用。用装10L发酵液的15L发酵罐进行发酵。发酵培养基组成：蛋白胨1%、酵母抽提粉0.5%、NH_4Cl 0.01%、NaCl 0.05%、Na_2HPO_4 0.6%、$CaCl_2$ 0.001%、KH_2PO_4 0.3%、$MgSO_4$ 0.01%、葡萄糖0.4%、氨苄西林50mg/L、少量消沫剂等。pH 6.8，搅拌转速500r/min，通气量为1∶1（每分钟的体积比），溶解氧为50%水平。30℃发酵8h，然后在42℃诱导2～3h即可完成发酵。同时每隔不同时间取2mL发酵液，10000r/min离心除去上清液，称量菌体湿重。

三、分离纯化

发酵完毕冷却后4000r/min离心30min，除去上清液，得湿菌体1000g左右。取100g湿菌体重新悬浮于500mL pH 7.0的20mmol/L磷酸缓冲液中，于冰浴条件下进行超声破碎。然后4000r/min离心30min。取沉淀部分，用100mL 8mol/L尿素溶液、pH 7.0的20mmol/L磷酸缓冲液、0.5mmol/L二硫苏糖醇室温搅拌抽提2h，15000r/min离心30min。取上清液，用同样的缓冲液稀释至尿素浓度为0.5mol/L，加二硫苏糖醇至0.1mmol/L，4℃搅拌15h，15000r/min离心30min除去不溶物。上清液经截流量为10000分子量的中空纤维超滤器浓缩，将浓缩的人干扰素α2b溶液经过Sephadex G-50分离，色谱柱2cm×100cm，先用20mmol/L磷酸缓冲液（pH 7.0）平衡，上柱后用同一缓冲液洗脱分离，收集人干扰素α2b组分，经SDS-PAGE检查。将Sephadex G-50柱分离的人干扰素α2b组分，再经DE-52柱（2cm×50cm）纯化人干扰素α2b组分，上柱后用含0.05mol/L、0.1mol/L、0.15mol/L NaCl的20mmol/L磷酸缓冲液（pH 7.0）分别洗涤，收集含人干扰素α2b的洗脱液。全过程蛋白质回收率为20%～25%，产品中的杂蛋白、DNA及热原物质含量应检测合格。

四、质量要求

1. 原液检定

生物学活性依《中国药典》（2025年版）规定的方法测定，采用细胞病变抑制法或报告基因法。蛋白质含量采用福林-酚法（Lowry法）测定。比活性为生物学活性与蛋白质含量之比。每1mg蛋白质应不低于1.0×10^8IU。纯度采用非还原型SDS-聚丙烯酰胺凝胶电泳法和高效液相色谱法，电泳法经扫描仪扫描，纯度应不低于95.0%。高效液相色谱法以干扰素色谱峰计算的理论板数应不低于1000，按面积归一化法计算，干扰素主峰面积应不低于总面积的95%。

2. 半成品检定

细菌内毒素检查：每300万IU应小于10EU。依《中国药典》（2025年版）规定的细菌内毒素检查法测定，应符合规定。

五、研究现状

干扰素分子量较小，易被肾小球滤过，在体内不稳定，易被血清蛋白酶降解，血浆半衰期短且治疗周期长，需要频繁注射给药，患者依从性较低。因此，改善重组IFN代谢动力学及药效学特征的研究正在广泛开展。主要技术手段有化学修饰技术、基因融合技术、定点突变技术及药物传输系统。如干扰素的PEG化和糖基化修饰。PEG化就是将PEG通过生物制药技术连接到具有活性的蛋白质分子上，从而改变蛋白质活性，使其分子量更大，吸收更缓慢，而且由于有了PEG分子的保护，药物与蛋白酶接触的机会将变少，药物在血液内的代谢更缓慢，浓度更稳定，半衰期更长，这样用药间隔可以得到延长，用药更方便，疗效更稳定。糖基化能够使IFN-α表面增加侧链，阻碍蛋白酶对蛋白质类药物的降解作用，同时减少了肾小球的滤过，延长了半衰期。

思考题

1. 基因工程药物制造的主要程序有哪些？
2. 影响基因工程菌发酵的因素有哪些？如何控制发酵过程中的各种参数？
3. 分离纯化蛋白质类药物的色谱方法有哪些？各种方法的原理是什么？
4. 蛋白质类药物质量控制的项目有哪些？

第三章
细胞工程制药

第一节 细胞工程与细胞工程制药

第二节 动物细胞工程制药

第三节 植物细胞工程制药

学习要求

1. 掌握：细胞工程制药的含义、理论基础、研究目的；转基因动物、植物研究步骤。

2. 熟悉：动物细胞生物制药的基本内容、方法。

3. 了解：转基因动植物药物的生产技术和种类。

细胞工程制药是以细胞为平台的基因工程技术在制药方面的应用。所谓细胞工程，就是以细胞为单位，按人们的意愿，应用细胞生物学、分子生物学等理论和技术进行设计、操作，使细胞的某些特性从遗传学的水平发生改变，达到改良或产生药物的目的，以及使细胞增加或重新获得产生某种特定药物的能力，从而在离体条件下进行大量培养、增殖，并提取出对人类有用的产品的一门应用科学和技术。它主要由上游工程（包括细胞培养、细胞基因工程操作和细胞保藏）和下游工程（将已转化的细胞应用到生产实践中，用以生产生物药物的过程）两部分构成。现代细胞工程主要包括细胞融合技术、细胞核移植技术、染色体改造技术、转基因动植物技术和细胞产品的分离纯化技术等方面。细胞工程制药发展迅猛，并已在医药领域取得了许多开创性的研究成果，如通过细胞融合技术形成的杂交瘤细胞生产单克隆抗体药物已成为许多国家的重要产业，并显示出独特的疗效，获得了很好的社会和经济效益。

第一节 细胞工程与细胞工程制药

一、细胞工程

1. 细胞工程的定义

细胞工程是指应用现代细胞生物学、发育生物学、遗传学和分子生物学的理论与方法，按照人们的需要和设计，在细胞水平上进行遗传操作，重组细胞的结构和内含物，以改变生物的结构和功能，即借助工程学原理与技术通过细胞融合、核质移植、染色体或基因移植以及组织和细胞培养等方法，快速繁殖和培养出人们所需要的新物种的一门综合性科学技术。

2. 细胞工程的分类和主要技术

（1）植物细胞工程

植物细胞工程是在细胞水平上针对植物细胞的细胞工程，它是细胞工程的一个重要组成部分，主要由两部分构成。

① 上游工程：包含细胞培养、细胞遗传操作和细胞保藏 3 个步骤；

② 下游工程：是将已转化的细胞应用到生产实践中去，以生产生物产品的过程。

其中细胞培养是植物细胞工程的技术基础。

(2) 动物细胞工程

动物细胞工程包括动物细胞培养技术、动物细胞融合技术、转基因动物技术等，其主要技术同植物细胞工程相似。

(3) 细胞工程的主要技术方法

① 细胞、原生质体的分离、培养。

② 细胞融合、原生质体融合和细胞核移植。

③ 体细胞无性系变异的诱导、筛选与应用。

④ 以细胞、原生质体作为基因工程受体的转基因。

⑤ 转基因动植物细胞的筛选、鉴定与应用。

3. 细胞工程的目的和优点

(1) 细胞工程的目的

细胞工程的目的是得到人们所需要的生物产品。要使已经改造好的细胞产生大量具有经济价值的产品，就必须依靠下游加工过程，也就是常说的下游工程。它的作用就是大量培养细胞，并从培养液中分离、精制出有关的生物产品。

(2) 细胞工程的优点

① 细胞工程避免了分离、提纯、剪切、拼接等基因操作，只需将细胞遗传物质直接转移到受体细胞中就能够形成杂交细胞，因而能够提高基因的转移效率。

② 利用细胞工程不仅可以在植物与植物之间、动物与动物之间、微生物与微生物之间进行杂交，而且可以在动物与植物与微生物之间进行融合，形成前所未有的杂交物种。

③ 制作“生物导弹”。在细胞工程中，单克隆抗体技术最为引人注目。当癌细胞离体后，就成为能无限生长的转化细胞，这一特性却能够变害为益。传统观点认为，1种抗体是由1种B淋巴细胞产生的，人体内约有1亿种不同的B淋巴细胞，可产生1亿种不同的抗体。科学家巧妙地把B淋巴细胞和能无限生长的骨髓细胞（转化细胞）融合成一个杂交瘤细胞。杂交瘤细胞就具备了既能无限生长，又能产生B淋巴细胞抗体的双重特性。当经克隆化培养的单克隆杂交瘤细胞被注射进小鼠的腹腔后，它就能产生一种特异性抗体（单克隆抗体）。单克隆抗体应用十分广泛，被人们誉为对付癌症的“生物导弹”。如采用抗癌细胞的单克隆抗体与放射性同位素、化学药物或毒素相结合，注入体内同癌细胞结合，能在原位杀伤癌细胞，而对其他正常细胞则毫无损伤，因此，单克隆抗体还被誉为“抗癌明星”。单克隆抗体本身也可以起到治疗作用，比如注射乙型肝炎病毒的单克隆抗体可以达到预防乙型肝炎的目的。

二、细胞工程制药

1. 细胞组装

生物技术发展到今天，细胞成了科学家们随意发挥想象力的“乐园”，他们甚至可以把生命像积木那样组装起来，进行细胞水平上的“生命组合游戏”。生命组合的一个最具代表性的“游戏”是人类在黑毛鼠、白毛鼠、黄毛鼠的受精卵分裂成8个细胞时，用特制的吸管把8个细胞吸出输卵管，然后用1种酶将包裹在各个胚胎上的黏液溶解，再把这3种鼠的8个细胞放在同一溶液中使之组装成一个具有24个细胞的“组装胚”。还有科学家把“组装胚”移植到一只老鼠的子宫内，不久，一只奇怪的“组装鼠”问世了，这只“组装鼠”全身披着黄、白、黑3种不同颜色的皮毛。迄今为止，除组装鼠外，英国和美国还组装成功了绵羊和山羊的嵌合体——绵山羊。

2. 细胞工程制药将走向制药领域的前沿

细胞工程制药代表着生物技术制药最新的学科发展前沿，伴随着试管植物、试管动物、转基因生物反应器等的相继问世，细胞工程制药在生命科学、医药、食品、环境保护等领域发挥着越来越重要的作用，细胞工程制药代表着一种新的思维方式、新的工艺技术，必然走向生物制药领域的前沿。

随着合成生物学的发展，计算机辅助设计、DNA或基因合成技术、人工设计细胞的信号转导与基因表达调控网络，乃至整个基因组与细胞的人工设计与合成，模糊了细胞工程与基因工程制药的界限，由此带来了生物计算机、“细胞制药厂”等新技术与产业革命。作为一门学科，细胞工程制药给人类带来下述方面的新的认识和挑战。

① 先进性：是现代生物技术制药研究的制高点。

② 交叉性：体现药学与生物学、生物化学、分子生物学等多学科的交叉。

③ 应用性：创造出新的工程类、产品类与技术工艺学课程。

④ 争议性：给一些传统伦理道德观念带来冲击。

第二节 动物细胞工程制药

一、细胞融合与核移植技术

1. 细胞融合技术

细胞融合技术是动物细胞工程技术最成熟的技术之一，指两个或几个不同细胞在自然或人工的方法下融合为一个细胞的过程。在动物细胞融合技术中，淋巴细胞杂交瘤技术在国内已普遍开展，并培育了许多具有很高实用价值的杂交瘤细胞株系，它们能分泌并产生在诊断和治疗病症方面发挥重要作用的单克隆抗体，如甲型肝炎病毒单克隆抗体、肿瘤疫苗等。由于技术已日趋成熟，目前许多单克隆抗体已经进入产业化的生产阶段。

2. 核移植技术

核移植技术就是将1个动物的细胞核移植到卵细胞中发育生长。科学家们从绵羊身上取出一些细胞加以培养，把人类基因注入这些细胞中，然后取出细胞核，移入已去掉DNA遗传物质的绵羊卵细胞中，使其发育成胚胎，种植“假母”体内。这样诞生的小羊羔经科学家们鉴定，体内确实含有人类基因。“动物药厂”往往是把基因转移和核移植两个技术结合起来（图 3-1）。

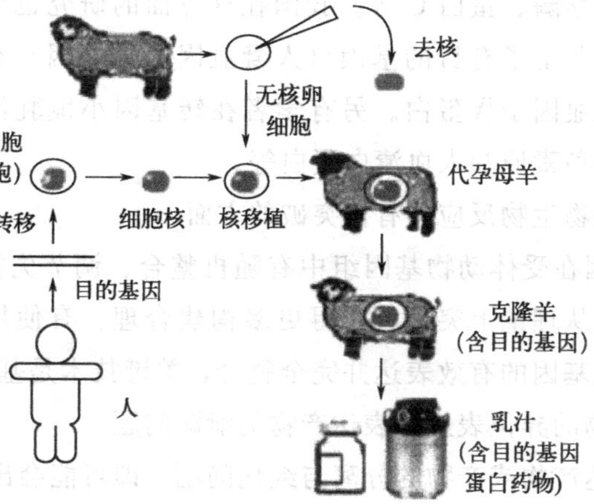

图 3-1
“动物药厂”示意图

2002 年 9 月，我国第一批共 4 只转基因克隆羊顺利出生。其中公羊呈呈和母羊祥祥为转抗凝血酶素Ⅲ基因羊，母羊姗姗为转 β-干扰素基因羊，DNA 检测证明，该实验已获得了预期的转抗凝血酶素Ⅲ和转 β-干扰素基因克隆羊。

核移植技术可用于具有良好发展前景的生物反应器的制备。其中乳腺生物反应器的研制是最为看好的一个转基因制药方向。但这些年来，显微注射技术一直是生产乳腺生物反应器的常用手段，由于它本身固有的缺陷，乳腺生物反应器未能有长足的进步。基因打靶与核移植技术相结合很可能成为生产乳腺生物反应器更有效的途径，它在外源基因定点整合、消除位点效应、降低生产成本、节省时间方面具有明显的优势。

二、动物细胞工程制药中的转基因与细胞培养技术

1. 转基因动物技术

（1）转基因动物技术概述

转基因动物技术是指通过实验手段将外源基因导入动物细胞中并稳定地整合到动物基因组中，且能遗传给子代的动物培育技术。让动物成为“制药工厂”，创造人类急需的生物制品。在 21 世纪细胞工程制药领域中，相比以往的制药技术，转基因动物药物具有不可比拟的优越性。

（2）“动物药厂”——哺乳动物生物反应器

哺乳动物生物反应器是 21 世纪最具希望和发展潜力的制药方向之一。尽管转基因动物生物反应器的生产应用仍处于初级阶段，尚有许多问题和限制因素存在，但是人类应该清楚地认识到应用转基因动物生物反应器生产药物的美好发展前景。乳腺为分泌型器官，乳汁不进入体内循环，不会影响转基因动物本身的生长发育，从转基因动

物的乳汁中获得的药物，不但产量高、易提纯，而且经过加工后，具有稳定的生物活性。所以哺乳动物生物反应器成为最具发展潜力的制药方向之一。至今已在动物的乳汁中生产出一些人类蛋白质药物：抗凝血酶、纤维蛋白原、人血清白蛋白、胶原蛋白、乳球蛋白、糖基转移酶、蛋白C等。我国在这方面的研究也很活跃，并取得了一些成果，我国学者成功制备了有目的基因（人凝血因子Ⅸ基因）整合的转基因羊，其乳汁中含有活性的人凝血因子Ⅸ蛋白。另有学者在转基因小鼠乳汁中成功地表达了人促红细胞生成素、人胰岛素原和人血清白蛋白等。

(3) 转基因动物生物反应器有待突破的方面

① 转入的基因在受体动物基因组中有随机整合、调节失控、遗传不稳定、表达率不高等问题，急需从理论上突破，获得更多构建合理、有使用价值的结构基因。其关键问题是确保转入基因的有效表达并完全整合，关键技术是基因构建和位点整合。

② 转基因动物的异位表达和表达产物的泄漏问题。

③ 转基因表达产物或产物的分离与纯化问题，即可能会出现要纯化的产物含量低，且要去除全部可以引起人类变态反应的非人类蛋白。

④ 转基因表达产物的结构和生物性与人体蛋白的相似性问题。转基因产物必须与人体产生的蛋白具有足够的相似性，以免人体对其产生免疫反应。

2. 动物细胞培养技术

(1) 离散动物细胞培养技术

离散动物细胞培养技术是指离散的动物活细胞在体外人工条件下生长、增殖的过程。利用动物细胞培养生产的具有重要医用价值的生物制品有各类疫苗、干扰素、激素、酶、生长因子、病毒杀虫剂、单克隆抗体等，已成为医药生物高新技术产业的重要部分，其销售收入已占到世界生物技术产品的一半以上。

(2) 细胞培养工艺

由于动物细胞体外培养的生物学特性、相关产品结构的复杂性和质量以及一致性要求，动物细胞大规模培养技术仍难以满足具有重要医用价值生物制品的规模生产的需求，迫切需要进一步研究和发展细胞培养工艺。目前，我国众多研究领域集中在优化细胞培养环境，使用微载体培养技术等提高产品的产率并保证其质量的一致性上。

三、动物细胞工程药物

动物细胞工程是细胞工程的一个重要分支，它主要从细胞生物学和分子生物学的层次，根据人类的需要，一方面深入探索、改造生物遗传特性，另一方面应用工程技术手段，大量培养细胞或动物本身，以期收获细胞或其代谢产物以及可供利用的动物。这一技术在生物制药的研究和应用中起关键作用，目前全世界生物技术药物中使用动物细胞工程生产的已超过80%，例如单克隆抗体、疫苗等。当前动物细胞工程制药的主要领域为细胞大规模培养技术、细胞融合技术、细胞核移植技术和转基因动物技术等。

1. 动物细胞大规模培养技术

20 世纪 80 年代后，随着基因工程和其他细胞工程技术的发展，细胞培养技术已成为转基因技术、生物制药及其他许多技术的基础。

动物细胞大规模培养技术是生物技术制药中非常重要的环节。利用动物细胞培养生产具有重要医用价值的酶、生长因子、疫苗和单抗等，已成为医药生物高新技术产业的重要部分。通过动物细胞培养过程生产的生物产品已成为全球生物工业的主要支柱。

2. 疫苗

(1) 狂犬病疫苗

狂犬病是由狂犬病毒引起的一种急性传染病，又称恐水症。狂犬病是一种病死率极高的人兽共患传染病，无特殊有效的治疗药物和方法，暴露后预防的关键是注射高质量的狂犬疫苗并联合使用抗狂犬病血清或免疫球蛋白。因此，疫苗注射是最有效的、对挽救患者生命起到决定性作用的方法。

① 人二倍体细胞狂犬病疫苗 (HDCV)：系采用人胚肺成纤维细胞接种病毒株后制成的目前最理想的细胞培养疫苗之一。二倍体细胞狂犬病疫苗的优点为接种后抗体出现快，在 14 天时几乎达到 100%阳转，而且抗体水平高，持续时间长，5 年后仍存在中和抗体。若在 5 年后加强免疫 1 针，可激发良好的抗体应答。但由于人二倍体细胞只能在小瓶中培养，培养数量有限，大规模工业化生产成本太高，困难较大，故难以推广。

② 原代地鼠肾细胞疫苗 (PHKCV)：原代地鼠肾细胞培养疫苗，加拿大、苏联于 1971 年开始使用。我国于 1981 年用 PHKCV 取代了羊脑疫苗。我国疫苗生产使用的毒株为北京株，经原代地鼠肾细胞和豚鼠脑细胞相继传代后制备，经过长期实验室与流行病学效果观察，已证明为一种安全、有效的疫苗。

③ 提纯的 Vero 细胞狂犬病疫苗 (PVPV)：Vero 细胞是一种异倍体细胞，经猕猴肾细胞培养衍化后已经适用于微载体大量培养。以 Vero 细胞为生产基质，将狂犬病毒 PM1503-3M 接种培养的 Vero 细胞，制备病毒原液，将病毒从细胞上清液中收集，再加入丙内酯灭活，将病毒浓缩，经纯化后加入白蛋白冻干稳定，获得终产品。

此外，还有提纯的浓缩鸭胚狂犬病疫苗 (PDEV)、精制的鸡胚细胞狂犬病疫苗 (PCECV) 以及原代胎牛肾细胞狂犬病疫苗 (FBKCV)。

(2) 口蹄疫疫苗

口蹄疫 (foot and mouth disease，FMD) 是口蹄疫病毒在偶蹄动物中引发的一种具有高度传染性的疾病，由口蹄疫病毒 (foot and mouth disease virus，FMDV) 引起。FMDV 属于微小 RNA 病毒科 (Picornaviridae) 口蹄疫病毒属，有 7 种血清型及 65 个以上免疫学亚型。亚洲Ⅰ型口蹄疫是我国急性、烈性传染病之一，主要感染牛、猪、羊等偶蹄类动物。世界动物卫生组织 (WOAH) 已将其列为 A 类烈性动物传染病，我国将其列为一类动物传染病。全世界范围内几乎每年都有口蹄疫暴发，造成的经济损失巨大。

① 牛O型口蹄疫灭活疫苗系选择抗原谱广、抗原性和免疫原性良好的牛源强毒OA/58为毒种，接种于BHK-21传代细胞系单层培养，制备病毒抗原，经二乙烯亚胺（BEI）灭活，加矿物油佐剂制成乳剂疫苗。

② 猪O型口蹄疫灭活疫苗系用猪源强毒接种BHK-21或IBRS2细胞单层，收集细胞毒液，经二乙烯亚胺（BEI）灭活，与油佐剂混合乳化制成。

③ 口蹄疫O型灭活油佐剂疫苗已成为我国强制预防口蹄疫的有力武器，其免疫保护率较高，对控制和消灭口蹄疫均有显著成效。

④ 目前口蹄疫疫苗生产中普遍采用的是用BHK细胞进行悬浮培养，悬浮培养中的细胞繁殖快，很适用于大规模培养。另外，IBRS2、仓鼠肺细胞系、仓鼠胚胎细胞系也可以用于悬浮培养，大多数口蹄疫疫苗生产厂家使用BHK细胞系进行生产。

（3）纤溶酶原激活物

人纤溶酶原激活物有两种类型：一种是人们熟知的尿激酶型纤溶酶原激活物（u-PA），主要由肾细胞产生；另一种是组织型纤溶酶原激活物（t-PA），主要由血管内皮细胞合成。两者的免疫性质和分子量都不同，并由不同基因编码。u-PA主要由无酶活性的单链酶原组成，含有少量双链，单链由411个氨基酸组成，可被体内纤溶酶或激肽释放酶催化水解转换为有活性的双链形式（UK），即尿激酶。天然的t-PA为单链分子，是由527个氨基酸组成的糖蛋白，受纤溶酶或胰蛋白酶催化水解转变为由单二硫键相连的双链分子。PA作用于精氨酸-缬氨酸键使纤溶酶原转为纤溶酶，后者溶解血纤维蛋白而具有溶血栓作用。尿激酶型纤溶酶原激活物（u-PA）是一种出血副作用低、再梗率低、特异性好、安全有效的溶栓药物；t-PA对血纤维蛋白有极强亲和力，所以能更有效地溶解血栓中的血纤维蛋白，又几乎不激活循环血液中的纤溶系统，也是非常理想的血栓溶剂。u-PA与t-PA并称为第二代溶栓制剂。

3. 细胞融合技术（杂交瘤技术-单克隆抗体技术）

细胞融合（cell fusion）又称细胞杂交（cell hybridization），它是指用人工方法使两种或两种以上的体细胞合并形成一个细胞，不经过有性生殖过程而得到杂种细胞的方法。

1975年，Kohler和Milstein将用小鼠骨髓瘤细胞和绵羊红细胞免疫过的小鼠淋巴细胞融合，得到的一部分融合杂交细胞既能继续生长，又能分泌抗羊红细胞抗体，将这种杂交细胞系统称为杂交瘤。由于杂交瘤细胞继承了双亲细胞的遗传物质，因此，它不仅具有B淋巴细胞分泌特异性抗体的能力，还有骨髓瘤细胞在体外培养条件下大量增殖的本领。应用这种方法可制备具有单一抗原决定簇的单克隆抗体（McAb）。

单克隆抗体有很重要的生物学功能，如补体依赖的细胞毒性作用、抗体依赖细胞介导的细胞毒作用、死亡诱导、调理吞噬等。根据来源的不同，单克隆抗体大体上可分为4类，即鼠源化单克隆抗体、人鼠嵌合单克隆抗体、人源化单克隆抗体和完全人源化单克隆抗体。

目前，国内外已培育出了许多具有很高实用价值的杂交瘤细胞株系，它们能分泌用于疾病诊断和治疗的单克隆抗体，如抗甲型肝炎病毒、抗人免疫球蛋白 M（IgM）、抗人肝癌、抗 M-CSFR（巨噬细胞集落刺激因子受体）胞外区的单克隆抗体等。

4. 转基因动物

转基因动物（transgenic animal）是指以实验方法将外源基因导入动物染色体基因组，使之稳定表达并能遗传给后代的一类动物。1982 年，Palmiter 等将大鼠的生长激素基因与金属硫蛋白基因启动子拼接成融合基因，导入小鼠受精卵的雄原核中，获得比普通小鼠生长速度快、体型大的转基因“巨鼠”。随后，随着分子遗传学、发育生物学和转基因技术的不断发展和完善，转基因动物在疾病动物模型的建立、器官移植研究、改良动物品种、基因治疗和生产药用蛋白等实际应用方面取得了长足的发展。

利用转基因动物生产药用蛋白主要通过 3 种渠道。一是通过血液，美国 Dnx 公司通过转基因动物生产出了人血红蛋白。二是通过尿液，利用膀胱作为反应器的优点是，转基因动物尿液中几乎不含脂肪和其他蛋白质，容易纯化。三是通过乳腺，乳腺摄取、合成、分泌蛋白质的能力很强，可从转基因动物的乳汁中获取目的基因产物。利用转基因家禽（如家鸡）产蛋的特性，尝试在禽蛋中表达有价值的蛋白，也是动物生物反应器研究的热点之一。此外，转基因昆虫（如家蚕）生物反应器也有报道，但影响较小。因此，动物乳腺是目前公认的生产重组蛋白的理想器官。

时至今日，已经有多种具有生物活性的昂贵的医用蛋白质在转基因动物乳腺组织中合成并分泌。如用绵羊乳球蛋白基因启动区产生了人凝血因子Ⅸ和 α-抗胰蛋白酶基因的转基因绵羊；利用乳清酸性蛋白（WAP）基因启动区，使转基因山羊表达人组织型纤溶酶原激活物（t-PA）。利用转基因动物生产药物具有很多优点，如设备简单，不耗能，无污染，可生产的药物品种多，产量高，质量好，生产周期短，成本低。

第三节
植物细胞工程制药

一、植物细胞的特点

1. 植物细胞全能性

（1）定义

植物细胞全能性指植物细胞经分裂和分化后仍具有形成完整有机体的潜能或特性。植物细胞的全能性高于动物细胞，而生殖细胞的全能性高于体细胞，在所有细胞中，受精卵的全能性最高。

（2）特点

高度分化的植物体细胞具有全能性，植物体细胞直接培养，加些激素，就可以脱分化成愈伤组织，最后形成幼苗，而高度分化的动物细胞不行，只能将细胞核移植到卵细胞中才能形成新个体。

2. 诱导子

（1）诱导子的定义与分类

① 定义：诱导子（elicitor）是植物抗病生理过程中诱发植物产生植物抗毒素和引起植物过敏反应（hypersensitive reaction，HR，也称抗性反应）或自身防御反应（self-defense reaction）的因子，包括侵染植物的微生物及植物细胞内的分子，也称后感染防御物质，如植保素。

② 诱导子的分类

a. 生物诱导子：植物在防御过程中为对抗微生物感染而产生的物质，包括分生孢子、降解细胞壁的酶类、有机体的细胞壁碎片、有机体产生的代谢物以及培养物滤液中的成分。

b. 非生物诱导子：不是植物细胞中的天然成分但又能触发形成植物抗毒素信号的因子，如β-庚糖苷、外部培养条件。

c. 细胞内源性诱导子：来自植物细胞的分子，多为植物细胞壁在微生物作用下的降解产物（纤维素、果胶、糖蛋白）及沉积在细胞壁上的木质素。

d. 细胞外源性诱导子：真诱导子（genuine elicitor），病原微生物在入侵植物时自身被降解的产物及其代谢物。

（2）诱导子的作用

① 诱导子在植物与微生物的相互作用中，能快速、高度专一性地诱导特定基因的表达。

② 利用诱导子进行有目的的次生代谢产物调控及生物合成，成为大幅度提高培养物中代谢产物含量的重要方法之一。

二、植物细胞融合与核移植技术

1. 植物细胞融合工程

（1）植物细胞融合工程概述

植物细胞融合工程指两个或几个不同的细胞在自然或人工的方法下融合为一个细胞的过程。植物细胞融合由于细胞壁的存在而受到极大的限制。因此，去除细胞壁、分离原生质体的技术是植物细胞杂交的基础。获得杂种细胞及其再生植株后，即可进行物种间细胞核、染色体以及细胞器的转移。在植物方面，由于各类细胞具有全能性，植物间的体细胞融合所得到的杂交细胞，已达到了形成完整植株的水平，可获得新的杂交植物，如“番茄马铃薯”“拟南芥油菜”“蘑菇白菜”“曼陀罗和颠茄”“烟草和矮牵牛”等属间杂种都已获得了再生植株。

（2）细胞融合的方法

细胞杂交或细胞融合是将两个不同种的亲本细胞 A 和 B，以灭活的仙台病毒或聚乙二醇（PEG）为融合诱导剂，使 A 和 B 两细胞融合成为一个具有两个不同遗传性的异核体（若遗传性相同的核融合在一起叫同核体）。随后异核体经有丝分裂变为两个具有A和B两个亲本的杂种融合核。AB杂种经多次分裂，B亲本的染色体会逐渐减少到1条或完全消失。

（3）植物体细胞杂交

① 原生质体的分离：植物细胞之间有果胶质粘连，每个细胞外还有一层纤维素组成的壁，因此，在分离原生质体时，首先要在一定浓度的酶液（果胶酶与纤维素酶）中保温，消去果胶质与纤维素后才能使原生质体分离出来。

② 原生质体的融合：不同种之间原生质体的融合须选用一种融合诱导剂（聚乙二醇），或合适的pH值高钙离子浓度诱导融合。它们的诱导率可达20%～50%。

③ 杂种细胞的选择与培养：细胞融合后要把杂种细胞选择出来，一般都利用各种生化指标和遗传标记来选择和鉴定。例如，使用天然或人工诱变的突变体，如白化苗、营养缺陷型、抗药性突变体等，或根据不同材料对激素敏感性不同、生长差异等，来设计适合的选择系统。如果融合的原生质体一个是白化的，另一个具有叶绿体，就可用机械的方法，把融合的细胞在倒置显微镜下挑选出来进行培养。这些细胞培养到各个发育阶段，如愈伤组织、分化苗和根，都需要更换培养基，才能使它们顺利地再生成植株。

2. 植物细胞核移植中的“重组细胞”

在植物中，原生质体与核的融合以烟草、矮牵牛的核移植为例，其步骤如下所述。

① 先使矮牵牛游离核与烟草原生质体各自悬浮并沉淀在0.25mol/L硝酸钙溶液中，pH值为6。

② 去掉上清液，再把它们悬浮起来，以适当比例使核与原生质体在试管中混合、离心，随后加入45% PEG（聚乙二醇1500）溶液1mL使之聚合。

③ 30min后，缓慢加入4mL 0.2mol/L硝酸钙（在pH值为9的甘氨酸氢氧化钠缓冲液中）以诱导融合摄取核。

④ 15min后加入0.2mol/L硝酸钙（pH值为6）。

⑤ 再过20min，用培养液冲洗原生质体。

⑥ 镜检后，将具有双核（其中一个是矮牵牛的核）的烟草原生质体进行培养。用等渗密度梯度高速离心后，也可得到两种亚原生质体。

a. 在低密度范围内可得到胞质体（去核原生质体）。

b. 在高密度中，可得到小原生质体（核质体）。现在已能从玉米、烟草和胡萝卜细胞中得到这两种亚原生质体。生化实验证明：去核原生质体代谢活动很弱，而小原生质体由于减少了表面积和体积（仅及原生质体的10%～15%），因此摄取物质快，合成蛋白质也快，培养时发育迅速，是一种研究核质关系的好材料。

三、转基因植物药物技术

1. 利用转基因植物药物的优点

① 与动物细胞培养相比，植物细胞培养条件简单且易于成活，有利于遗传操作。

② 植物培养细胞具有全能性，能够再生植株。

③ 转基因植物中的外源基因可通过植物杂交的方法进行基因重组，进而在植物体内积累多基因。

④ 转化植株系的种子易于贮存，有利于重组蛋白的生产和运输。

⑤ 用动物细胞生产重组蛋白，可能会污染动物病毒，这对人类可能造成潜在危险，而植物病毒不感染人类，所以用植物细胞生产重组蛋白更为安全。

⑥ 植物细胞有与动物细胞相似的结构和功能，有利于重组蛋白的正确装配和表达。利用转基因植物生产基因工程疫苗是当前的一大研究热点，研究主要集中在烟草、马铃薯、番茄、香蕉等植物，至今已获得成功的有乙型肝炎表面抗原（HBsAg）、不耐热肠毒素 B 亚单位（LTB）、链球菌属突变株表面蛋白（spaA）等多种疫苗。

2. 转基因植物技术改造遗传特性

（1）遗传特性的改造

遗传操作是整个植物细胞工程中最为重要也最具挑战性的一环。要使细胞培养技术能为人类服务，就得对植物细胞进行一定的人为改造，这就必然涉及细胞的遗传操作。

（2）实验技术的发展

实验技术的发展使精确、高效的遗传操作变得更加方便。将外源 DNA 导入靶细胞的方法不断完善，除了经常使用的质粒载体、病毒载体、转座因子和酵母人工染色体（YAC）等途径外，通过 lipoplex/polyplex 介导、裸 DNA、“基因枪”、超声波法和电注射法等非病毒方式转换细胞的方法也开始被广泛使用。

（3）转基因抗病植株

人类通过植物基因工程技术将番茄丛矮病毒（tomato bushy stunt virus，TBSV）基因、烟草花叶病毒（TMV）外壳蛋白基因转入烟草，获得高表达外壳蛋白的转基因烟草植株。这些转基因烟草表现出对 TMV 侵染的抗性。这一工作首次证明，通过植物基因工程技术获得抗病毒工程植物，为植物病毒病的防治开辟了一条崭新的途径。

（4）转基因植物疫苗

① 转基因植物疫苗的特点：转基因植物疫苗作为一种口服疫苗，具有十分广阔的应用前景。传统疫苗在预防疾病的传播中发挥了重要作用，但因其生产成本较高、接种方式复杂及存在潜在安全性等问题，存在着许多不尽如人意的地方。口服疫苗能有效地诱导黏膜免疫，而且以口服途径给药，避免了注射疫苗所带来的安全性问题，因此，口服疫苗是未来疫苗发展的方向。转基因植物疫苗由于具有生产简便、成本低廉、易于保存、免疫原性高、安全性好、可食用等优点，越来越受到人们的青睐。

② 转基因植物疫苗的作用机制：口服疫苗在到达肠黏膜诱导部位之前要经过胃内的不利环境，有效的口服疫苗必须防止被降解，否则会失去免疫原性。而植物细胞壁作为天然的生物胶囊，可使细胞中的疫苗抗原在通过胃内的不利环境时受到细胞壁的

保护，直接到达肠黏膜诱导部位，诱导黏膜和全身免疫反应。不仅如此，转基因植物口服疫苗还可诱导消化道相关淋巴样组织（GALT）产生分泌性的免疫球蛋白 A (IgA)，在病原体和宿主相互作用的起始部位直接诱发免疫反应，从而大大提高其免疫有效性。转基因植物疫苗是一个新兴的研究领域，尽管利用转基因植物生产疫苗有很多优点，但就目前的技术而言，仍然有很多因素限制着植物疫苗的发展和应用。

③ 转基因植物疫苗的表达效率及稳定性：疫苗在植物中的产量取决于编码抗原蛋白的基因序列的利用率，以及构建合适的植物转化表达元件。在已报道的研究中，外源基因所表达的重组抗原蛋白只占植物可溶蛋白的一小部分，提高外源蛋白表达量可从优化启动子和外源蛋白的表达部位入手。此外，也可将外源基因导入植物叶绿体基因中，以提高外源蛋白的含量。近年来，也有越来越多的科学家使用植物病毒作为瞬时表达载体来生产疫苗，使外源基因随着病毒复制在植物体内增殖，瞬时高效表达外源蛋白。

④ 转基因植物疫苗的生物安全性：用于筛选转基因植株的抗生素基因，可能对环境安全和人体健康产生潜在的危害。释放到环境中的转基因植物，对环境中的许多有益生物也将产生直接或间接的不利影响。此外，转基因植物还可能将一些抗病或对环境胁迫具有耐性的基因转移给杂草，严重威胁其他作物的正常生长和生存。另外，人或动物口服转基因植物后还可能对机体产生某些毒理作用或引起过敏反应，这些不良作用在进行临床试验前必须进行充分的验证，以确保植物疫苗的安全性。

⑤ 转基因植物疫苗的耐受性：机体对口服疫苗的免疫耐受性与免疫系统的抑制性 T 淋巴细胞（Ts 细胞）的功能密切相关。免疫耐受的程度与免疫剂量、免疫程序、抗原特异性等多种因素有关。减少疫苗服用次数、加大每次摄入量等方法可以减少免疫耐受的发生。因此，有必要对转基因植物疫苗进行免疫耐受方面的试验，找到避免口服免疫耐受的最佳免疫方案。

用转基因植物生产疫苗，与传统的微生物发酵、动物细胞和转基因动物等生产系统相比，具有许多潜在的优势。尽管生产转基因植物疫苗还有许多问题需要解决，但这丝毫不影响转基因植物疫苗的开发利用。相信在不久的将来，转基因植物疫苗必将成为预防疾病的重要途径，更多的病毒和细菌抗原，都可能被制成转基因植物疫苗。

四、植物细胞培养工程

1. 在规模生物反应器中培养植物细胞

由于植物细胞具有高度易碎性，对剪切力敏感，细胞有去分化和聚集作用，增殖时间长等独特性，其大规模培养技术明显比微生物和动物细胞的发展缓慢。通过不懈地努力，现在已经具备在 2 万升规模的生物反应器中培养烟草细胞的能力。随着理论与技术的不断完善，植物细胞的大规模培养将会成为一种常规的生产手段。培养后的培养物经过处理后需被分离、提纯。分离和精制过程所需的费用在整个生产过程中占有很大的比例，一般为 60%，有些甚至高达 80%～90%，而且还有继续增大的趋向。

因此这可能会阻碍细胞工程的发展。世界各国现在已经都比较重视这个问题，英国早在1983年就发起了生物分离计划，专门研究分离与精制，我国也曾经召开过专门会议。分离与精制的困难由培养液自身的理化特性所决定，这就需要在上游工程时就考虑到这方面的问题，同时不断推出新的分离纯化技术及方法，从而简化过程、降低成本，这在实际生产中是很重要的。

2. 植物药物的工业化生产

有些药用植物种类已实现工业化生产，如从黄连细胞培养物中生产黄连碱；从人参根细胞中生产人参皂苷；从希腊洋地黄细胞培养物中通过生物转化生产地高辛等。

相当种类的药用植物细胞的大量培养已达到中试水平，如青蒿生产青蒿素、长春花生产吲哚生物碱、红豆杉生产紫杉醇、丹参生产丹参酮、三七生产皂苷、紫草生产萘醌等。

五、植物细胞工程药物

1. 植物细胞培养技术

植物细胞培养技术作为细胞工程中的重要技术，现已广泛应用于生命科学的各个研究领域，是生物技术最新发展的重要组成部分。据不完全统计，已经从400多种药用植物中建立了组织和细胞培养物，从中分离出600多种代谢产物。以下介绍几种典型的通过植物细胞培养技术生产的药物。

(1) 红豆杉细胞培养生产紫杉醇

紫杉醇是20世纪70年代美国北卡罗来纳州三角研究所的Wall博士和Wani博士从短叶红豆杉树皮中分离得到的具有独特抗癌活性的二萜烯类化合物。1992年12月，美国FDA正式批准紫杉醇用于治疗转移性卵巢癌，后又批准用于治疗转移性乳腺癌。紫杉醇是一种高效细胞毒素，具有独特的抗癌机制。紫杉醇能与微管蛋白结合，并促进其聚合，抑制精细胞有丝分裂，阻止癌细胞的无限增殖。红豆杉属植物全世界约有11种，它们生长缓慢，种群密度小，自身繁殖能力低。从树皮中提取的紫杉醇，仅有0.06%～0.07%，含量极低。采用细胞培养技术生产紫杉醇能有效提高紫杉醇的产量。美国农业部于1991年就批准了Christen和Gibson等用细胞培养法生产紫杉醇及其类似物的专利。目前利用细胞培养技术生产紫杉醇的研究已经进入到生物反应放大阶段，美国一公司现在已经完成4000L的培养技术。我国也有数家研究所和大学从事该方面的研究。通过筛选高产细胞系，优化培养条件，设计合适的生物反应器和发展新的培养技术大量生产紫杉醇。如Wang等从中国红豆杉的树皮中分离到了一种黑曲霉，并在红豆杉细胞培养的指数生长期（15天）加入该真菌的发酵菌体，诱导6天，结果使紫杉醇的产量提高了2倍，产量达到了0.04g/L。Luo等发现，将诱导子和前体进行最佳组合共同使用时，可使紫杉醇的产量显著提高。在细胞培养的第12天加入0.01g/L硝酸银、0.006g/L脱羧酸、0.015g/L苯丙氨酸、0.031g/L茉莉酸甲酯、0.023g/L壳聚糖、0.03g/L乙酸和0.03g/L苯甲酸钠，随之在第16天加入0.02g/L蔗糖，紫杉醇的产量达到了0.054g/L，这比单独使用诱导子或前体所得紫杉醇产量的2倍还要多。Bringi等通过优化培养基、加入诱导子、两步培养及延长培养时间（42天）等综合措施，使中国红豆杉（*T. chinensis*）细胞中的紫杉醇含量达到0.153g/L，并获得了专利。

（2）人参细胞培养生产人参皂苷

人参为五加科多年生草本植物，具有抗肿瘤、延缓衰老、抗辐射等功能，也是一种名贵的滋补强壮药材。它主要含有强生理活性的生物碱、皂苷、萜类和甾体类物质。目前主要是通过人参细胞悬浮培养生产各种次生代谢产物。日本和德国都已获得了人参细胞工业化生产的专利，开始了人参细胞的大规模培养生产。20世纪90年代，日本成功进行了人参细胞商业化大规模生产，反应器体积达到了20000～25000L，细胞干重达到20g/L，发酵周期为28天。此后俄罗斯和中国也相继出现了运用生物反应器进行大规模人参细胞培养的报道。进行人参细胞培养的培养基一般是MS培养基，并添加20～30g/L的蔗糖。当碳源浓度过高（>60g/L）时会抑制人参细胞的生长，但却有利于干细胞中人参皂苷的合成，所以可采用生长初期保持低糖浓度，促进细胞生长，后期补糖提高人参皂苷产量的方法。在各种营养物质中，氮源对人参培养细胞中人参皂苷和人参多糖产量的影响最大，低NH_4^+/NO_3^-比率有利于人参细胞生长。无机磷酸盐对人参细胞生长以及人参皂苷、人参多糖产量也有着显著影响，当无机磷酸盐的浓度为1.25～3.75mmol/L时，人参细胞生长和皂苷产量都比较高，但当无机磷酸盐的浓度达到3.75～11mmol/L时，人参皂苷的产量会明显下降。在合成人参皂苷时，植物生长激素2,4-二氯苯氧乙酸（2,4-D）浓度需控制在0.1mg/L以下。对于人参、西洋参和三七来说，pH控制在5.8左右时，有利于细胞的生长和人参皂苷产量的提高。其他因素，如金属离子、温度、发酵密度、氧分压及光照等，都会对人参皂苷和人参多糖的产量产生影响。而且合用植物激素，如添加适量激动素可大大促进细胞生长和产物积累。

（3）紫草细胞培养

紫草宁产生于紫草多年生植物的根部，紫草宁及其衍生物为萘醌类化合物，具有抗肿瘤、抗炎和抗菌活性，还有抗肝脏氧化损伤和抗受孕的作用。但紫草野生资源日益耗损，人工栽培困难，因此，利用细胞工程进行大规模培养生产紫草宁是较为有效的途径。早在1974年，Tabata等就研究了在何种培养基上可以使紫草细胞产生紫草宁衍生物。1981年，Tabata和Fujita等又用大的培养容器进行细胞悬浮培养并获得了紫草宁衍生物，并于1983年进行紫草细胞的大规模培养来生产紫草宁。2005年，中国科学院过程工程研究所开发了ALICROF（air lift internal cross flow bioreactor）生物反应器，规模达到150升的中试水平，紫草宁的含量达到细胞干重的15%。

植物细胞培养具有生长速度快、周期短、产物均一可控、药效成分高于天然植物等优点。据不完全统计，应用植物细胞培养技术生产次生代谢产物的植物已达百种以上，近半数的次生代谢产物含量超过原植株。

2. 转基因植物

转基因植物是指将目的基因（包括外源基因和内源基因两类）导入植物基因组并能在后代中稳定遗传的植物。目前已经获得了可以表达多种外源基因的转基因植物，利用它们生产出的药物就称为转基因植物药物。转基因植物药物主要分为转基因植物疫苗、转基因植物抗体、转基因植物多肽及蛋白质类药物。

（1）转基因植物疫苗

所谓转基因植物疫苗是把植物基因工程技术与机体免疫机制相结合，生产出能使机体获得特异抗病能力的疫苗。

转基因植物疫苗生产的一般流程如下：①克隆特异性抗原的编码基因；②将目的基因插入植物表达载体上或植物病毒载体上；③利用各种转基因方法将抗原基因转入植物体，使植物带有编码抗原的基因；④进行愈伤组织的诱导和分化及转基因植物的再生，使抗原蛋白基因在植物中表达；⑤进行表达水平的检测和免疫原性的测定；⑥进行安全性评价、检测。

科学家已在烟草、马铃薯等植物上成功地制造了乙型肝炎疫苗、大肠埃希菌疫苗。1990 年，Curtiss 在转基因烟草中表达出了变异链球菌表面蛋白。目前，已有多种疫苗在转基因植物中表达成功，且在动物实验和人体实验中获得了满意的结果。如霍乱毒素 B 亚单位（CTB）疫苗、Norwalk 病毒衣壳蛋白疫苗、人类免疫缺陷病毒疫苗等。国内外所用的目标植物有烟草、马铃薯、胡萝卜、番茄、玉米、水稻、大豆、花生等。

① 结核病疫苗：肺结核是一种呼吸道传染疾病，目前使用的卡介苗已沿用 50 余年。MPT64 是结核分枝杆菌的分泌性蛋白质，它既能刺激细胞免疫反应，又能诱导体液免疫反应，是一种具有很好的免疫保护效果的结核亚单位疫苗。目前已有研究将 MPT64 和 ESAT-6 的编码基因导入烟草、黄瓜、番茄、胡萝卜等植物中，开发出转基因植物结核病疫苗。

② 乙型肝炎疫苗：目前，市场上的乙型肝炎疫苗主要是酵母细胞表达生产的乙型肝炎病毒表面抗原（HBsAg）疫苗，研究结果表明，HBsAg 可作为黏膜抗性抗原，诱导全身体液免疫，从而对乙型肝炎病毒的感染起到预防作用。这种疫苗虽然获得了较好的免疫效果，但由于成本高、接种不方便等因素，不适合在发病率高的贫困地区推广应用。因此，可利用植物来生产廉价的乙型肝炎疫苗，Mason 等将编码乙型肝炎病毒表面抗原（HBsAg）的基因转入烟草，成功获得转基因烟草的 HBsAg。此外，Kapusta 等利用农杆菌介导法获得了转基因羽扇豆和莴苣的 HBsAg，并用转基因羽扇豆表达的 HBsAg 免疫小鼠，使小鼠体内产生高水平的乙型肝炎病毒抗体。

（2）转基因植物抗体

转基因植物抗体是通过基因工程技术将编码全抗体或抗体片段的基因导入植物，并在植物中表达或生产具有免疫活性的抗体或其功能片段。目前已经成功地获得具有潜在医疗价值的植物抗体有：转基因烟草生产的针对腐蚀牙齿致病源抗体免疫球蛋白 G（IgG）-IgA，在大豆中表达的治疗单纯疱疹病毒的抗体 Anti-HSV-2，在小麦和水稻中表达的抗癌胚抗原的抗体，利用植物病毒载体表达的治疗淋巴瘤的抗体（ScFv）等。

（3）转基因植物多肽及蛋白质类药物

生产具有药学活性的植物蛋白质和多肽是近年来转基因植物应用的另一迅速发展的领域。大量研究表明，人体内含量甚微但具有重要临床价值的蛋白质或多肽也可在植物系统中表达。如人生长激素、人血清白蛋白、白介素、人干扰素-β、人表皮生长因子、脑啡肽、促红细胞生成素、脂肪酶、乳铁蛋白、水蛭素、胶原蛋白等。例如葡萄糖脑苷脂酶，用于治疗葡萄糖脑苷脂沉积病，由于患者体内缺乏溶酶体水解酶——葡萄糖脑苷脂酶，需利用从人胎盘中提取的酶制成的药物缓解其临床症状。提取一个剂量的葡萄糖脑苷脂酶，需要上千个人的胎盘。近年来，虽然利用哺乳动物细胞培养系统可以生产葡萄糖脑苷脂酶，但由于供不应求，其价格仍居高不下。已有研究者利用转基因植物烟草生产葡萄糖脑苷脂酶的专利。根据这一研究发现，即可利用转基因植物生产葡萄糖脑苷脂酶。

利用转基因植物生产药用蛋白质具有诸多优势，但这方面的研究目前仍处于初级阶段，尚有不少问题亟待解决，如蛋白表达量低、提纯困难等。尽管目前在植物医药蛋白质的研制和开发过程中还有许多问题需要进一步研究和探讨，但利用转基因植物开发新型医药蛋白质必将成为一种经济有效的新途径，“分子药田”的设想也必将能够实现。

思考题

1. 试述动物细胞工程制药和植物细胞工程制药的技术。
2. 动物乳腺生物反应器的应用前景如何？
3. 我国传统中药与细胞工程制药如何结合？
4. 如何看待细胞工程药物的安全性？

第四章
酶工程制药

第一节　酶与酶工程

第二节　酶的提取和分离纯化

第三节　酶和细胞的固定化

第四节　酶工程制药的研究进展

第五节　酶工程药物制造实例

学习要求

1. 掌握：酶催化特性及酶工程的概念；酶提取纯化的步骤及方法、固定化酶和固定化细胞的制备方法。

2. 熟悉：固定化酶和固定化细胞的性质和评价指标。

3. 了解：酶反应器的类型、酶工程的研究进展及其在制药中的应用。

第一节 酶与酶工程

一、酶及酶催化特性

生物体内的化学反应，几乎都是在酶的催化下进行的。没有酶，就没有生物体的生命活动，就没有生命。酶（enzyme）是生物体内一类具有催化活性和特定空间构象的生物大分子。酶催化的反应又称为酶促反应，是指反应物分子（又称底物）通过酶的催化作用转化为另一种分子（即产物）的反应。根据化学本质的不同，酶分为蛋白酶类和核酸酶类，起催化作用的主要成分分别是蛋白质和核酸。根据催化反应类型不同，酶分为氧化还原酶类、转移酶类、水解酶类、裂解酶类、异构酶类和合成酶类。

酶是生物催化剂，具有一般催化剂的共性：能显著加快化学反应速率，但无法改变反应的平衡常数，且其本身在反应前后结构和性质均保持不变。除具有一般催化剂的共性外，酶还具有显著的特性：①高效性，是一般催化剂的 10^7～10^{14} 倍，酶分子的转换数为 10^3/min，甚至更高；②专一性，大多数酶对所作用的底物和催化的反应呈绝对或几乎绝对的专一性；③温和性，酶所催化的化学反应一般是在较温和的条件下进行的，大部分酶在 30～40℃的温度和靠近中性（pH 7）的条件下催化活性最佳；④活性可调节性，酶的催化活性受到调节和控制，酶活性的调节是代谢调节的主要方式。

二、酶工程

1. 酶工程简介

酶工程（enzyme engineering）是酶学与工程学相互渗透结合并共同发展而产生的一门新兴技术科学，是在综合了酶学、微生物学以及化学工程等多种技术和方法的基础上产生的新型交叉应用型学科。

酶工程的名称最早出现于 20 世纪 20 年代初，当时主要指自然酶制剂在工业上的大规模应用。如从牛胃中提取凝乳酶、从胰脏中提取胰酶、从血液中提取凝血酶、从植物材料中提取淀粉酶等。第二次世界大战以后，随着微生物培养技术和设备的逐渐完善，利用微生物获得商品化酶制剂已形成规模化产业，被认为是现代酶工程发展的第一个里程碑。20 世纪 70 年代，固定化酶技术的发展和应用，克服了酶不稳定的缺点，使酶可以反复连续地进行催化反应，扩大了酶的应用范围，并在此基础上发展出多酶体系固定化技术和细胞固定化技术，同时推动生物传感器、生物芯片等现代生物电子器件的发展，被认为是现代酶工程发展的第二个里程碑。20 世纪 90 年代，随着基因工程的广泛介入，一些原来只能由动物或植物生产的酶经过基因重组，可以利用微生物表达。由于在发酵过程中很容易对微生物进行控制，因此“基因工程＋发酵工艺＋先进的发酵设备”可以算是酶工程的第三次飞跃。

近年来，酶在工业、农业、医药和食品等领域中的应用迅速发展，酶工程在不断地增添新的内容。从现代观点来看，酶工程主要有以下几方面的研究内容：①酶的分离、纯化、大批量生产及应用开发；②酶和细胞的固定化及酶反应器的研究（包括酶传感器、反应检测等）；③酶生产中基因工程技术的应用及遗传修饰酶（突变酶）的研究；④酶的分子改造与化学修饰，以及酶的结构与功能之间关系的研究；⑤有机相中酶反应的研究；⑥酶的抑制剂、激活剂的开发及应用研究；⑦抗体酶、核酸酶的研究；⑧模拟酶、合成酶及酶分子的人工设计、合成的研究。

经过一个多世纪的发展，酶学已经成长为一门独立的学科，并取得了巨大的进展，目前已发现的蛋白酶的数量已超过 4000 种，而且酶在包括制药领域的各种工业生产中都逐渐扩大了使用范围。目前全球范围内，酶制剂的年销售额高达数十亿美元，酶和酶工程在人类的生产、生活以及健康医药的各个方面都发挥着越来越重要的作用。

2. 酶的来源和生产

酶作为生物催化剂，普遍存在于动物、植物和微生物中，因此可以直接从这些生物体中提取纯化，即提取分离法。随着酶制剂应用范围的日益扩大以及技术、经济和伦理上的问题，单纯依赖动植物来源的酶已远远不能满足需求，并且由于动植物生长周期长、来源有限，又受地理、气候和季节等因素的影响，不适用于大规模生产。因此，化学合成法和生物合成法随之而生。

（1）提取分离法

提取分离法是最早采用的酶生产方法。如从植物中提取分离蛋白酶、淀粉酶、氧化酶等；从动物中提取分离胰蛋白酶、脂肪酶和用于奶酪生产的凝乳酶等。有些酶的生产至今仍应用此法，如从菠萝中制取菠萝蛋白酶；从猪颌下腺中提取激肽释放酶；从鸡蛋清中提取溶菌酶；从动物胰脏中分离纯化胰蛋白酶、胰淀粉酶和胰脂肪酶等。

（2）化学合成法

酶和其他的蛋白质一样，可以通过化学合成方法进行制备。1969 年，Robert Bruce Merrifield 通过化学合成法得到含有 124 个氨基酸残基的核糖核酸酶，并发展了一整套固相合成多链的自动化技术，大大加快了合成速度。但从实际应用上讲，酶的化学合成存在成本高、反应步骤多、工艺复杂、设备要求高等缺点，导致其应用受到限制，通过人工合成的方法进行酶的生产还需要相当长的一段时间。但是，该方法在短肽的合成、人工模拟酶的合成以及酶的化学修饰等领域仍有重要的应用意义。

(3) 生物合成法

生物合成法又称生物转化法，是指经过预先设计，利用动物细胞、植物细胞或微生物细胞的生命活动而获得目的酶的过程。自1949年细菌淀粉酶发酵成功以来，生物合成法就成为酶的主要生产方法。

利用微生物获得酶是酶制剂的主要来源，该方法具有以下优点。①酶的品种齐全：微生物种类繁多，自然界中存在的酶基本都能从微生物中得到；②酶的产量高：微生物生长繁殖快、生产周期短、产量高，许多细菌在合适条件下20min左右就可繁殖一代，为大量生产酶制剂提供了极大的便利；③成本低：微生物培养方法简单，原料来源丰富，价格低廉，经济效益高，并可以通过控制培养条件来提高酶的产量，与利用动植物细胞培养制备酶相比要经济得多；④易提高产量：由于微生物具有较强的适应性和应变能力，可以通过筛选、诱变等方法培育出高产菌种；⑤可结合基因工程、细胞融合等现代生物技术手段，可以完全按照人类的需要使微生物产生所需要的目的酶。

四

正是由于微生物发酵生产酶具有这些独特的优点，目前工业上得到的酶绝大多数来自微生物，如淀粉酶类的α-淀粉酶、β-淀粉酶、葡萄糖淀粉酶以及异淀粉酶等都是利用微生物生产的。微生物发酵法生产酶同其他发酵行业类似，首先必须选择合适的产酶菌株，然后采用适当的培养基和培养方式进行发酵，使微生物生长繁殖并合成大量所需要的酶，最后将酶分离纯化制成一定的酶制剂。目前常用的产酶微生物主要有大肠埃希菌、枯草杆菌、啤酒酵母、青霉菌、木霉菌、根霉菌、链霉菌等。其中，大肠埃希菌是应用最广泛的产酶菌之一，由于其遗传背景清楚，还被广泛用于遗传工程改造成为外源基因的宿主，是具有优良性状的工程菌。

3. 酶在医药领域的应用

(1) 在疾病诊断方面的应用

疾病治疗效果的好坏，很大程度上取决于诊断的准确性。疾病诊断的方法有很多，其中酶学诊断方法发展迅速。由于酶催化的高效性和特异性，酶学诊断方法具有可靠、简便又快捷的特点，在临床诊断中已被广泛使用。酶学诊断包括两个方面：一是根据体内原有酶活力的变化来诊断某些疾病，如利用谷丙转氨酶活力升高来诊断肝炎；二是利用酶测定体液中某些物质的量来诊断疾病，如利用葡糖氧化酶测定血糖含量、诊断糖尿病等。

(2) 在疾病治疗方面的应用

由于酶具有专一性和高效率的特点，所以在医药领域使用的酶具有种类多、用量少和纯度高的特点。主要的医药用酶有：蛋白酶，主要用于治疗消化不良和食欲不振等；溶菌酶，具有抗菌、抗炎、镇痛等作用；超氧化物歧化酶，具有抗辐射的作用；L-门冬酰胺酶，用于治疗白血病；尿激酶，具有溶血栓的活性。其他相关酶制剂，如细胞色素c等。

(3) 在药物生产方面的应用

酶在药物制造方面的应用是利用酶的催化作用将前体物质转变为药物。这方面的应用日益增多。主要有：利用青霉素酰胺酶制造半合成青霉素和头孢霉素，利用β-酪氨酸酶制造多巴，利用核苷磷酸化酶生产阿糖胞苷，利用蛋白酶和羧肽酶将猪胰岛素转化为重组人胰岛素等。

(4) 在分析检测方面的应用

用酶进行物质分析检测的方法统称为酶法检测或酶法分析。酶法检测是以酶的专一性为基础、以酶作用后物质的变化为依据来进行的。根据酶反应的不同，酶法检测可以分成单酶反应、多酶偶联反应和酶标免疫反应3类。

第二节 酶的提取和分离纯化

酶的提取和分离纯化是指将酶从细胞或其他含酶的原材料中提取出来，再与杂质分开，从而获得符合使用目的、有一定纯度和浓度的酶制剂的过程。该过程是酶学研究的基础，也是酶工程制药的主要内容。由于绝大多数酶的化学本质是蛋白质，因此，可利用蛋白质的纯化原理和手段对其进行分离纯化。

一、酶制备的基本原则

由于酶的特殊性，在酶制备过程中需遵循以下原则。

1. 防止酶变性失活

整个分离纯化过程一般选择温和的条件进行：①分离纯化工作应尽量在低温下进行；②多数酶在酸性和碱性条件下不稳定，因此必须控制整个纯化工作系统的pH值；③溶液中存在一定浓度的盐，易提高蛋白质的溶解度，因此制备时所采用的缓冲体系宜包括一定浓度的盐（0.1～0.2mol/L）；④蛋白质在溶液表面或界面易因机械剪切力而变性，故在操作中需避免泡沫的产生；⑤纯化步骤中需要避免由重金属、有机溶剂、微生物污染等造成的酶变性失活。

2. 建立有效的目的酶的跟踪监测方法

酶是具有催化活性的蛋白质，通过测定催化活性，可以比较容易地追踪酶在制备过程中的去向，同时酶的催化活性也可以作为选择制备方法与操作条件的准则。一般用两个指标来衡量分离纯化方法的好坏：总活力（total activity）的回收率和比活（specific activity）提高倍数。总活力的回收率反映了分离纯化过程中酶的损失情况；比活是指在一定条件下，每毫克蛋白质所具有的酶活力单位（U/mg蛋白质），其提高倍数反映了纯化方法的有效程度。理想的分离纯化方法是总活力回收率和比活提高倍数越高越好，但实际情况往往是两者无法兼顾，应根据具体情况做相应取舍。

二、酶分离纯化的一般程序

酶分离纯化的原理：①利用提取混合物中各组分的分配率差异，把它们分配到可用机械方法分离的几个物相中，具体技术方法包括盐析、有机溶剂抽提、色谱和结晶等；②在单一物相中通过物理作用达到分离，使用的技术包括电泳、超速离心和超滤等。酶的分离纯化需要根据酶分子大小、电荷、溶解度和生物亲和性等，联合使用不同的分离方法，才能得到纯酶（表 4-1）。

表 4-1　酶的分离纯化依据和分类

分离原理	分离方法
分子极性与溶解度	等电点沉淀、有机溶剂沉淀、盐析等
分子大小	凝胶过滤、膜分离、离心等
电荷性质	离子交换色谱、等电聚焦、电泳等
疏水作用	疏水色谱、反相色谱等
生物亲和性	亲和色谱、免疫吸附色谱等

酶制备的一般程序主要包括原材料的选择和预处理、酶的分离、酶的精制和酶的浓缩干燥及结晶等步骤（图 4-1）。

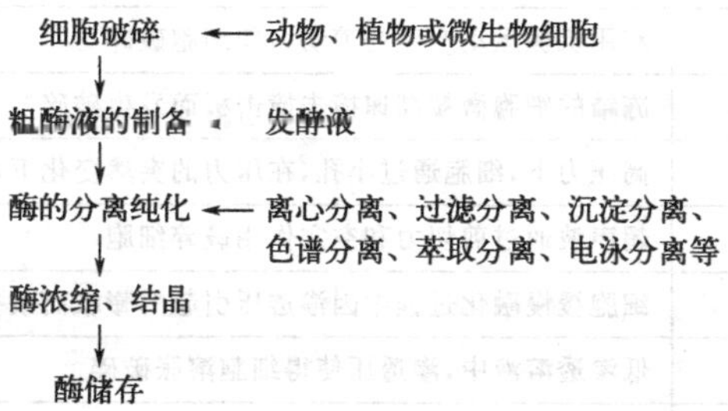

图 4-1
酶的提取、分离纯化技术路线

1. 原材料的选择和预处理

为了使分离纯化过程容易进行，减少生产成本，一般选择含目的酶丰富的原材料。同时也要考虑原材料来源、取材是否方便经济等因素。目前，利用动物、植物、微生物细胞体外大规模培养技术，可以大量获得极为珍贵的原材料，用于酶的分离纯化。利用基因工程重组 DNA 技术，能够使某些在细胞中含量极微的酶的纯化成为可能。

从微生物发酵液中提取酶的第一个步骤是发酵液的预处理，即采用沉淀法、变性法、絮凝和凝聚等方法除去发酵液中的无机离子、杂蛋白等，采用活性炭、离子交换树脂等除去色素及其他物质，便于后续各步操作。

2. 酶的分离

酶的分离又称初步纯化或提取，一般采用盐析、等电点沉淀、有机溶剂沉淀和离心分离等技术将目的酶与其他杂蛋白分离开来。采用的方法一般要求简便、处理量大。

3. 酶的精制

酶的精制即酶的高度纯化。在分离得到粗酶后通常采用凝胶过滤、离子交换色谱、吸附色谱、亲和色谱等分辨率高的手段对酶进一步纯化。

4. 酶的浓缩干燥及结晶

酶的浓缩干燥及结晶是使酶与溶剂分离并结晶得到酶制剂的过程。通常采用的方法有旋转蒸发、透析、超滤、冷冻干燥等。

三、酶的提取

1. 细胞破碎

微生物产生的酶分为胞内酶和胞外酶两类。胞外酶是能够被分泌于细胞外的各种酶，无须破碎细胞，可以在培养基中直接提取。大多数酶都存在于细胞中，为了获得细胞内的酶，就必须收集细胞并进行细胞或组织的破碎。不同的生物体或同一生物体的不同组织的细胞，由于结构不同，所采用的细胞破碎方法和条件亦有所不同，必须根据具体情况（细胞性质、处理量等）进行适当的选择，以达到预期的效果。常见的破碎方法分为物理法、化学法以及生物法（表 4-2）。

表 4-2　常见的酶的破碎方法

类型	技术	原理
物理方法	珠磨法	利用机械运动产生的剪切力使细胞破碎
	喷雾撞击法	冻结的细胞微粒高速撞击撞击板而发生破碎
	压力法	高压力下，细胞通过小孔，在压力的突然变化下产生剪切力，破碎细胞
	超声波法	超声波通过剪切力和空穴作用破碎细胞
	冻融法	细胞缓慢融化过程中因渗透压引起的膨胀而破裂
	渗透压法	低渗透溶液中，渗透压使得细胞溶胀破碎
化学方法	化学溶解	细胞壁和细胞膜因化学试剂溶解，释放内含物
生物方法	自溶法	组织中自身酶的作用，破坏细胞结构，释放内含物
	酶解法	利用外来酶进行处理，破坏细胞壁或细胞膜，释放内含物

在酶的提取过程中必须注意，一旦细胞破碎，其原有的胞内体系即被破坏，各种酶分子在胞内的互相制约体系不复存在，细胞原有的各种蛋白酶随时有可能水解其他酶类，当然目的酶也不例外。为了保护目的酶的生物活性，需要采用多种措施保证其活性。

2. 酶的提取方法

酶的提取是将酶以溶解状态最大限度地从生物组织或细胞破碎液中提取出来的过程。一般可采用酸、碱或盐溶液提取酶，有机溶剂可用来提取疏水性较强的酶，具体来说，需根据酶的溶解特性和稳定性选择酶的提取条件。

（1）稀酸、稀碱溶液提取

绝大多数生化物质都是两性电解质，在等电点（pI）时，溶解度最小，而在 pH 偏离等电点 0.5 以后，溶解度就大大增加。因此需选择合适的酸碱溶液以尽可能提高目的酶在提取液中的溶解度。但注意不要用太极端的 pH，防止酶的失活。

（2）盐溶液提取

盐溶（salting in）指的是低浓度的中性盐可使电解质的溶解度明显增加的现象。

这是由于加入的中性盐改变了溶液的极性，从而提高了亲水性蛋白质的溶解度。盐浓度一般在 0.05～0.2mol/L。

（3）有机溶剂提取

有机溶剂提取适用于不能用盐溶法增大溶解度的酶的提取，如一些与脂质结合比较牢固或分子中非极性侧链较多的酶。常用的有机溶剂是乙醇、丙酮和丁醇等，通常在 0℃搅拌下进行。

四、酶的分离纯化

蛋白酶类的纯化方法较多，一般最佳纯化方案的设计需要综合考虑所需纯化酶的理化性质、提取的步骤、最终得率、纯化成本等因素，常见的纯化方法包括以下几种。

四

1. 盐析法

利用不同蛋白质在不同的盐浓度条件下溶解度不同的特性，通过在酶溶液中分阶段加入一定比例的中性盐（如硫酸铵），使杂蛋白和目的酶蛋白分别在不同浓度的盐溶液中被沉淀出，此法又称为分级沉淀法。由于性价比高，对酶的影响较低，应用广泛。

2. 等电点沉淀法

利用两性电解质在等电点（pI）时溶解度最低，以及不同的两性电解质有不同的等电点的特性，通过调节溶液 pH，使杂蛋白和目的酶蛋白沉淀析出。

3. 有机溶剂沉淀法

在蛋白质溶液中加入有机溶剂如丙酮、乙醇等，可以沉淀酶蛋白。其原理是：①有机溶剂可降低溶液的电离常数，增强蛋白质分子间的电荷引力，使蛋白质的溶解度下降；②有机溶剂也可通过与水作用，使蛋白质因脱水而析出。

4. 吸附分离法

氧化铝、磷酸钙和羟基磷灰石、活性炭等物质对蛋白质有一定的吸附作用，也可用于酶的分离纯化。这些吸附剂对酶或杂蛋白都有吸附作用，故既可用来吸附酶蛋白除去杂质，也可吸附杂蛋白而使酶蛋白留在溶液中，达到较理想的提纯目的。

5. 离子交换法

离子交换法是广泛使用的一种提纯蛋白酶类的方法，分为阳离子交换树脂与阴离子交换树脂两大类（根据解离基团交换能力的强度不同，又可分为强酸、弱酸、强碱、弱碱四大类）。待纯化的酶溶液在流经树脂时，进行离子交换，由于酶蛋白和杂蛋白的吸附强弱不同，因此在洗脱（通常利用盐浓度梯度洗脱）过程中得到分离。

6. 凝胶过滤分离法

凝胶过滤分离法是根据酶分子大小的不同进行分离的一种方法。当待纯化的酶液通过分子筛时，比凝胶孔径大的分子将无法通过网眼进入胶粒内部，直接经分子筛颗粒间的空隙流出，而比凝胶孔径小的分子则进入胶粒内部，经由复杂的网眼结构流动，逐渐被滞留下来。因此分子的大小不同，滞留程度也不一样，从而不同分子量的蛋白质得以分离，故凝胶过滤又称分子筛或排阻色谱。目前常用的凝胶有交联葡聚糖凝胶、聚丙烯酰胺凝胶和琼脂糖凝胶三种。

7. 亲和色谱法

亲和色谱法是利用酶与其底物、底物类似物或竞争性抑制剂之间具有较高的亲和力，能够专一而又可逆地形成酶-配体络合物这一特性而设计的色谱法。将酶专一性良好的配体偶联固定在载体上，当含酶溶液流过该载体时，目的酶会被特异性地吸附，而杂蛋白分子将直接被分离。亲和色谱法具有速度快、效率高且专一性好的优点，缺点是纯化的成本通常较高。

五、酶的浓缩和干燥

1. 浓缩

纯化后的酶浓度往往较低，必须进行浓缩。常用的浓缩方法包括蒸发和超滤，后者指在加压的情况下，将待浓缩溶液通过一层分子量选择性透过的微孔滤膜，小分子可自由通过，而酶等大分子将被滞留在另一侧，从而实现浓缩。超滤法不会造成热破坏和相变化，可以保持原溶液的离子强度和 pH，且成本较低，已广泛用于实验室和工业生产规模的浓缩。

2. 干燥

蛋白酶类在水溶液中稳定性差，只能短期保存，但在脱水干燥形成干粉的情况下，酶的稳定性显著提高，可以在低温下长期保存。常见的脱水干燥法有如下几种。

（1）冷冻干燥

这种方法适用于量较少的样品，或贵重酶制剂以及对热非常敏感的酶。实验室样品的干燥可先将酶溶液冷冻结冰，然后置于真空干燥器中，利用真空泵在干燥器内形成一定的真空度。此时，冷冻的酶溶液中的水分将由固相直接升华，从而使酶蛋白得到干燥。

（2）直接干燥

一般工业用酶制剂的粗制品都可用烘箱、烘房进行直接干燥，但注意温度不能太高，且要避免造成酶制剂氧化失活。

（3）喷雾干燥

喷雾干燥是用雾化器（喷嘴）将酶液（含水量50%以上的酶液或悬浮液）喷成微小的雾滴并分散于热气流中，使水分迅速蒸发而成粉状干燥制品的工艺。由于喷成雾状液体的表面积大，只需数秒至数十秒时间就可完成干燥，不至于引起酶的失活。

第三节 酶和细胞的固定化

酶促反应几乎都是在水溶液中进行的，属于均相反应。均相酶反应系统虽然简便，但也有许多缺点，如游离状态的酶对热、强酸、强碱、高离子强度、有机溶剂等稳定性较差，易失活；溶液中的游离酶只能使用一次，造成酶的浪费；酶促反应后混有酶和底物等物质，纯化困难。固定化酶（immobilized enzyme）既能保持酶原有的催化活性，性能稳定又不溶于水，可以像一般固相催化剂那样使用和处理，大大提高了酶的利用率。与固定化酶类似，细胞也能固定化。生物细胞虽属固相催化剂，但由于其颗粒微小，难于截留或定位，也需固定化。固定化细胞既具有细胞特性和生物催化的功能，还具有固相催化剂的特点。

一、固定化酶的制备

1. 固定化酶的概念

固定化酶，是指限制或固定于特定空间位置的酶，具体来说，是指经物理或化学方法处理，使酶变成不易随水流失（即运动受到限制），而又能发挥催化作用的酶制剂。固定化所采用的酶，可以是经提取分离后得到的有一定纯度的酶，也可以是结合在菌体（死细胞）或细胞碎片上的酶或酶系。

固定化酶的优点：①可以在长时间内多次使用；②多数情况下，酶的稳定性提高；③固定化酶、底物和产物易于分开，产物易于纯化，产品质量高；④酶的反应条件易于控制；⑤酶的利用率高，单位酶催化的底物量增加，酶量减少；⑥比游离酶更适合多酶反应。

固定化酶的缺点：①固定化时，酶活力有损失；②通常只适用于催化可溶性小分子底物的酶促反应过程，对大分子底物不适用；③胞内酶通常需要经过酶的分离纯化过程；④与完整菌体相比，不适用于多酶反应，尤其是需要辅助因子参与的反应；⑤增加生产成本，工厂初始投资大。

2. 固定化酶的制备原则

迄今为止，酶的固定化方法有上百种，但几乎没有一种固定化方法适用于所有酶，具体方法应根据酶的应用目的和特性进行选择。无论采用哪种固定方法，酶的固定化过程通常遵循以下原则。

① 固定化不改变酶的催化活性及其专一性：酶促反应取决于酶的空间结构，在固定化时要保证酶的空间结构尤其是活性中心的空间结构不被破坏。

② 固定化应有利于生产自动化、连续化：用于固定化的载体必须有一定的机械强度，在制备过程中不易被破坏或受损。

③ 固定化酶应有尽可能小的空间位阻：固定化应尽可能不影响酶与底物的结合，以提高催化效率和产量。

④ 酶与载体应结合牢固：使固定化酶有利于回收储存和反复使用。

⑤ 固定化酶应有尽可能高的稳定性：所选载体不与底物、产物或反应介质发生化学反应。

⑥ 固定化的成本应合理，利于工业使用。

3. 固定化酶的性质

酶可粗略分为天然酶和修饰酶。游离的天然酶经固定化后属于修饰酶，其本身的结构会受到影响，并且酶促反应由均相转到异相，由此导致的扩散限制效应、空间障碍、载体的分配效应等因素也影响酶的性质。

（1）酶活力的改变

多数情况下，酶固定化后，活力比天然酶小，其专一性也发生改变。固定化酶活力降低的原因可能是：①酶分子在固定化过程中，空间构象发生变化，甚至影响活性中心的氨基酸残基；②固定化后，由于空间位阻作用，影响活性中心对底物的定位作用；③扩散限制效应使底物分子与活性中心的接近受阻；④包埋时酶被半透膜包围，大分子底物不能透过膜与酶接近。个别情况下，酶活力在固定化后反而比原酶提高，原因可能是偶联过程中酶通过化学修饰或固定化过程提高了酶的稳定性。

（2）酶稳定性的改变

多数情况下，固定化酶的稳定性提高，原因可能是：①固定化后酶与载体多点连接，可防止酶分子伸展变形；②酶活力缓慢释放；③酶与固态载体结合后，酶失去了分子间相互作用的机会，从而抑制了酶的自降解。

（3）酶学特性的改变

固定化酶的底物专一性、最适温度、最适 pH、动力学常数及最大反应速率等均可能发生变化。

4. 酶的固定化方法

采用各种方法将酶与水不溶性载体结合，制备固定化酶的过程称为酶固定化（enzyme immobilization）。酶的固定化方法分为传统酶固定化方法和新型酶固定化方法。根据酶固定化所采用的反应类型分类，主要有载体结合法、交联法和包埋法等（图 4-2）。

（1）载体结合法（carrier binding method）

载体结合法是将酶结合于不溶性载体上的一种固定化方法。根据结合形式的不同，载体结合法可分为共价结合法、物理吸附法和离子结合法。

① 共价结合法：是酶以共价键的形式结合在载体上的固定化方法，即将酶分子上非活性部位官能团（如 α-氨基或 ε-氨基，α、β 或 γ 位的羧基、羟基、咪唑基、巯基等）与载体表面反应基团进行共价结合。所得的固定化酶与载体结合比较牢固，有良好的稳定性及重复性，是目前研究最广泛、内容最丰富的固定化方法之一。采用此方法，必须首先使载体活化，使载体获得能与酶分子的某一特定基团发生特异反应的活泼基团，同时必须考虑到酶蛋白上参与共价结合的氨基酸残基不应是酶催化活性所必需的，否则固定化后易造成酶活力完全丧失。

② 物理吸附法：是最早出现的酶固定化方法，利用酶和载体间的非特异性物理吸附作用，将酶固定在载体表面。此类载体很多，包括无机载体（活性炭、多孔玻璃、

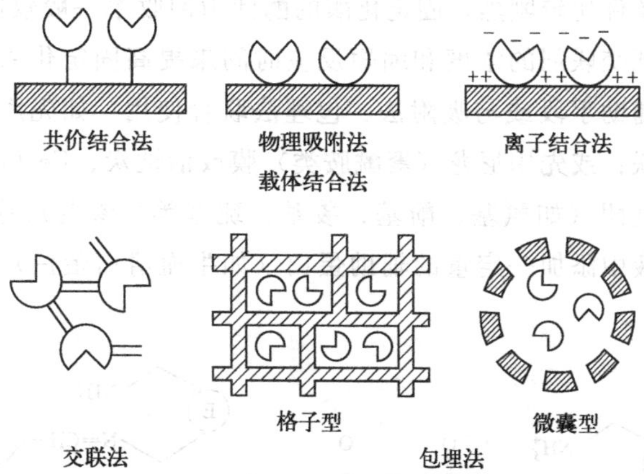

图 4-2

酶的固定化模式图

氧化铝等）、天然高分子载体（淀粉、谷蛋白等）、大孔树脂及陶瓷等。物理吸附作用包括范德瓦耳斯力、氢键、疏水作用、静电作用等。

物理吸附法的优点：操作简单，可选用不同电荷和不同形状的载体；固定化过程可与纯化过程同时实现；吸附后酶的构象变化较小或基本不变，对酶的催化活性影响小；酶失活后载体仍可再生。

物理吸附法的缺点：最适吸附酶量无规律可循；对不同载体和不同酶的吸附条件不同，吸附量与酶活力不一定呈平行关系；酶与载体之间结合力不强，酶易于脱落，导致酶活力下降并污染产物。物理吸附法也能固定细胞，有可能在研究此方法的过程中开发出固定化细胞的优良载体。

③ 离子结合法：是酶通过离子键结合于具有离子交换基团的水不溶性载体上的固定化方法。该法的载体有多糖类离子交换剂和合成高分子离子交换树脂，如 DEAE-纤维素、Amberlite CG50、XE-97、IR-45 和 Dowex-50 等。

离子结合法的优点是操作简单，处理条件温和，酶的高级结构和活性中心的氨基酸残基不易被破坏，能得到酶活力回收率较高的固定化酶。缺点是载体和酶的结合力较弱，容易受缓冲液种类或 pH 的影响，在离子强度较高的条件下进行反应时，容易发生酶从载体上脱落的现象。该法也能用于微生物细胞的固定化，但由于微生物细胞在使用中会发生自溶，因此较难得到稳定的固定化微生物细胞。

(2) 交联法（cross-linking method）

交联法是利用双功能或多功能交联试剂，在酶分子和交联试剂之间形成共价键的酶的固定化方法，交联法的原理如图 4-3 所示。采用不同的交联条件和在交联体系中添加不同的材料，可以产生物理性质各异的固定化酶。交联法与共价结合法一样也是利用共价键固定酶，不同的是，交联法不使用载体。常用的交联剂有戊二醛、己二胺、双偶氮苯等，其中应用最广泛的是戊二醛。

交联法的反应条件比较剧烈，固定化酶的酶活力回收率一般较低，因此制备较难，但可通过尽可能降低交联剂的浓度和缩短反应时间来提高固定化酶的比活。一般作为其他固定化方法的辅助手段或与吸附法、包埋法联合使用。如先用明胶（蛋白质）包埋，再用戊二醛交联；或先用尼龙（聚酰胺类）膜或活性炭、Fe_2O_3 等吸附后再交联。为了避免酶的功能基团（如氨基、酚基、羧基、巯基等）参与反应导致酶活性降低，常在被交联的酶溶液中添加一定量的辅助蛋白（如牛血清白蛋白）来提高固定化酶的稳定性。

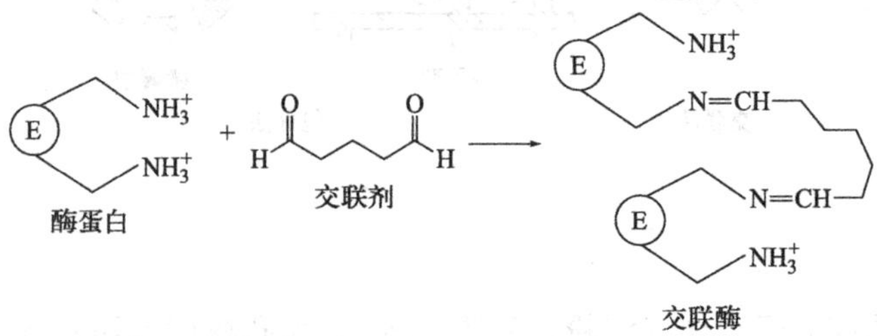

图 4-3
交联法原理图

(3) 包埋法（entrapment method）

包埋法是通过物理作用将酶固定在高分子凝胶或半透膜的网格中，从而实现酶固定化的方法。包埋法条件温和，一般不需要精氨酸残基参与反应，很少改变酶的高级结构，酶的活力回收率较高，因此可以应用于多种酶、微生物细胞和细胞器的固定化，但包埋法固定化酶易泄漏，常存在机械强度差、扩散受限制、传质阻力较大等问题，不宜催化大分子底物的反应，降低酶活力。

包埋法可分为网格型（格子型）和微囊型两种（图 4-2）。

① 网格型：将酶或细胞包埋在高分子凝胶网格中的称为网格型。网格型包埋法是固定化细胞中用得最多、最有效的方法之一。常用的载体材料有聚丙烯酰胺、聚乙烯醇和光敏树脂等合成高分子化合物，以及淀粉、明胶、海藻胶和角叉菜胶等天然高分子化合物。用合成和天然高分子化合物凝胶包埋时，可以通过调节凝胶材料的浓度来改变包埋率和固定化酶的机械强度。高分子化合物浓度越大，包埋率越高，固定化酶的机械强度就越大。为了防止酶或细胞从固定化酶颗粒中渗漏，可以采用包埋后再用交联法将酶牢固地保留在网格中的方法。

② 微囊型：将酶包埋在高分子半透膜中的称为微囊型。微囊型固定化酶通常为直径几毫米到几百微米的球状体，包埋酶的微囊半透膜表面积和体积比很大，包埋的酶量也多，且颗粒比网格型要小得多，更有利于底物与产物的扩散。缺点是反应条件要求高，制备成本也高。用于制备微囊的高聚材料有硝酸纤维素、聚苯乙烯、尼龙、聚酰胺等。

以上传统酶固定化方法各有优缺点（表 4-3），其共同缺点在于：酶在任意位点与载体进行连接，酶活性位点不能充分暴露，且酶载量不高。

表 4-3　常见固定化方法的特点

特点	共价结合法	物理吸附法	离子结合法	交联法	包埋法
制备	难	易	易	难	易
结合力	强	弱	中	强	强
酶活力	中	高	高	低	高
底物专一性	变化	无变化	无变化	变化	无变化
再生	不可能	可能	可能	不可能	不可能
稳定性	高	低	中	高	高
固定化成本	中	低	低	高	中

（4）选择性热变性法

选择性热变性法是将细胞在适当温度下处理，使细胞膜蛋白质变性但不使酶变性，从而将酶固定于细胞内的方法，此法专用于酶的细胞固定化。

（5）新型固定化方法

固定化酶的研究热点是以定向固定化酶技术为代表的新型固定化方法。新型酶固定化方法要在较为温和的条件下进行，尽量减少或避免酶活力的损失，并提高固定化效率，从而达到理想的固定化效果。包括偶合固定化、无载体固定化和定向固定化等。

① 偶合固定化（co-immobilization）：基本上能够解决单一固定化方法酶活力回收率低、稳定性差、传质阻力大等问题，并具有方法多样、操作简便、技术成熟等特点。偶合固定化一方面指几种固定化方法或载体的联合使用，即添加稳定因子和促进因子的固定化方法，以解决酶和载体结合不牢固、容易脱落等问题，如吸附-交联法、包埋-交联法、包埋-吸附法、絮凝-吸附法、膜-吸附法等。另一方面，偶合固定化也可指将不同的酶同时固定于同一载体内形成共固定化系统的一种技术，可使几种不同功能的酶、细胞和细胞器在同一系统内进行协同作用。如利用凹凸棒黏土的强吸附作用，首先将乳糖酶吸附于凹凸棒黏土上，再采用壳聚糖溶液的包埋方法制成乳糖酶与酿酒酵母细胞的共固定化凝胶颗粒，乳糖转化率可达93.2%。

② 无载体固定化（carrier-free immobilization）：直接利用交联剂交联溶解酶、晶体酶、物理聚集酶和喷雾干燥酶而形成交联溶解酶、交联酶晶体、交联酶聚集体和交联喷雾干燥酶的酶固定化技术。与传统固定化酶相比，无载体酶具有如下优点：催化活性高，成本低；具备较高的催化比表面积；可加入多种酶；底物扩散受限较少；在极端条件、有机溶剂和蛋白酶中的稳定性较高。

③ 定向固定化（oriented immobilization）：把酶和载体在酶的特定位点上连接起来，使酶在载体表面按一定的方向排列，使其活性位点面朝固定表面的外侧，这样有利于底物进入酶的活性位点，显著提高固定化酶的活性。基于上述原理，研究人员开发了多种不同类型的定向固定化方法。如利用酶和抗体之间的亲和性固定化、酶和金属离子形成复合物、通过酶分子上的糖基部分固定化、用分子生物学方法使酶定向固定化等。

二、固定化细胞的制备

1. 固定化细胞的概念

利用胞内酶制作固定化酶时，需经过提取、纯化等复杂工序，提取的酶往往稳定性差。为了解决这一问题，科研人员研发了固定化细胞技术，细胞的固定化主要是活细胞的固定化，即通过物理或化学的手段，将含有所需胞内酶的动物、植物或微生物细胞直接固定于适当的不溶性载体上的有限空间区域，并使其保持催化活性，从而可以直接利用固定的细胞催化多种化学反应。

固定化细胞的优点：①不需要进行酶的分离纯化，酶活性损失较小，成本较低；②固定化细胞中的酶处于天然细胞环境中，稳定性比较高；③保持了细胞内原有的多酶体系，可完成多步催化转化，且无须辅酶的再生；④对不利环境的耐受性增强，细胞可重复使用，简化了细胞培养过程。

固定化细胞的缺点：①部分载体材料有时会对细胞产生生理毒性，导致细胞死亡，菌体自溶，影响产物的纯度或影响目标代谢产物的生物合成；②细胞膜或细胞壁会造成底物渗透和扩散的障碍；③有些载体材料使细胞或小细胞群体相互分隔，容易形成不利于细胞彼此协调的环境，影响代谢产物的生物合成；④大规模制备固定化细胞过程复杂，易引起杂菌污染；⑤细胞内有多种酶存在，会形成副产物；⑥载体材料使成本提高，以至于该技术在传统的发酵工业中难以推广。

2. 固定化细胞的制备原则

细胞种类繁多，大小和特性各不相同，因此固定方法也多种多样。在制备固定化细胞时，要根据不同的情况选择不同的制备方法。固定化细胞的制备方法应该遵循以下原则：①控制固定化细胞的空隙度，使其具有较小的空间位阻，使底物、产物和其他代谢物能够自由扩散；②载体应具有稳定的网状结构，在所使用的条件下对细胞无破坏作用，且对细胞是惰性的；③固定化细胞具有良好的机械稳定性和化学稳定性，适于反复、连续使用；④固定化过程应尽可能温和，避免对细胞造成损伤和破坏。

3. 固定化细胞的性质

细胞固定化后，胞内酶的性质，如稳定性、最适温度、最适 pH 和米氏常数（K_m）变化基本与固定化酶相同。细胞固定化主要利用胞内酶，因此固定化细胞主要用于催化小分子底物的反应，而不适用于大分子底物。无论采用哪种方法固定细胞，都需采取适当的措施来提高细胞膜的通透性，以提高酶活力和转化效率。

固定化细胞的稳定性一般都比游离细胞高，如含天冬氨酸酶的大肠埃希菌经醋酸纤维素包埋后生产 L-天冬氨酸，37℃连续运转 2 年后，其活性仍保持为原活性的 97%。

细胞被固定化后，其最适温度通常与游离酶相同，如聚丙烯酰胺凝胶包埋的大肠埃希菌（含天冬氨酸酶、青霉素酰胺酶）和液体无色杆菌（含 L-组氨酸脱氨酶）的最适温度分别与游离细胞相同。

细胞经过固定化后最适 pH 无特定规律性变化。如聚丙烯酰胺凝胶包埋的大肠埃希菌（含天冬氨酸酶）和短杆菌（含延胡索酸酶）的最适 pH 较游离细胞向酸性偏移，但用相同方法包埋的无色短杆菌（含 L-组氨酸脱氨酶）、大肠埃希菌（含青霉素酰胺酶）的最适 pH 均无变化。

4. 细胞的固定化方法

与固定化酶相似，固定化细胞的制备方法有载体结合法、包埋法、交联法以及无载体法等。

（1）载体结合法

载体结合法是将细胞悬浮液直接与水不溶性载体相结合的固定化方法。本法与吸附法制备固定化酶的原理基本相同，所用的载体主要为阴离子交换树脂、阴离子交换纤维素及聚氯乙烯等。其优点是操作简单，符合细胞的生理条件，不影响细胞的生长及其酶的活性。缺点是吸附容量小，结合强度低。目前虽有采用有机材料与无机材料构成杂交结构的载体，或将吸附的细胞通过交联及共价键合来提高细胞与载体的结合强度的方法，但吸附法在工业上尚未得到推广应用。

（2）包埋法

将细胞定位于凝胶网格内的技术称为包埋法，包埋细胞的操作方法与包埋酶的操作方法相同，这是固定化细胞中应用最多的方法之一。常用的载体有卡拉胶、聚乙烯醇、琼脂、明胶及海藻胶等。优点在于细胞容量大，操作简便，酶的活力回收率高。缺点是扩散阻力大，容易改变酶的动力学行为，不适用于催化大分子底物与产物的转化反应。

（3）交联法

交联法利用双功能或多功能试剂，直接与细胞表面的各种反应基团（如羟基、巯基、咪唑基等）反应，使其彼此共价交联形成网络结构，从而固定细胞。由于交联法所用的化学试剂的毒性能引起细胞破坏而损害细胞活性（如用戊二醛交联的大肠埃希菌细胞，其天冬氨酸酶的活力仅为原细胞活力的 34.2%），因此在工业生产中交联法制备固定化细胞应用得也较少。

（4）无载体法

除以上与固定化酶相同的方法外，还可以采用特殊方法进行细胞固定化。如靠细胞自身的絮凝作用制备固定化细胞的技术称为无载体法。本法是通过助凝剂或选择性热变性的方法实现细胞的固定化。如含葡糖异构酶的链霉菌细胞经柠檬酸处理，使酶保留在细胞内，再加絮凝剂——脱乙酰甲壳素，获得的菌体干燥后即为固定化细胞。也可以在 60℃将链霉菌加热 10min，即得固定化细胞。无载体法的优点是可以获得高密度的细胞，固定化条件温和；缺点是机械强度差。

三、固定化酶和细胞的评价指标

游离酶制备成为固定化酶后，其催化功能也由原来的均相体系反应变为固-液相不均一反应，酶的催化性质会发生改变。因此制备固定化酶（细胞）后，必须考察它的性质。常用的评估指标包括固定化酶（细胞）的活力、固定化酶（细胞）的偶联率以及相对活力、固定化酶（细胞）的半衰期以及热稳定性。

1. 固定化酶（细胞）的活力

固定化酶（细胞）的活力是指固定化酶（细胞）催化某一特定化学反应的能力，其大小可用在一定条件下它所催化的某一反应的反应初速度来表示。固定化酶（细胞）的单位可定义为每毫克干重固定化酶（细胞）每分钟转化底物（或生产产物）的量，单位为 μmol/(min・mg)。与游离酶相仿，表示固定化酶的活力一般要注明下列条件：温度、搅拌速度、固定化酶的干燥条件、固定化的原酶含量或蛋白质含量及原酶的比活。

2. 偶联率及相对活力

影响酶固有性质诸因素的综合效应及固定化期间引起的酶失活，可用偶联率或相对活力来表示。固定化酶的活力回收率是指固定化后固定化酶（或细胞）所显示的活力占被固定的等当量游离酶（细胞）总活力的百分数。

偶联率=(加入蛋白质活力－上清液蛋白质活力)/加入蛋白质活力×100%

活力回收率=固定化酶总活力/加入酶的总活力×100%

相对活力=固定化酶总活力/(加入酶的总活力－上清液中未偶联酶的活力)×100%

偶联率=1 时，表示反应控制好，固定化或扩散限制引起的酶失活不明显；偶联率<1 时，扩散限制对酶活力有影响；偶联率>1 时，有细胞分裂或从载体去除抑制剂等原因。

3. 固定化酶（细胞）的半衰期

固定化酶（细胞）的半衰期是指在连续测定条件下，固定化酶（细胞）的活力下降为最初活力一半所经历的连续工作时间，以 $t_{1/2}$ 表示。固定化酶（细胞）的操作稳定性是影响其实用性的关键因素，半衰期是衡量稳定性的指标。

4. 固定化酶的热稳定性

将固定化酶在不同温度下温育 1h 之后，在最适温度下测酶活力，固定化酶的活力一般应保持在 60%以上。

四、固定化酶和细胞的反应器

用于酶催化反应的装置称为酶反应器（enzyme reactor），可用于游离酶，也可用于固定化酶。由于固定化细胞与固定化酶在许多方面极为相似，故固定化酶反应器的有关内容同样适用于固定化细胞。固定化酶和固定化细胞能否应用到工业生产，在很大程度上还取决于酶反应器的设计和选用。性能优良的反应器可大大提高生产效率。

反应器的形式很多，根据进料和出料的方式，可概括分为间歇式和连续式两大类，后者又有两种基本形式：连续式流动搅拌罐反应器和填充床反应器。还有一些衍生形式，如连续式流动搅拌罐-超滤膜反应器、循环反应器和流化床反应器等。各类反应器的类型如图 4-4 所示。

1. 间歇式搅拌罐反应器

间歇式搅拌罐反应器结构简单，设有夹套或盘管装置，可以用来加热或冷却罐内的物料，便于控制反应温度。主要用于游离酶的反应，使用时，需将底物与酶同时加入反应器内，通过控制反应条件，达到预期转化率后即可放料。在这种情况下，一般不回收游离酶。当前在食品和饮料工业中常用这种反应器。若将固定化酶用于间歇反应器，则需要在每批反应结束后将产物和固定化酶分离，而酶在此过程中，经过反复循环回收，活性降低或失活，因此在工业生产中很少将固定化酶用于间歇式搅拌罐反应器。

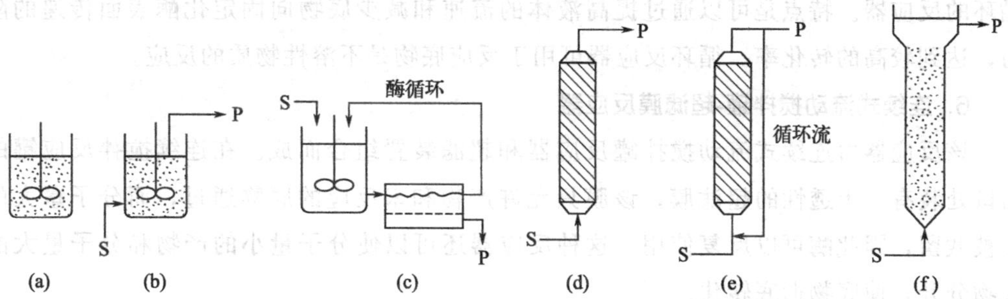

图 4-4

各类反应器的类型

(a) 间歇式搅拌罐反应器；(b) 连续式流动搅拌罐反应器；(c) 连续式流动搅拌罐-超滤膜反应器；

(d) 填充床反应器；(e) 循环反应器；(f) 流化床反应器

S—底物；P—产物

2. 连续式流动搅拌罐反应器

连续式流动搅拌罐反应器在结构上与间歇式搅拌罐反应器基本相同，但是其为连续进料、连续出料。同时，由于具有搅拌系统，该反应器的各组成成分可以得到充分混合，与流出液的组成相一致。缺点是搅拌桨产生的剪切力较大，容易导致固定化酶的破坏。目前有一种改良型的连续式流动搅拌罐反应器，将载有酶的圆片聚合物固定在搅拌轴上或者放置在与搅拌轴一起转动的金属网筐内，既能保证反应液搅拌均匀，又不致损坏固定化酶。

3. 填充床反应器

使用最普遍的反应器之一是填充床反应器，也是已取得成果的固定化酶反应器的研究工作的主要领域。固定化酶通常可以球形、碎片、碟形、薄片、丸粒等形式填充于床层内。使用的载体有多孔玻璃珠、珠状离子交换树脂、聚丙烯酰胺凝胶、二乙胺乙基葡聚糖凝胶、胶原蛋白薄膜片等。球形微囊体也可用于填充床。填充床反应器内流体的流动形态接近于活塞流（又称平推流）流型，所以填充床反应器可近似认为是一种活塞流反应器。反应器运转时，底物按照一定的方向以恒定流速通过反应床。根据底物的流动方式，又分为下向流动、上向流动和循环流动。工业生产液流方向常用上向方式，可以避免下向流动的液压对车床的影响，这对生产气体的反应更为重要。

4. 流化床反应器

反应器内，底物溶液以足够大的流速向上通过固定化酶床层，使固定化酶颗粒处于流化状态，达到混合的目的。流速应以能使固定化酶颗粒不下沉，又不致使固定化酶颗粒溢出反应床为宜。由于混合程度高，故传热、传质情况良好。流化床反应器既可用于处理黏性强和含有固体颗粒的底物，也可用于需要供应气体或排放气体的反应。流化床反应器也可用于停留时间较短的反应。

5. 循环反应器

该反应器是让部分反应液流出，与新加入的底物流入液混合，再进入反应床进行循环的反应器。特点是可以通过提高液体的流速和减少底物向固定化酶表面传递的阻力，达到较高的转化率。循环反应器可用于反应底物是不溶性物质的反应。

6. 连续式流动搅拌罐-超滤膜反应器

该反应器由连续式流动搅拌罐反应器和超滤装置组合而成。在连续搅拌反应罐的出口处装有一半透性的超滤膜，该膜只允许产物和未反应的底物通过，而分子量大的酶被截留，因此酶可以反复使用。这种反应器还可以使分子量小的产物和分子量大的底物分开，使底物彻底转化。

7. 其他类型反应器

除上述外，还有淤浆反应器、滴流床反应器、气栓式流动反应器、转盘式反应器、筛板反应器及不同类型反应器的结合等。

第四节 酶工程制药的研究进展

随着现代科学技术的发展，酶工程的内容不断扩大和充实，酶工程研究的水平也逐渐提高。本节将重点讨论酶工程在酶的化学修饰、抗体酶以及模拟酶方面的研究进展。

一、酶的化学修饰

1. 酶化学修饰的概念

利用化学手段将某些化学物质或基团结合到酶分子上，或将酶分子的某部分删除或置换，改变酶的理化性质及生物活性，这种应用化学方法对酶分子进行改造的技术称为酶的化学修饰（chemical modification of enzyme）。

自然界本身就存在着酶分子的改造和修饰过程，如酶原激活、可逆共价调节等。从广义上说，凡涉及共价键部分或部分共价键的形成或破坏的转变都可认为是酶的化学修饰；从狭义上说，酶的化学修饰则是指在较温和的条件下，以可控方式使一种蛋白质同某些化学试剂发生特异反应，从而引起单个氨基酸残基或其功能基团发生共价键的化学改变的技术。

2. 酶化学修饰的性质和特点

经过化学修饰的酶，可以人为地改变天然酶的一些性质。

(1) 热稳定性提高

某些天然酶经化学修饰后热稳定性提高。其中一个原因是修饰剂共价连接于酶分子后，使酶的天然构象产生一定的“刚性”，不易伸展失活，并减少了酶分子内部基团的热振动，从而增强了热稳定性，并且这种热稳定性的提高效果和修饰剂与酶之间的交联点的数目有关，通常交联点增多，酶的热稳定性提高。另外一个热稳定性提高的原因是修饰剂本身增强了酶分子表面的亲水性，使酶分子在水溶液中形成新的氢键和盐桥。

(2) 抗各类失活因子能力提高

某些化学修饰酶抗蛋白酶水解、抗抑制剂、抗酸、抗碱、抗有机溶剂等变性失活能力提高。如过氧化氢酶经 PEG 修饰后，抗胰蛋白酶和抗胰凝乳蛋白酶水解能力明显提高。原因是修饰剂所产生的空间屏蔽有效地阻挡了蛋白酶、抑制剂等失活因子的进攻，或酶分子中对蛋白酶等失活因子敏感的基团被修饰，使得某些修饰酶的抗失活因子能力提高。

(3) 抗原性消除

α-葡萄糖苷酶用白蛋白修饰后抗原性消除，L-天冬酰胺酶用 PEG 修饰后也消除了抗原性。目前研究表明，PEG、人血清白蛋白、聚丙氨酸在消除或降低酶抗原性上效果比较明显。原因可能是通过化学修饰，酶分子表面上的抗原决定簇在反应过程中被修饰剂结合，在空间结构上使这些抗原决定簇被屏蔽，降低了酶分子的抗原性。

(4) 体内半衰期延长

许多酶经过化学修饰后，由于增强了抗蛋白酶、抗抑制剂等失活因子的能力，同时热稳定性提高，酶体内的半衰期比天然酶延长（表 4-4），这对提高药用酶的疗效很有意义。如白蛋白修饰的 α-葡萄糖苷酶在体内的半衰期延长了 18 倍以上。

表 4-4 天然酶和修饰酶的体内半衰期

酶	修饰剂	半衰期	
		天然酶	修饰酶
羧肽酶 C	葡萄糖酐	3.5h	17h
精氨酸酶	葡萄糖酐	1.4h	12h
谷氨酰胺酶	糖肽	1h	8.2h
L-天冬酰胺酶	聚丙氨酸	3h	21h
尿酸氧化酶	白蛋白	4h	20h
α-葡萄糖苷酶	白蛋白	10min	3h
超氧化物歧化酶	白蛋白	6min	4h

酶	修饰剂	半衰期	
		天然酶	修饰酶
尿激酶	白蛋白	20min	90min
氨基己糖苷酶 A	聚乙烯吡咯烷酮(PVP)	5min	35min
精氨酸酶	PEG	1h	12h
腺苷脱氨酶	PEG	30min	28h
过氧化氢酶	PEG	6h	8h

(5) 最适 pH 改变

有些酶经过化学修饰后，最适 pH 发生变化（表 4-5），这对于酶在临床应用及工业生产中更好地发挥催化作用具有重要意义。例如猪肝尿酸氧化酶的最适 pH 为 10.5，在 pH 7.4 的生理环境时，酶的活力仅剩 5%～10%，但用白蛋白修饰后，最适 pH 范围扩大，在 pH 7.4 时仍保留 60%的酶活力，这就更有利于酶在体内发挥作用。

表 4-5 天然酶和修饰酶的最适 pH

酶	修饰剂	最适 pH	
		天然酶	修饰酶
尿酸氧化酶(猪肝)	白蛋白	10.5	7.4～8.5
糜蛋白酶	肝素	8.0	9.0
吲哚-3-链烷羟化酶	聚丙烯酸	3.5	5.0～5.5
产朊假丝酵母尿酸氧化酶	PEG	8.2	8.8

(6) 酶学性质变化

绝大多数酶经过化学修饰后，最大反应速率（V_m）没有变化。但有些酶在修饰后，K_m 值会增大。原因可能是交联于酶分子上的大分子修饰剂所产生的空间位阻影响了酶对底物的亲和能力。化学修饰还可以改变某些酶的底物专一性。胰脂肪酶经过 PEG 修饰后，就可溶于有机溶剂并能催化酯合成和酯交换等有机相反应，这将扩大酶在科研和生产中的应用范围。化学修饰可改变酶对底物专一性的方法，还可用于立体专一性的有机合成中。

(7) 对组织分布能力的改变

一些酶经化学修饰后，对组织的分布能力有所改变，能在血液中被靶器官选择性地吸收。如 α-葡萄糖苷酶经白蛋白修饰后，有利于肝细胞对其摄入，使更多的酶到达靶器官发挥作用。

3. 酶化学修饰的方法

酶分子化学修饰所用的方法很多，但基本原理都是利用化学修饰剂所具有的各种基团的特点，直接或间接地经过一定的活化过程与酶分子的某种氨基酸残基（通常选择非必需基团）发生化学反应，从而对酶分子的结构进行改造。

（1）酶的表面化学修饰

① 大分子修饰：可溶性大分子，如聚乙二醇（PEG）、聚乙烯吡咯烷酮（PVP）、聚丙烯酸（PAA）、聚氨基酸、葡聚糖、环糊精、乙烯/顺丁烯二酰肼共聚物、羧甲基纤维素、多唾液酸、肝素等可通过共价键连接在酶分子表面，形成覆盖层。其中分子量在 500～20000 范围内的 PEG 类修饰剂应用最广，它是既能溶于水，又可以溶于绝大多数有机溶剂的两性分子，一般没有免疫原性和毒性，其生物相容性已经通过美国 FDA 认证。PEG 分子末端有两个能被活化的羟基，但是化学修饰时多采用甲氧基聚乙二醇（mPEG）。

② 小分子修饰：利用小分子化合物对酶的活性部位或活性部位之外的侧链基团进行化学修饰，以改变酶学性质。已被广泛应用的小分子化合物主要有氨基葡糖、乙酸酐、硬脂酸、邻苯二甲酸酐、乙酸-*N*-丁二酰亚胺酯等。

③ 交联修饰：使用双功能基团试剂如戊二醛、PEG 等对酶蛋白分子之间、亚基之间或分子内不同肽链部分进行共价交联，从而改变酶的构象、理化性质和催化功能。

④ 固定化修饰：通过酶表面的酸性或碱性残基，将酶共价连接到惰性载体上，酶所处微环境的改变，会使酶的性质，如最适温度、最适 pH、稳定性等，特别是动力学性质发生改变。

（2）酶分子内部修饰

① 非催化活性基团的修饰：对非催化残基的修饰可改变酶的动力学性质，改变酶对特殊底物的结合能力。最常修饰的残基包括：亲核性的氨基酸残基，如丝氨酸（Ser）、半胱氨酸（Cys）、甲硫氨酸（Met）、苏氨酸（Thr）、赖氨酸（Lys）、组氨酸（His）；亲电性的氨基酸残基，如酪氨酸（Tyr）、色氨酸（Trp）；可氧化的氨基酸残基，如 Tyr、Trp、Met。例如，将胰凝乳蛋白酶 Met^{192} 氧化成亚砜，可使该酶对含芳香族或大体积脂肪族取代基的底物的 K_m 提高 2～3 倍。

② 酶蛋白主链的修饰：酶蛋白主链的修饰主要靠酶法。例如，用胰蛋白酶对天冬氨酸酶进行有限水解，切去 10 个氨基酸残基后酶的结构仍为四聚体，活力提高了 5.5 倍。这说明天然酶并不总是处于最佳构象状态。

③ 催化活性基团的修饰：催化活性基团的修饰是指通过化学方法，选择性地将一种氨基酸的侧链基团转变为另一种侧链基团的方法。尽管该方法受到是否有专一性修饰剂和有机化学工艺水平的限制，但仍然是蛋白质工程技术的有益补充。

④ 与辅因子有关的修饰：许多酶都含有辅酶或辅基，天然酶中这些辅因子种类有限，因而限制了酶的功能。目前针对辅因子的修饰包括：在已知酶的特定位点引入一个辅因子或新的功能基团，以合成新功能的酶；将酶分子中的金属取代，改变酶的专一性、稳定性及其抑制作用等。

⑤ 肽链伸展后的修饰：为了有效地修饰酶分子的内部区域，可以先用脲或盐酸胍处理酶，使酶分子的肽链充分伸展，这就提供了使用化学方法修饰酶分子内部疏水基

团的可能性。然后，让修饰后的伸展肽链，在适当条件下，重新折叠成具有某种催化活力的构象。

(3) 结合位点突变的化学修饰

利用定点突变技术在酶的关键活性位点引入一个氨基酸残基，然后利用化学修饰法对突变的氨基酸残基进行修饰，引入一个小分子化合物，得到一种化学修饰突变酶(chemically modified mutant enzyme，CMM)。

4. 酶化学修饰的应用

(1) 酶结构与功能的研究

化学修饰在研究酶的结构与功能方面的应用较多，研究也比较深入，是最简便的一种方法之一，特别是蛋白质的可逆化学修饰在这方面能提供大量的信息，如研究酶的空间构象、确定氨基酸残基的功能、测定酶分子中某种氨基酸的数量等。除此之外，在测定酶的氨基酸序列和研究变构酶时，许多方法也都以化学修饰为基础。如胰蛋白酶对精氨酸和赖氨酸具有高度特异性，所以常用此酶水解蛋白质，以制备小肽。为了防止出现精氨酸和赖氨酸相互干扰的问题，可选择性地化学修饰赖氨酸和精氨酸，使水解局限在其中一种残基的肽键上。

(2) 在医药方面的应用

许多疾病与酶有密切联系，酶在疾病的诊断、治疗等方面发挥着越来越重要的作用。但是，由于各种原因，酶的作用受到了限制。如天冬酰胺酶是治疗白血病的有效药物，但它往往带有抗原性，若不除去，再度使用可能引起免疫休克。因此有研究者用聚乙二醇修饰此酶的两个氨基，消除了抗原性。

(3) 在工业方面的应用

目前，生物催化技术在工业上得到了广泛应用，大大提高了产量，降低了成本，而且减少了对环境的污染。但工业生产要求高温、高压等条件，天然酶极易失活，而经过修饰的酶则基本克服了这些缺点。

二、抗体酶

1. 抗体酶的概念

抗体酶 (abzyme) 又称催化抗体，是一类由免疫系统产生的、具有催化活性的抗体。抗体酶是 1986 年由 Schultz 和 Lerner 首先提出的，其原理是将酶促反应过渡态中间体的结构类似物作为抗原，通过常规免疫反应后获得具有催化活性的抗体。抗体酶本质上是一类具有催化活性的免疫球蛋白，是兼具抗体的高度选择性和酶的高效催化能力的新型酶分子。抗体酶的结构与抗体分子类似（图 4-5），其可变区不但具有抗原特异的结合能力，还拥有酶的催化活性，因此催化抗体也叫抗体酶。

从分子水平上看，抗体与酶在很多方面都类似，两者的化学本质都是蛋白质，并且都能够高度专一地与其配体（抗原或底物）结合。在功能上，两者都有催化效率高，专一性、区域和立体选择性，可进行化学修饰和具有辅因子等特点，并且在饱和动力

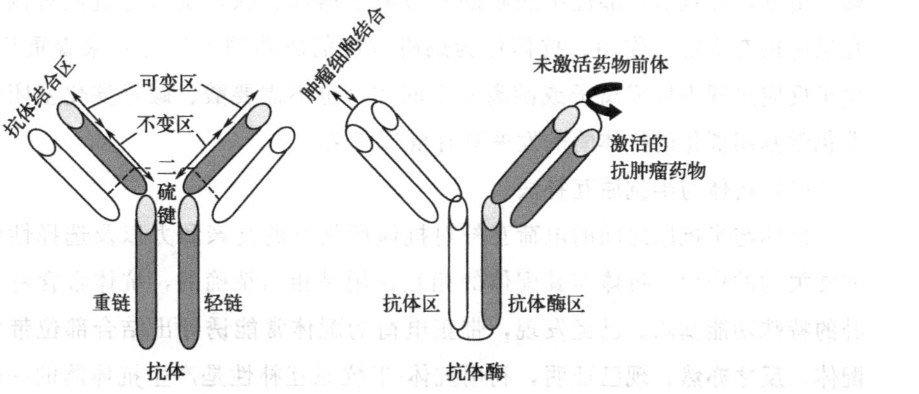

图 4-5
抗体和抗体酶

学与竞争性抑制方面也极其相似。不同的是，抗体是与抗原的基态相结合，而抗体酶结合的是底物的反应过渡态。抗体酶的突出特性在于它不但能够永久性地裂解抗原，而且一个催化抗体还能够催化裂解多个抗原分子。

抗体酶与天然酶相比，最大的优点在于抗体的种类繁多，机体的免疫系统可以产生 $10^8 \sim 10^{10}$ 个不同的抗体分子。抗体的精细识别性使其能结合几乎任何天然的或合成的分子，制备成功的抗体酶不但能催化一些天然酶能催化的反应，而且还能催化一些天然酶不能催化的反应。抗体酶的发现更新了传统的只有天然酶才具备分子识别和加速催化反应的概念，开拓了酶工程的新方向、新领域。

早期研究的抗体酶的结构类似于免疫球蛋白，含轻链和重链各两条，每条链都包括不变区和可变区。随着抗体酶技术的快速发展，现已制备出了仅包含可变区的单链抗体酶（由重链可变区和轻链可变区融合构成），不仅有较高的亲和力，还具有免疫原性低、渗透能力强的特点，非常适合作为药物使用，目前已逐渐取代了传统的双链抗体酶。

2. 抗体酶的制备方法

抗体酶的研究策略主要遵循已确立的酶的催化机理的原则，即：①稳定过渡态；②酸碱催化；③亲电和亲核催化；④邻近效应。目前，抗体酶的设计策略有稳定过渡态法、熵阱法、抗体与半抗原互补法、抗体结合部位修饰法、多底物类似物法、蛋白质工程法、抗体库法等，其主要方法概述如下。

（1）稳定过渡态法

目前，大多数抗体酶是通过理论设计合适的、与反应过渡态类似的小分子作为半抗原，然后利用动物免疫系统产生针对半抗原的抗体而获得。由于以反应的过渡态类似物作为半抗原诱导的抗体在构象、电荷分布上与反应过渡态互补，因而达到了稳定过渡态、降低反应活化能，从而提高反应速率的目的。

（2）熵阱法

熵阱是指催化剂以有力的定位方向结合底物的能力，因此限制了底物的位移和旋转自由度，导致活性部位中底物的有效浓度增加。除稳定带电过渡态以外，熵阱对催化反应也有决定性作用。抗体作为熵阱效应的成功例子是对克莱森重排反应的催化，由于反应过程不形成离子或游离基中间体，也不需要酸、碱等催化基团催化，这对于非化学基团催化的抗体酶的发展具有重要意义。

(3) 抗体与半抗原互补法

抗体与半抗原之间的电荷互补对抗体所具有的高亲和力以及选择性识别能力起着非常关键的作用。抗体与其配体的相互作用是相当精确的，抗体常含有与配体功能互补的特殊功能基团。已经发现，带正电荷的配体常能诱导出结合部位带负电荷残基的配体，反之亦然。现已证明，利用抗体-半抗原互补性是产生抗体酶的一般方法，如果通过半抗原的优化设计使带正电荷的半抗原正确地模仿过渡态分子的几何结构及所有的反应键，而且半抗原和产物及底物之间都没有相似之处，那就有可能产生高活力的抗体酶，甚至达到天然酶的活力水平。

(4) 抗体结合部位修饰法

将抗体的结合部位引入催化基团是提高催化效率的途径之一，引入功能基团的方法包括两种：选择性化学修饰法和基因工程定点突变法。亲和标记是将催化基团引入抗体结合部位的有效方法之一。一般可先用可裂解亲和试剂与抗体作用，再利用二硫苏糖醇（DTT）在抗体结合部位附近引入巯基，用此巯基可以方便地引入其他化学功能基团（如咪唑）。特别重要的是，此方法不需要了解反应的过渡态及反应的详细机制，而且可以引入天然或非天然辅因子。

(5) 多底物类似物法

很多酶的催化作用需要辅因子参与，因此，开发将辅因子引入抗体结合部位的方法无疑会扩大抗体催化作用的范围。用多底物类似物对动物进行一次免疫，可以产生既有辅因子结合部位，又有底物结合部位的抗体，而且精心设计半抗原可确保辅因子和底物功能部分的正确配置。

(6) 蛋白质工程法

蛋白质工程技术可使抗体结合部位的氨基酸残基产生定点突变，既可直接产生酶活性，也可对初步具有酶活性的抗体进行进一步改造，构建高活性抗体。Schultz 小组利用该方法将催化基团组氨酸插入对二硝基苯专一的抗体结合部位，组氨酸在酯底物水解中起亲和催化的作用。

(7) 抗体库法

用基因克隆技术将全套抗体重链和轻链可变区基因克隆出来，重组到原核表达载体，通过大肠埃希菌直接表达有功能的抗体分子片段，从中筛选特异性的可变区基因。该技术的基础在于两项实验技术的突破：一是 PCR 技术的发展使人们能用一组引物克隆出全套免疫球蛋白的可变区基因；二是能成功利用大肠埃希菌分泌有结合功能的抗体分子片段。

3. 抗体酶的应用

对于任何分子，几乎都可以通过免疫系统产生相应的抗体，而且专一性很强，抗体的这种多样性标志着抗体酶的应用潜力是巨大的。目前，抗体酶在许多领域已显示出应用价值，包括许多困难的有机合成反应、前药设计、疾病治疗、化学反应机制阐明等。

(1) 在有机合成中的应用

抗体酶能催化立体专一性的反应，区分动力学上的外消旋混合物，催化内消旋底物合成相同手性的产物。而在各类精细化工产品和合成材料的工业生产上都需要具有精确底物专一性和立体专一性的催化剂，这正是催化抗体的突出特点。特别是那些天然酶不能催化的反应，可以通过设计定制抗体酶来弥补天然酶的不足。

(2) 在前药设计中的应用

前药又称前体药物，是指某一基团在体外经选择性保护，然后在体内经酶或非酶作用脱去保护基，释放出母体药物而发挥治疗作用的一类药物。抗体酶的制备原理可用于前体药物的设计和活化，例如，用催化抗体 38C2 作为前药的激活剂，已成功地在体内实现了一些抗肿瘤药物前体的设计和活化，包括喜树碱、多柔比星、依托泊苷等。这些前药都有一段修饰基团，在抗体酶 38C2 的催化下发生串联的逆醇醛和逆迈克尔加成（Michael）反应，除去保护基，释放出活性药物。体内没有天然酶能催化以上的反应，因此无背景干扰。

(3) 在疾病治疗中的应用

在治疗方面，抗体酶也有着广泛的用途。例如，抗体酶可用于治疗可卡因上瘾、有机磷神经毒剂中毒以及甲状腺疾病。目前正在发展的抗体介导前药治疗技术，即将能水解前药释放出肿瘤细胞毒剂的酶和肿瘤专一性抗体相偶联，这样酶就会通过和肿瘤结合的抗体而存在于细胞表面，从而提高肿瘤细胞局部药物浓度，增强对肿瘤的杀伤力，达到提高肿瘤化疗效果的目的。在该技术中可利用抗体酶替代天然酶，通过人源化修饰抗体酶降低人体的排斥反应，并可催化天然酶无法催化的化学反应。

(4) 在阐明化学反应机制中的应用

如 N-甲基原卟啉由于内部甲基取代而呈扭曲结构，但由它作为半抗原诱导产生的抗体可以催化原卟啉的金属螯合反应，这就证明了亚铁螯合酶催化亚铁离子插入原卟啉的反应过渡态分子是一个原卟啉的扭曲结构，平面结构的原卟啉经扭曲后，才能螯合金属离子。

抗体酶技术从诞生到现在，虽然时间不长，却取得了快速发展，并且在医学领域显示出广泛的应用前景和巨大的潜在应用价值。尽管抗体酶技术还存在如催化效率普遍较天然酶低等方面的问题，但随着制备技术的不断完善以及对抗体酶结构和催化机制的不断认识，相信抗体酶技术会逐渐成熟，并将应用于疾病的预防、诊断、治疗及康复领域，在医学领域发挥更重要、更全面的作用，抗体酶的研究和应用也将达到一个新的水平。

三、模拟酶

1. 模拟酶的概念

酶是自然界经过长期进化而产生的高效生物催化剂，能在温和条件下高效专一地催化某些化学反应，具有广泛的应用价值。但酶对热敏感、稳定性差和来源有限等缺点限制了它的大规模开发和利用。设计一种像酶那样的高效催化剂是科学家们一直追求的目标之一，因此新的催化剂——人工模拟酶（enzyme of artificial imitation）逐渐被研制和开发出来。

人工模拟酶是根据酶的作用原理，用各种方法人为制造的具有酶性质的催化剂，简称人工酶或模拟酶。一般具有高效性和高适应性的特点，在结构上比天然酶相对简单。模拟酶可研究酶中那些起主导作用的因素，通过利用有机化学、生物化学等方法，设计和合成一些比天然酶简单的非蛋白质分子或蛋白质分子，在分子水平上模拟酶活性部位的形状、大小及微环境等结构特征，以及酶的作用机制和立体化学等特性。

模拟酶一般应具备的性质：①非共价相互作用是酶柔韧性、可变性和专一性的基础，因此模拟酶应为底物提供良好的疏水结合区域；②模拟酶应提供形成离子键、氢键的可能性，以利于酶以适当方式与底物结合；③模拟酶应具有足够的水溶性，并在接近生理条件下保持其催化活性；④模拟酶的催化基团必须相对于结合位点尽可能同底物的功能基团相接近，促使反应定向发生。

2. 主客体化学和超分子化学

美国科学家 Cram 把主体与客体通过配位键或其他次级键形成稳定复合物的化学领域称为主客体化学（host-guest chemistry）。本质上，主客体化学的基本意义来源于酶和底物的相互作用，体现为主体和客体在结合部位的空间及电子排列的互补，这种主客体互补与酶和它所识别的底物结合情况近似。超分子化学（supramolecular chemistry）由法国科学家 Lehn 提出：超分子的形成源于底物和受体的结合，这种结合基于非共价键相互作用，如静电作用、氢键和范德瓦耳斯力等，当接受体与络合离子或分子结合成具有稳定结构和性质的实体时，即形成了超分子。超分子兼具分子识别、催化和选择性输出的功能。主客体化学和超分子化学已经成为人工模拟酶的重要理论基础。根据酶的催化反应机制，若合成出既能识别底物又具有酶活性部位催化基团的主体分子，就能有效地模拟酶的催化过程。目前，人们利用各种策略发展了多种模拟酶模型。

3. 模拟酶的分类

根据 Kirby 分类法，模拟酶可分为：①单纯酶模型（enzyme-based mimic），即以化学方法通过对天然酶活性的模拟来重建和改造酶活性；②机制酶模型（mechanism-based mimic），通过对酶作用机制，如识别、结合和过渡态稳定化的认识，来指导酶模型的设计和生产；③单纯合成的酶样化合物，即化学合成的具有酶样催化活性的简单分子。

按照模拟酶的属性可分为：①主客体酶；②胶束酶；③肽酶；④半合成酶；⑤分

子印迹酶等。

（1）主客体酶

主要基于主客体化学和超分子化学的原理，即酶分子和底物之间通过非共价键形成具有稳定结构和性质的复合物或超分子，兼具分子识别和催化功能。

环糊精是迄今应用最广泛且较优越的主体分子之一，是由多个D-葡萄糖以1，4-糖苷键结合而成的一类环状低聚糖，每个葡萄糖残基呈现无扭曲变形的椅式构象［图4-6(a)］，整个分子为略成锥形的圆筒［图4-6(b)］。环糊精分子外侧是亲水的，羟基可与多种客体形成氢键，其内侧C上的氢原子和糖苷氧原子组成的空腔具有疏水性，因而能包容多种客体分子，与酶对底物的识别相类似。环糊精催化反应时，参与反应的底物分子先被环糊精分子包结，再与其发生反应，这与酶促反应十分相似。

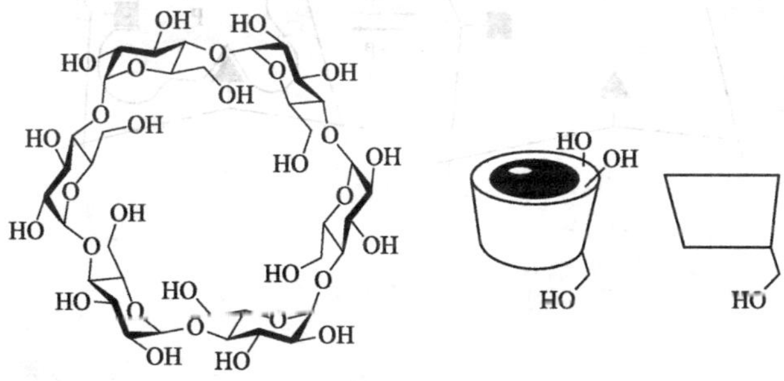

图 4-6
α-环糊精的结构示意图

（2）胶束酶

胶束在水溶液中提供了类似于底物结合部位的疏水微环境，再将催化基团如咪唑基、巯基、羟基等与胶束共价或吸附结合，构建出“活性中心”，使胶束成为具有酶活力或部分酶活力的胶束酶。

（3）肽酶

肽酶是模拟天然酶的活性部位而人工合成的具有催化活性的多肽。

（4）半合成酶

半合成酶是以天然酶为母体，用化学方法或基因工程方法引入适当的活性部位或催化基团，从而形成的一种新的人工酶。半合成酶可分为两种类型：一类是以具有酶活性的蛋白质为母体，在其活性中心引入具有催化功能的部分；另一类是利用天然蛋白质进行构象修饰，创造新的酶活性中心。利用半合成酶方法不但可以制造新酶，还可以获得关于蛋白质结构和催化活性之间关系的详细信息，为构建高效人工酶夯实基础。

（5）分子印迹酶

利用分子印迹技术制备的人工酶称为分子印迹酶。分子印迹是制备对某一特定化合物具有选择性的聚合物的过程，这个特定化合物叫印迹分子或模板分子。当印迹分子与带有官能团的单体分子接触时，会尽可能同单体官能团形成多重作用点，待聚合后，这种作用就会被固定下来，当印迹分子被除去后，聚合物中就形成了与印迹分子在空间上互补的具有多重作用位点的结合部位，这样的结合部位对印迹分子可产生多重相互作用，因而对此印迹分子具有特异性结合能力（图 4-7）。

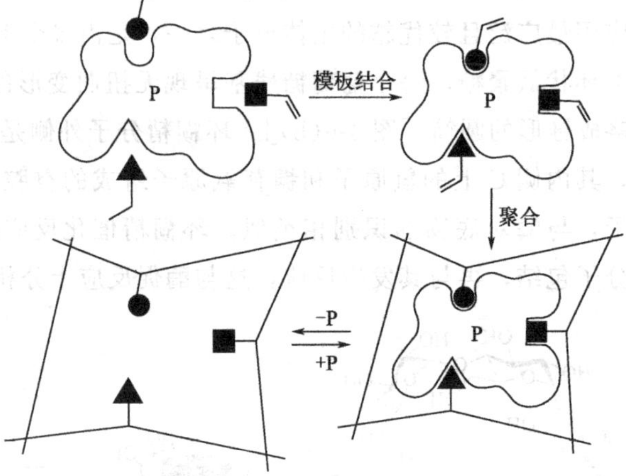

图 4-7
分子印迹示意图
P—印迹分子

4. 模拟酶的研究意义

模拟酶是生物有机化学的重要研究领域。模拟酶的设计在很大程度上反映了对酶的结构及其反应机制的认识。研究模拟酶可以比较直观地观察与酶的催化作用相关的各种因素，如催化基团的组成、活性中心的空间结构特征、酶催化反应的动力学性质等，因此在理论研究和实际应用中都具有重要作用。

模拟酶的研究处于化学、生物学等领域的交叉点，属于交叉学科。化学家利用模拟酶了解一些分子复合物在生命过程中的作用，并研究如何将这些仿生体系应用于有机合成，这就是近年来开展的微环境与分子识别的研究内容。目前，对酶的模拟已经不仅限于化学手段，基因工程、蛋白质工程等分子生物学手段正在发挥越来越重要的作用。随着酶学理论的发展，人们对酶促机制的进一步认识，以及新技术、新思维的不断涌现，理想的人工模拟酶将会不断出现。

第五节 酶工程药物制造实例

现代酶工程技术因具有技术先进、工艺流程简单、污染小、效率高、产品收率高、耗能低等优点，已成为化学、医药工业应用方面的主力军。利用现代酶工程技术不仅可以获得传统的化学合成、微生物发酵及生物材料提取等方式生产的药物，甚至可获得传统技术难以得到的昂贵药品。固定化基因工程菌、工程细胞以及固定化酶技术与连续生物反应器的巧妙结合，将导致整个发酵工业和化学合成工业的根本性变革。

作为酶工程的核心技术之一，固定化酶技术正受到越来越广泛的重视，人们已将固定化酶技术广泛应用到多种生产过程和领域，本节重点介绍在制药工业中，固定化酶技术在生产氨基酸和抗生素领域的应用。

一、固定化酶法生产 L-氨基酸

在天然氨基酸中，有 20 种参与蛋白质合成，其中有 8 种人体不能合成，需外源供给。人体可利用的氨基酸均为 L-氨基酸。随着人们生活水平的不断提高，对氨基酸的需要也日益增多，其生产方法的改革就显得尤为重要。固定化酶技术的应用有力地加速了这种改革的进程。

工业上利用氨基酰化酶将 *N*-酰化-D,L-氨基酸水解得到 L-氨基酸和未水解的 *N*-酰化-D-氨基酸，这两种产物的溶解度不同，很容易分离。未水解的 *N*-酰化-D-氨基酸经过外消旋作用后又生成 DL 型，可再次进行拆分。利用该方法能够产生纯度较高的 L-氨基酸，反应式如下：

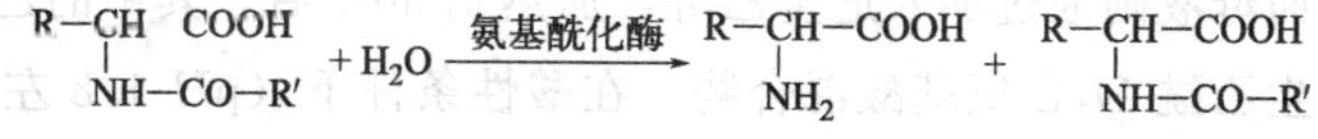

N-酰化-D, L-氨基酸　　L-氨基酸　　*N*-酰化-D-氨基酸

1969 年，日本千佃一郎等通过离子交换法将氨基酰化酶固定在 DEAE-葡聚糖载体上。这是世界上第一个适用于工业化生产的固定化酶，该固定化酶活性高、稳定性好，可用于连续拆分酰化-D,L-氨基酸。具体制备方法为：将预先用 pH 7.0、0.1mol/L 磷酸盐缓冲溶液处理的 DEAE-葡聚糖 A-25 凝胶 1000L，在 35℃下与 1100～1700L 的天然氨基酸酰化酶水溶液（约含 33400 万单位的酶）一起搅拌 10h，过滤后，得到 DEAE-葡聚糖-酶复合物，再经过水洗涤。所得固定化酶的活性可达 1.67×10^5～2.0×10^5 U/L，活性得率为 50%～60%。

利用该方法获得的固定化氨基酰化酶，可以连续拆分 DL 型外消旋氨基酸，生产不同的 L-氨基酸时，加入底物酰化-D,L-氨基酸所控制的流速不同。如图 4-8 所示，为了达到 100%的不对称水解，乙酰-D,L-甲硫氨酸的加入流速可控制在 2.8L/(h·L) 床体积，而乙酰-D,L-苯丙基酸的加入流速需控制在 2.0L/(h·L) 床体积。水解反应的速率与底物溶液的流向无关，但考虑到溶液升温时有气泡产生，进料流向采用自下而上为宜。实验指出，只要酶柱填充均匀，溶液流动平稳，体积相同的固定化酶柱的尺寸大小对反应速率没有影响。DEAE-葡聚糖-氨基酰化酶酶柱的操作稳定性好，半衰期可达 65 天。在长期使用后，酶柱上的酶会有部分脱落，由于酶柱是采用离子交换法将酶固定得到的，因此再生非常容易，只需要加入一定量的游离氨基酰化酶，酶柱即可再次活化。

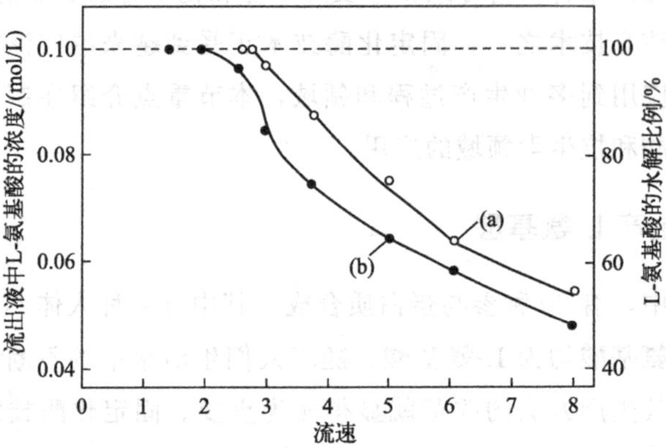

图 4-8

乙酰-D,L-氨基酸通过 DEAE-葡聚糖-氨基酰化酶之后的水解程度

(a) 0.2mol/L 乙酰-D,L-甲硫氨酸溶液；(b) 0.2mol/L 乙酰-D,L-苯丙氨酸溶液；50℃，流速 1.5～8L/(h·L)

将酶柱流出液通过蒸馏浓缩，调节 pH，使 L-氨基酸在等电点条件下沉淀析出。利用离心方法分离可获得 L-氨基酸粗品和母液。通过对粗品进一步重结晶，可将 L-氨基酸进一步纯化，而母液则通过加入适量乙酐，加热到 60℃后，其中的乙酰-D-氨基酸发生消旋反应，产生乙酰-D,L-氨基酸混合物。在酸性条件下（pH 1.8 左右），析出的外消旋混合物可重新作为底物进入酶柱水解。

固定化酶连续生产 L-氨基酸有重要的经济意义，总操作费用仅约为游离酶法分批式生产工艺的 60%，主要原因：①产物的纯化较为简单，收率较游离酶法更高，因此生产单位量 L-氨基酸需要的底物量较少；②固定化酶的稳定性较好，使酶的费用大大降低；③连续生产过程能够实现自动控制，大大减少了人力成本。

二、固定化细胞法生产 6-氨基青霉烷酸

青霉素经青霉素酰胺酶作用，水解除去侧链后的产物称为 6-氨基青霉烷酸（6-APA），也称无侧链青霉素。6-APA 是生产半合成青霉素的最基本原料。截至目前，以 6-APA 为原料已合成近 3 万种衍生物，并已筛选出数十种耐酸、低毒及具有广谱抗菌作用的半合成青霉素。利用固定化细胞法生产 6-APA 的工艺如下。

1. 大肠埃希菌培养

斜面培养基为普通肉汤琼脂培养基，发酵培养基的成分为蛋白胨 2%、氯化钠 0.5%、苯乙酸 0.2%，自来水配制。用 2mol/L NaOH 溶液调至 pH 7.0，高压蒸汽灭菌 30min 后备用。在 250mL 三角烧瓶中加入发酵培养液 30mL，将斜面接种后培养 18～30h 的 *E. coli* D816（产青霉素酰胺酶），用 15mL 无菌水制成菌细胞悬浮液。取 1mL 悬浮液接种至装有 30mL 发酵培养基的三角瓶中，在摇床上 28℃、170r/min 振荡培养 15h，如此依次扩大培养，直至达到 1000～2000L 规模的通气搅拌培养。培养结束

后用高速管式离心机离心收集菌体，备用。

2. 大肠埃希菌固定化

取大肠埃希菌湿菌体 100kg，置于 40℃反应罐中，在搅拌下加入 50L 10%明胶溶液。搅拌均匀后加入 25%戊二醛 5L，再转移至瓷盘中，使之成 3～5cm 厚的液层，室温放置 2h，再转移至 4℃冷库中过夜。待形成固体凝胶块后，粉碎和过筛，使其成直径为 2mm 左右的颗粒状固定化大肠埃希菌细胞，用蒸馏水及 pH 7.5、0.3mol/L 磷酸盐缓冲液先后充分洗涤，抽干，备用。

3. 固定化大肠埃希菌反应堆制备

将上述充分洗涤后的固定化大肠埃希菌细胞装填于带保温夹套的填充床反应器中，即成为固定化大肠埃希菌反应堆，反应器规格为 Φ=70cm×160cm。

4. 转化反应

取 20kg 青霉素钾盐，加入 1000L 配料罐中，用 0.03mol/L、pH 7.5 的磷酸盐缓冲液溶解并使青霉素钾盐浓度为 3%。用 2mol/L NaOH 溶液调 pH 至 7.5～7.8，然后将反应器及 pH 调节罐中反应液温度升到 40℃，维持反应体系的 pH 在 7.5～7.8 范围内，以 70L/min 流速使青霉素钾盐溶液通过固定化大肠埃希菌反应堆进行循环转化，直至转化液 pH 不变为止，循环时间一般为 3～4h。反应结束后，放出转化液，再进行下一批反应。

5. 6-APA 的提取

上述转化液经过滤澄清后，滤液用薄膜浓缩器减压浓缩至 100L 左右。冷却至室温后，于 250L 搅拌罐中加入 50L 乙酸丁酯充分搅拌，提取 10～15min，取下层水相，加 1%活性炭于 70℃搅拌脱色 30min。滤除活性炭，滤液用 6mol/L HCl 调至 pH 4.0 左右，5℃放置结晶过夜，次日过滤取结晶，用少量冷水洗涤，抽干，于 115℃烘干 2～3h，得成品 6-APA。按青霉素计，收率一般为 70%～80%。整个工艺流程如图 4-9 所示。

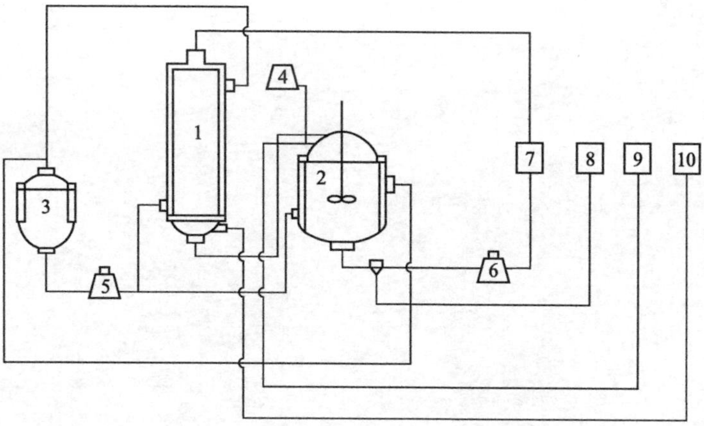

图 4-9

青霉素酰胺酶转化流程图

1—酶反应器；2—pH 调节罐；3—热水罐；4—碱液罐；5—热水循环泵；6—裂解液循环泵；7—流量计；8—自动 pH 计；9—自动记录温度计；10—酶反应器温度计

思考题

1. 酶催化的特点是什么？
2. 酶工程的主要研究内容是什么？
3. 酶的提取纯化步骤有哪些？有哪些注意事项？
4. 固定化酶和固定化细胞的优缺点分别是什么？制备方法有哪些？
5. 什么是人工模拟酶？举例说明人工模拟酶有哪些。

第五章
发酵工程制药

第一节　发酵工程概述

第二节　发酵工程制药的过程与控制

第三节　发酵工程药物制造实例

学习要求

1. 掌握：发酵过程优化工艺条件的原理和方法。

2. 熟悉：发酵工程的研究内容及发酵工程的基本过程。

3. 了解：发酵制药工业常用的微生物。

第一节 发酵工程概述

一、发酵与发酵工程的定义

1. 发酵的概念

很早以前，人类就认识到，酒暴露于空气中后会慢慢变酸，熟大米加曲保温两天后会生成酒，并把这种现象称为发酵。英语中的发酵为“fermentation”，是由拉丁语派生而来，意思是“沸腾”，描述酵母作用于果汁或麦芽浸出液时产生二氧化碳气体而鼓泡的现象，沸腾现象是由浸出液中糖在缺氧条件下降解产生 CO_2 所引起的。

生物化学家关注能量代谢，从能量代谢的角度分析，发酵是酵母的无氧呼吸过程，即有机化合物的分解代谢，并产生能量；而工业微生物学家对发酵的定义则要广泛得多，指利用微生物代谢形成产物的过程，包括无氧过程和有氧过程，同时涉及分解代谢和合成代谢过程，而且有氧发酵在现代发酵工业中占有相当重要的地位。因此，发酵可以定义为：通过微生物的生长繁殖和代谢活动，产生和积累人们所需产品的生物反应过程。如今，人们把利用生物细胞（指微生物细胞、动物细胞、植物细胞）在有氧或无氧条件下的生命活动来大量生产或积累生物细胞、酶类和代谢产物的过程统称为发酵。

2. 发酵工程的概念

发酵工程，狭义上也称为微生物工程，指利用微生物的生长繁殖和代谢活动来大量生产人们所需产品过程的理论和工程技术体系，是生物工程与生物技术学科的重要组成部分。现代意义上的发酵工程是指利用生物细胞的特定性状，通过现代工程技术手段，在反应器中生产各种特定的有用物质，或者把生物细胞直接用于工业化生产的一种工程技术体系，涉及微生物学、生物化学、化学工程技术、机械工程、计算机工程等基本原理和技术，并将它们有机地结合在一起，利用生物细胞进行规模化生产。发酵工程是一个由多学科交叉、融合而形成的技术性和应用性较强的开放性学科，它更强调利用基因工程、细胞工程、蛋白质工程等现代生物技术手段改造过的微生物来生产对人类有用的产品的过程，可见，人类对于发酵工程这一概念的认识始终处于不断发展和完善的过程中。

二、发酵工程的发展历史

人类利用微生物的发酵作用进行制曲、酿酒、制酱等已经有几千年的历史，但发酵的工业化却是近百年才形成的，对发酵过程的原理、反应步骤、物质变化、调控机制等的认识和理解主要是在20世纪完成的。发酵工程的发展大致可分为自然发酵阶段、纯培养发酵阶段、深层通气发酵阶段、代谢调控发酵阶段、开拓发酵原料阶段、基因工程阶段6个阶段。

1. 自然发酵阶段（1900年以前）

1900年以前，劳动人民对微生物的活动尚未认识，但人类能够利用传统的微生物发酵过程来生产葡萄酒、醋、酱、奶酪等食品。那时，人们并不知道这些现象是由微生物的作用引起的，生产只能凭经验，在没有亲眼见到微生物的情况下巧妙地利用空气中的微生物进行混合发酵，人们不知道发酵的本质，也就不会人为地控制发酵过程，产品质量不稳定，这个时期也称作自然发酵阶段或天然发酵阶段。也正是由于长期缺乏对发酵本质的认识，发酵工程发展缓慢。

2. 纯培养发酵阶段（1900—1940年）

1675年，荷兰人列文虎克发明了显微镜，首次观察到了微生物体。他的发现为生物界开拓了一个新领域。今天人类所知道的原生动物、藻类、细菌、酵母菌等都是在300多年前由列文虎克最先描述的。19世纪中叶，法国生物学家巴斯德用巴氏瓶通过实验证明了酒精发酵是由活酵母引起的，发酵现象是由微生物参与的生物化学反应，从而将发酵过程与微生物的生命活动联系起来。1905年，德国人科赫首先发明了固体培养基，得到了细菌的纯培养物，由此奠定了纯种微生物分离和纯培养技术的基础，开创了人为地控制微生物的发酵进程的先河，提高了产品的稳定性。由于采用了纯种培养与无菌操作技术，再加上简单密封式发酵罐的发明以及发酵管理技术的改进，发酵过程避免了杂菌的污染，从而扩大了生产规模，产品质量也得到了提高。这一时期典型的发酵产品有酵母、酒精、丙酮、丁醇、甘油、有机酸和酶制剂等。一般认为纯培养技术的建立是发酵工业发展的第一个转折。

3. 深层通气发酵阶段（1940—1957年）

1928年，弗莱明（Fleming）发现了青霉菌能抑制其菌落周围的细菌生长的现象，具有抑菌作用。青霉素合成需要大量的氧气，大规模发酵过程中供氧不足成为当时的瓶颈问题，限制了青霉素的大规模生产。迫于第二次世界大战对抗细菌感染药物的需要，美国的研究者们齐心协力，攻克了许多难关，用了3年的时间，创造了把不需要的微生物排除在生产体系之外的无菌操作技术，建立了从外界通入大量空气而又不污染杂菌的培养技术。1945年，在无菌条件下深层发酵生产青霉素的通气搅拌液体技术终于被成功应用到大规模的工业生产中，标志着好氧菌的发酵生产从此走上了大规模的工业化生产途径，开创了发酵工程史上崭新的一页。在此阶段，通气搅拌液体发酵技术是现代发酵工业最主要的生产方式之一，它使需氧菌的发酵生产从此走上大规模工业化的生产途径，有力地促进了发酵工业的迅速发展。与此同时，也有力地促进了甾体转化、微生物酶与氨基酸发酵工业的迅速发展，因而通气搅拌液体技术的建立被认为是发酵工业发展史上的第二个转折点。

4. 代谢调控发酵阶段（1957—1960 年）

随着生物化学、微生物生理学以及遗传学的深入发展，人们对微生物代谢途径的了解逐渐加深，开始利用调控代谢的手段进行微生物选种育种和控制发酵条件。代谢工程是利用重组 DNA 技术或其他技术，有目的地改变生物中已有的代谢网络和表达调控网络，以更好地理解细胞的代谢途径，并用于化学转化、能量转移及大分子装配过程。1956 年，日本首先成功地利用自然界存在的野生生物缺陷型菌株进行谷氨酸发酵生产。此后，赖氨酸、苏氨酸等许多氨基酸都采用发酵法生产。由氨基酸发酵而开始的代谢控制发酵，使发酵工业进入了一个新的阶段。随后核苷酸、抗生素以及有机酸等也开始采用代谢控制发酵法生产。

微生物代谢工程是工业生物技术的核心技术之一，通过对微生物代谢与调控网络的全面理解，将微生物作为细胞工厂生产有用物质或服务于人类社会。代谢工程的应用遍及医药、化工、轻工、食品、农业、能源、环保等国民经济的诸多领域，是生物技术产业化和规模化发展壮大的基础。

5. 开拓发酵原料阶段（1960—1979 年）

传统的发酵原料主要是粮食、农副产品等糖质原料，随着发酵工业的迅速发展，需要大量的粮食作为原料。在 20 世纪 60 年代初期，粮食短缺及饲料的需求日益增多，为了解决粮食短缺问题，急需开拓和寻找新的糖质原料，生物学家开始对发酵原料多样化的开发进行研究，开始利用石油化工副产物石蜡、醋酸、甲醇以及甲烷等碳氢化合物作为发酵原料来生产单细胞蛋白（single cell protein，SCP），开始了所谓的石油发酵时期。由于石油资源日益枯竭，近年来利用秸秆、玉米芯等生物质作为原料生产乙醇等燃料能源已经引起越来越多国家在发展战略上的重视。目前限制乙醇作为燃料使用的主要障碍还是成本问题，因而构建能够利用可再生物质生产乙醇的工程菌仍是主要的努力方向。

6. 基因工程阶段（现代发酵工业新阶段）（1979 年至今）

1953 年，沃森（Watson）与克里克（Crick）提出了 DNA 的双螺旋结构模型，为基因重组奠定了基础。20 世纪 70 年代人们成功实现了基因的重组和转移，随着发展起来的基因工程技术，推动了发酵工业向着崭新的方向发展，通过此种技术人们可以按预定方案把外源目的基因克隆到容易大规模培养的微生物细胞中，人为地制造人类需要的工程菌，再利用工程菌株进行发酵生产，可得到原先只有动物或植物才能生产的物质，如胰岛素、干扰素、白介素和多种细胞生长因子等。这样人们就能够根据自己的意愿将微生物以外的基因导入微生物细胞内，从而达到定向地改变生物性状和功能并创造新的物种的目的，使发酵工业能够生产出自然界微生物所不能合成的产物，大大地扩展了发酵工业的范围，使发酵技术发生了革命性的变化。

近年来，基因工程技术不仅为人类提供了一种极为有效的菌种改良的技术和手段，也为攻克医学上的疑难杂症——癌症、遗传病及艾滋病的深入研究和最后的治愈提供了可能。另外，重组 DNA 技术和大规模培养技术的有机结合，使得原来无法大量获得的天然蛋白质能够规模生产。但研究也发现，工程菌在保存及发酵生产过程中表现出一定的不稳定性，因此，解决工程菌不稳定性的问题成为基因工程这一高新技术成果转化为生产力的关键之一。

三、发酵工程的内容、发酵产品的类型和特点

发酵工程是采用现代工程技术手段，利用微生物的某些特定功能，为人类生产有用的产品，或直接把微生物应用于工业生产过程的一种新技术，也称作微生物工程。发酵工程发挥连接生物工程上下游纽带的作用，是现代生物技术实验成果产业化的关键技术。

1. 发酵工程的内容

发酵工程如图 5-1 所示，通常由四个部分组成：①菌种的选育和培养；②发酵条件的优化（培养基的组成、pH、温度和溶解氧水平等）；③发酵反应器的设计和自动控制；④产品的分离纯化和精制。发酵工程的应用非常广泛，涉及医药工业、食品工业、化工、冶金、能源开发、环境保护等领域。发酵工程在工业上的应用具有投资少、见效快和污染小的优点。

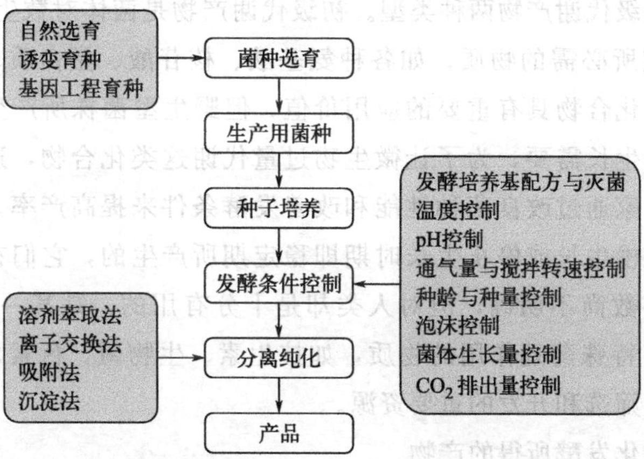

图 5-1
发酵工程的基本过程

2. 发酵产品类型

主要有微生物菌体发酵、微生物产生的酶、微生物的代谢产物及利用微生物转化反应所得的产物等。

（1）微生物菌体发酵

发酵是为了获得具有多种用途的微生物菌体细胞。传统菌体发酵工业和现代菌体发酵工业的产物有些不同，传统菌体发酵工业主要包括四类产物：①用于面包业或酒

五

业的酵母，用于面包和酒的生产；②微生物菌体蛋白（单细胞蛋白），如酵母菌、细菌、藻类、丝状真菌和放线菌等，可以用作饲料单细胞蛋白；③活性益生菌类：活性乳酸菌、双歧杆菌、食用和药用酵母菌等，有帮助消化或调节肠道菌群的作用；④大型真菌：食用菌和药用功能菌体，如担子真菌（香菇类、灵芝）、茯苓菌、虫草头孢菌、密环菌等，是在营养、保健、医疗等方面存在巨大应用潜力的有效物质。

现代菌体发酵工业产物有三大类：①杀虫剂：苏云金杆菌、蜡样芽孢杆菌、侧孢芽孢杆菌、白僵菌、绿僵菌等，可毒杀农业上的害虫；②生物增产剂：固氮菌、钾细菌、磷细菌等；③疫苗，制成用于自动免疫的生物制品。

(2) 微生物产生的酶

酶作为生物催化剂普遍存在于动物、植物和微生物中，可直接从生物体中分离提纯。但从动、植物组织中大量提取酶，受到原料来源有限性、经济性、伦理性的限制，不能满足需求。工业上大量的酶来自微生物，充分利用微生物生产酶，具有生长繁殖快、产量高、培养方法简单、酶品种齐全等方面的优点。目前，由微生物生产的工业用酶制剂主要有糖化酶、α-淀粉酶、异淀粉酶、转化酶、异构酶、乳糖酶、纤维素酶、蛋白酶、果胶酶、脂肪酶、凝乳酶、氨基酰化酶、甘露聚糖酶、过氧化氢酶、天冬酰胺酶、纳豆激酶、链激酶、青霉素酰胺酶等。

(3) 微生物的代谢产物

微生物代谢产物的种类很多，按照产物产生的时期和与菌体生长繁殖的关系分为初级代谢产物和次级代谢产物两种类型。初级代谢产物是菌体对数生长期产生的产物，是细胞生长和繁殖所必需的物质，如各种氨基酸、核苷酸、蛋白质、核酸、脂类和碳水化合物等，这些化合物具有重要的应用价值，但野生型菌株所产生的初级代谢产物一般只够满足自身生长需要，为了让微生物过量代谢这类化合物，适应工业生产的需要，工业微生物学家通过改良菌种性能和改善发酵条件来提高产率。次级代谢产物都是在微生物进入缓慢生长或停止生长时期即稳定期所产生的，它们在微生物生长和繁殖中发挥的作用多数尚不明确，但对人类却是十分有用的，是某一特定酶的抑制剂、生长促进剂或具有特殊药理作用的物质，如抗生素、生物碱、色素、细胞毒素等，次级代谢产物是药物筛选和开发的重要资源。

(4) 微生物转化发酵所得的产物

利用微生物细胞或酶对一些化合物的某一特定部位（基团）进行催化修饰的化学反应称为微生物转化，转化发酵是对底物某一特定部位进行生物催化修饰，转变成结构相似但具有更大经济价值的化合物。微生物转化包括脱氢、氧化、脱水、缩合、脱羧、氨化、脱氨和异构化反应等。微生物转化相比于化学反应具有立体专一性强、转化条件温和、转化效率高和对环境无污染等优点。应用最广泛的微生物转化是甾体的生物转化，能制备许多甾体药物中间体，并能达到化学方法难以反应的部位。此外，微生物转化反应也广泛用于生产新型抗生素等。在许多微生物转化的过程中，往往采用固定化细胞或酶，以提高转化效率，简化操作并可反复使用。此外，利用生物转化合成手性药物是近年来的研究热点。

3. 发酵工程的特点

发酵工程是利用微生物所具有的生物加工与生物转化活动来大量生产人们所需产品的过程，其主要特点如下。

① 发酵生产过程通常都在常温常压下进行，条件温和，能耗少，设备比较简单，对场地要求不高。

② 发酵生产所用的原料往往比较广泛，主要以农副产品及其加工产品，如玉米、淀粉、豆饼、玉米浆、酵母膏、牛肉膏等为主，生产较高价值的产品。基本属于可再生的生物资源范畴。

③ 发酵过程是通过生物体的自适应调节来完成的，容易结合结构复杂的有用物质。利用生物体本身所具有的反应机制，能高度选择性地在复杂化合物的特定部位进行氧化、还原、官能团引入等反应。

④ 发酵生产不受地理、气候、季节等自然条件的限制，可以根据订单安排或通用发酵设备来生产多种多样的发酵产品。

在目前能源、资源紧张，人口、粮食及污染问题日益严重的情况下，发酵工程作为现代生物技术的重要组成部分之一，得到越来越广泛的应用。

四、发酵方式

发酵是一个错综复杂的过程，种类多种多样。发酵方式可从多个角度进行分类：根据发酵过程对氧的需求分，发酵分为好氧发酵和厌氧发酵；按发酵培养基的相态分，发酵分为液体发酵和固体发酵；按发酵培养基的深度或厚度分，发酵分为表面发酵和深层发酵；按菌种的生活方式分，发酵分为游离发酵和固定化发酵；按菌种的种类分，发酵分为单一纯种发酵和多菌种混合发酵。液体发酵根据操作方式的不同可分为分批发酵、补料分批发酵和半连续发酵、连续发酵等。

固体发酵即曲法发酵，适合于传统发酵工艺及乡镇企业用来生产比较简单的产品，而液体深层发酵适合于大规模工业化生产。影响液体深层发酵的因素很多，如温度、pH、通风、搅拌、罐压等，必须适当地控制影响发酵的各种条件，掌握发酵的动态，并进行杂菌的检查和产物测定，使整个发酵过程顺利进行。以下根据操作方式介绍不同的发酵方式。

1. 分批发酵

分批发酵（batch fermentation）是将发酵培养基组分一次性投入发酵罐，经灭菌、接种和发酵后，再一次性地将发酵液放出的一种间歇式发酵操作类型，又称间歇式发酵。分批发酵是一种准封闭系统，在发酵过程中除了控制温度，不断进行通气（好氧发酵）和加入酸碱溶液调节 pH 外，与外界没有其他物料交换。这是目前应用最为广泛的发酵方式之一。

分批发酵的一般操作流程：首先对种子罐用高压蒸汽进行空消，然后投入培养基，再通高压蒸汽进行实罐灭菌，接着接入实验室预先培养好的种子，进行培养。在种子罐开始培养的同时进行主发酵罐的准备工作，对于大型发酵罐，一般不在罐内对培养基进行实消（实罐灭菌），而是采用连续灭菌的方法对培养基灭菌。种子罐培养达到一定的菌体量时，再转入主发酵罐中进行发酵。培养过程中要控制温度和pH，对于需氧微生物还要进行搅拌和通气。当发酵到达终点时结束反应，将发酵液进行后处理。

每批发酵的全过程包括空罐灭菌、培养基的灭菌、接种、发酵、放罐和洗罐等，所用的时间总和为一个发酵周期。根据发酵类型的不同，每批发酵需要几周到十几周的时间不等。为了避免杂菌的污染，要彻底进行蒸汽灭菌和空气过滤除菌，还必须十分小心，接种时不能混入杂菌。因此，要以发酵罐的操作程序为中心安排整个工艺的操作程序。

分批发酵系统属于封闭体系，微生物处在限制性的条件下生长，表现出典型的生长周期。当菌种接种到新鲜的培养基中时，为产生诱导酶或合成有关的中间代谢物，需要有一段适应期，这一时期为延滞期（lag phase）。在这一时期，细胞生长速率常数为零。在发酵工艺上需设法尽量缩短延滞期，可通过增加接种量（群体优势，适应性增强）、采用对数生长期的健壮菌种、调整培养基的成分、使种子培养基与发酵培养基相近和选用繁殖快的菌种等方法缩短该时期。接着细胞以几何级数的速度分裂，大量繁殖，进入对数生长期。发酵工艺上应尽量延长该时期，以达到较高的菌体密度，有利于初级代谢产物的积累。随着细胞的大量繁殖，培养基中的营养物质迅速消耗，加上有害代谢物的积累，细胞的生长速度迅速下降，进入稳定期。在这一时期，开始合成次级代谢产物（如抗生素），是发酵生产的重要时期，生产上常常通过补料、调pH、控制温度等措施，延长稳定期，以积累更多的代谢产物。最后，由于培养环境对微生物生长明显不利，分解代谢速度大于合成代谢速度，最终导致细胞大量死亡，进入衰亡期。大多数分批发酵在到达衰亡期前就结束了。

对不同的发酵产物，掌握的工艺重点也不同。如产物是菌体本身，应采用能支持菌体最高生长量的培养条件；如产物为初级代谢产物，应设法延长与产物关联的对数生长期；如产物是次级代谢产物，可缩短对数生长期，延长稳定期，或降低对数生长期的生长速度，从而使次级代谢产物更早形成，如青霉素的发酵生产。分批发酵在工业生产上仍有重要位置，其操作简单，周期短，不易染菌，生产过程和产品的质量容易掌握，但分批发酵存在基质抑制问题，对基质浓度敏感的产物或次级代谢产物，如抗生素，用该发酵方式不合适，这主要是由于养分耗尽，微生物无法继续维持生长。

2. 补料分批发酵

补料分批发酵（fed-batch fermentation）是在分批发酵过程中间歇或连续地以某种方式补入新鲜料液，克服由养分不足导致发酵过早结束的问题的一种发酵方式。由于只有料液的输入，没有输出，因此，发酵液的体积不断增加。与分批发酵相比，向培养系统中补充物料，可以使培养液中的底物浓度较长时间地保持在一定范围内，既保证菌体细胞的生长需要，又不造成阻遏抑制等不良影响，从而达到提高产物浓度和得率的目的。

补料分批发酵是介于分批发酵和连续发酵之间的一种发酵技术。由于向发酵罐中补加物料，该系统不再是封闭系统，同一般的分批发酵有着明显的区别。然而同连续发酵也有不同，该系统并不向外放出发酵液，因此，发酵罐内培养液的体积不再是常数，而是随时间和物料流速的变化而变化。发酵过程中基质的缓慢补入，既满足了微生物生长和产物合成的持续需要，又避免了基质过量而引起的各种调控反应，从而使产率得到很大的提高。补料分批发酵技术也经历了从少次多量、少量多次，逐步改为流加的过程，近年来，已实现了流加补料的微机控制。

根据补料方式的不同，补料分批发酵可分为许多类型。如根据补入物料的组成，可分为单一组分补料发酵、多组分补料发酵和完全补料发酵；根据物料流入发酵罐的速率，可分为快速流加补料发酵、恒速流加补料发酵、指速流加补料发酵和变速流加补料发酵；就补料方式而言，可分为连续流加、不连续流加、多周期流加。在实际操作中，需根据不同的情况加以选择。

当一般代谢产物收率或其生长速率明显受到某种组分浓度影响时，宜采用补料分批发酵方式，如高密度培养系统、高浓度底物抑制系统、分解代谢物阻遏系统。分解代谢物阻遏是在利用葡萄糖等易被利用的碳源培养时，某种酶特别是与分解代谢有关的酶的生物合成受到抑制的现象，利用流加法降低葡萄糖浓度，抑制菌体生长，从而消除对有关酶生物合成的抑制作用，例如在青霉素的发酵中，采用流加葡萄糖的方式，解除分解代谢阻遏，积累青霉素。另外还有利用营养缺陷型突变株系统，采用叠加营养物法，既能维持菌体生长，又不会对产物合成产生抑制作用。

3. 半连续培养

在补料分批培养基基础上，间歇放掉部分发酵液进入下游提取工段的发酵操作方式称为半连续发酵（semi-continuous fermentation）。这种培养方法的开始阶段如同常规的分批培养，但在培养和发酵结束时，并不将发酵液全部放出，而仅放出其中一部分，同时补入同体积的新鲜培养基或必要的组分，再继续发酵培养，如此可反复进行。使用半连续培养主要考虑到补料分批发酵虽然可以通过补料补充养分或前体的不足，但由于有害代谢产物的积累，产物合成还是会受到阻遏。半连续培养不仅可以补充养分和前体，而且有害代谢物质被稀释，有利于产物的继续合成。

但半连续培养也存在一些缺陷。首先，放掉发酵液的同时会损失未被利用的营养物质和正处于代谢活跃状态的菌体细胞；其次，中间补料会造成发酵液的稀释，增大下游提取液的体积；最后，发酵液中一些由代谢产生的前体有可能会丢失，对发酵产物产量造成影响。此外，半连续发酵过程中的染菌问题也是影响发酵过程能否进行的重要因素。

4. 连续发酵

连续发酵（continuous fermentation）是当发酵过程进行到一定阶段时（如产物合成时期），一边连续补充发酵培养液，一边又以相同的流速放出发酵液，维持发酵液原来的体积的发酵方式。微生物可在稳定状态下生长和代谢。

与分批发酵相比，连续发酵的优点：能够使微生物的生长和代谢活动保持旺盛的稳定状态，从而使产率和产品质量也相应保持稳定；能够更有效地实现机械化和自动化，降低劳动强度；减少设备清洗、准备和灭菌等非生产占用的时间，提高设备利用率，节省劳动力；发酵反应器容积小，反应速率易控制，容易对过程进行控制，有效地提高发酵产率。当然连续发酵也存在一定的问题：①由于是开放体系，加上发酵周期长，容易污染杂菌；②在长周期连续发酵中，微生物易发生变异；③对设备、仪器及控制元件的技术要求较高；④黏性丝状菌菌体容易附着在器壁上生长或在发酵液内结团，造成操作困难。总之，连续发酵营养物利用率低于单批培养，一般只能维持数月至1年。

连续发酵有罐式连续发酵和管式连续发酵两种基本形式。

(1) 罐式连续发酵

罐式连续发酵的设备与分批发酵的设备无根本区别，一般可采用原有的分批发酵罐改装。在连续发酵罐式反应器中，有两种不同的发酵控制方式：一种是恒浊器（turbidostat）法，即通过浊度来检测细胞浓度，控制并调节加入的料液流量，使反应器中的菌体浓度保持恒定；另一种是恒化器（chemostat）法，以恒定流速使营养物质浓度恒定，通过控制某一种营养物浓度（如碳源、氮源、生长因子等），使其始终成为生长限制因素，从而使细菌生长速率保持恒定。

根据所用的罐数，罐式连续发酵系统又可分为单罐连续发酵和多罐连续发酵。在连续发酵之前，通常进行一段时间的分批发酵，当反应器中的细胞浓度达到一定量后，再以一定的流量向反应器中流加培养基，同时以相同的流量放出发酵液，从而使反应器中的发酵液体积保持恒定。如果在反应器中进行充分搅拌，则发酵液各处的组成相同，并且也与流出液的组成相同，此时反应器成为一个连续流动搅拌罐式反应器（CSTR）。

(2) 管式连续发酵

在管式反应器中，发酵液通过一个没有返混现象的管状反应器向前流动。在反应器的不同部位，营养物浓度、细胞密度、氧浓度和产率等都不相同。在反应器的入口，微生物菌体须与培养基混匀后加入反应器中，而反应器的出口常与其他反应器相连或装一条支路使发酵液返回。管式反应器一般无法单独使用，须与其他形式的反应器联合使用。因此，目前连续发酵通常采用搅拌罐连续反应器。

五、发酵设备

现代发酵工程中的发酵生产设备主要是指发酵罐，发酵罐又称生物反应器，它在发酵过程中占据中心地位，是现代生物技术产业化的关键设备，在整个发酵过程中具有中心纽带的作用，是实现生物技术产品产业化的关键设备，是连接原料和产物的桥梁。在反应器内，生物催化剂（酶或细胞）作用于底物或基质，合成细胞或产物，将廉价的原料升值为生化产品。

在生物反应过程中，若采用活细胞（包括微生物、动物或植物细胞）为生物催化剂，该过程称为发酵过程或细胞培养过程。若用游离或固定化酶，该过程称为酶反应过程。相应的反应器也分为发酵罐、动植物细胞反应器和酶反应器。细胞反应器中的生物反应通过细胞中精确调控的酶系进行催化，所以比较复杂，经过一系列的生物反应将培养基的成分转化为新细胞或各种代谢产物。

生物反应器的设计和操作是生物工程中非常重要的工程问题，对产品的成本和质量有很大影响。微生物细胞反应过程，即发酵过程，是通过微生物的生命活动来获取各种产品，因此，发酵罐也围绕微生物的生命代谢活动展开。这就要求细胞生物反应器必须能保证生物体的生长特性和要求，满足生物体不同生长阶段对温度、溶解氧、pH、渗透压等的不同要求，同时考虑生物体可能受到剪应力的影响，还要求在运行中达到无菌的要求。

一个优良的生物反应器应具有严密的结构、良好的液体混合性能、高的传质和传热速率，以及可靠的检测及控制仪表，才能获得最大的生产效率。目前发酵罐主要包括以下几种基本类型。

1. 搅拌釜反应器（stirred tank reactor， STR）

如图 5-2 所示，它内设搅拌装置，利用机械搅拌器的作用，使无菌空气与发酵液充分混合，促进氧的溶解。这种反应器的适应性最强，从牛顿型流体到非牛顿型的丝状菌发酵液，都能根据实际情况，为之提供较高的传质速率和必要的混合速率。因此，至今使用最广泛的生物反应器之一仍是搅拌釜反应器，它具有操作条件灵活、气体运输效率高等优点，已被实际生产证实可广泛用于各种微生物的发酵。

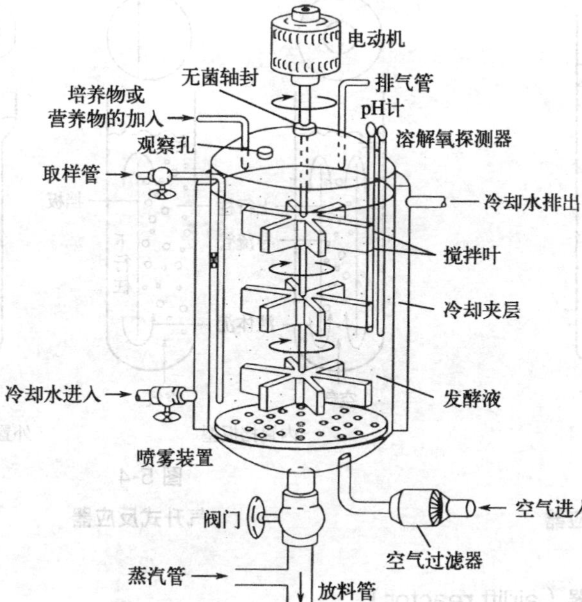

图 5-2
搅拌釜反应器

搅拌釜反应器主要的部件包括罐体、搅拌器、挡板、冷却装置、轴封等。罐体是一个培养微生物的巨大容器，为了保持纯种培养，防止杂菌污染，要求罐体是密封的。发酵罐在灭菌和正常工作时，要承受一定的压力（气压和液压）和温度，因此要求发酵罐应能承受一定的压力。发酵罐内应尽量减少死角，避免藏污积垢，保证灭菌彻底，防止染菌。罐体应有适宜的径高比，一般为 1∶1.7～1∶4，罐身较长，氧的利用率较高，材料一般为碳钢和不锈钢。机械搅拌器的作用是将空气打碎成小气泡，增大气液接触面，提高氧的传质速率，同时使发酵液充分混合，使液体中的固形物质保持悬浮状态。为了使发酵液充分搅动，应根据发酵罐的容积，在搅拌轴上配置多个搅拌桨，配置的数量由罐内液位高度、发酵液的特性和搅拌器的直径等因素来决定。为了克服搅拌器运转时液体产生的涡流，将径向运动改变为轴向运动，促进液体激烈翻动，增大溶解氧速率，通常在发酵罐内壁安装挡板。

2. 鼓泡塔式反应器（bubble column reactor）

无须机械搅拌装置，气体由反应器底部的高压引入，利用通气中产生的空气泡上升时的动力带动反应器中液体的运动，从而达到使反应液混合的目的（图 5-3）。反应器中的液体深度较大，使空气进入培养基后有较长的停留时间。罐内装有若干筛板，压缩空气由罐底导入，经过筛板逐渐上升，气泡在上升过程中带动发酵液同时上升，上升后的发酵液又通过带有液封作用的降液管下降而形成循环。这种发酵罐的特点是省去了机械搅拌装置，若培养基的浓度合适，且操作适当的话，在不增加空气流量的情况下，基本上可达到搅拌釜反应器的发酵水平。但使用时，气泡在上升过程中会逐渐聚集变大，导致传质速率下降，且会使培养基产生大量气泡，这限制了它的使用。

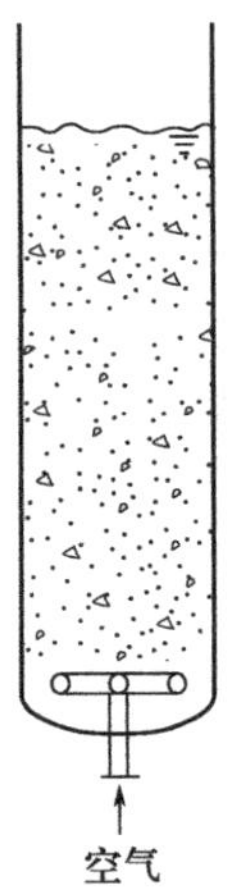

图 5-3

鼓泡塔式反应器

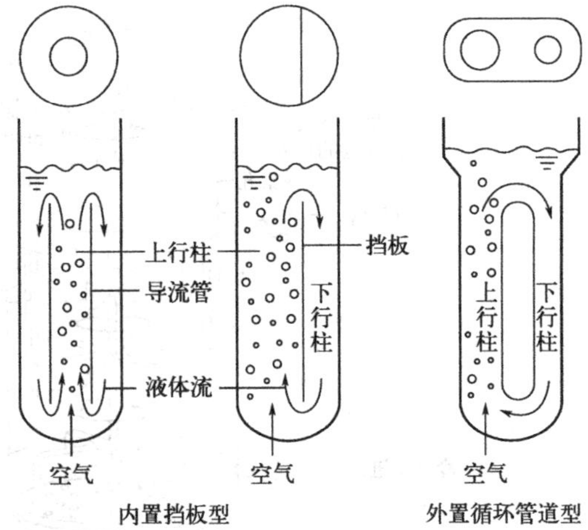

图 5-4

气升式反应器

3. 气升式反应器（airlift reactor）

图 5-4 分为内置挡板型和外置循环管道型，在通入空气的一侧，由于液体密度降低使液面上升，这样在反应器内形成液体环流，使培养基混合。气升式反应器比鼓泡塔

式反应器的效率更高，尤其对于需要高密度发酵和黏稠培养基的微生物，其混合效果更好，且不像鼓泡塔式反应器易产生气泡的聚集，影响传质效率。

气升式反应器和鼓泡塔式反应器都是通过通入气体进行搅拌，而不采用机械搅拌，所以相比于搅拌釜反应器，具有节能和剪切力小等优点，比较适合于重组微生物发酵。

第二节 发酵工程制药的过程与控制

一、发酵工程的基本过程

从广义上讲，发酵工程由三部分组成：上游工程、发酵生产和下游工程。上游工程包括优良菌种的选育、最适发酵条件（培养基的组成、pH、温度和溶解氧等）的优化等。发酵生产是指在最适条件下，在发酵罐中生产细胞和代谢产物的工艺技术，是整个发酵工程的中心环节，要有严格的无菌生长环境。下游工程是指发酵液中产品的分离纯化与鉴定、副产物的回收、废物处理等。

发酵的基本过程为：菌种→种子制备→发酵→发酵液预处理→提取精制。

1. 菌种

发酵水平的高低与菌种的性能质量有直接关系，菌种的生产能力、生长繁殖的情况和代谢特性是决定发酵水平的内在因素。这就要求用于生产的菌种要产量高、生长快、性能稳定、容易培养。目前国内外发酵工业中所采用的菌种绝大多数是经过人工选育的优良菌种。为了防止菌种衰退，生产菌种必须以休眠状态保存在砂土管或冷冻干燥管中，使用时取出复活。生产菌种一般都严格规定其使用期，一般砂土管为1～2年。生产菌种应不断纯化，淘汰变异菌落，防止衰退。

2. 种子的制备

种子液质量的优劣对发酵生产起着关键性的作用，作为种子，应具备的条件是：菌种的生长活力强，转种至发酵罐后能迅速生长，延迟期短；生理状态稳定；菌体总量及浓度能满足大容量发酵罐的要求；无杂菌污染，保证纯种培养；保持稳定的生产能力。

种子的制备是发酵工程开始的重要环节。这一过程是使菌种繁殖，以获得足够数量的菌体，以便接种到发酵罐中。种子制备可以在摇瓶中或小罐内进行，大型发酵罐的种子要经过两次扩大培养才能接入发酵罐。摇瓶培养是在锥形瓶内装入一定量的液体培养基，灭菌后接入菌种，然后放在回转式或往复式摇床上恒温培养。种子罐一般用钢或不锈钢制成，结构相当于小型发酵罐，种子罐接种前有关设备及培养基要经过严格的灭菌。种子罐可用微孔压差法或打开接种阀在火焰的保护下接种，接种后在一定的空气流量、罐温、罐压等条件下进行培养，并定时取样做无菌试验、菌丝形态观察和生化分析，以确保种子质量。

在发酵产品的放大生产中，发酵级数的确定是一个非常重要的方面，级数受发酵规模、菌体生长特性、接种量等因素的影响。在青霉素的发酵中，孢子瓶中的孢子（或摇瓶菌丝）接入体积较小的一级种子罐中，生长好的一级种子移种至二级种子罐，繁殖成大量菌丝后接入发酵罐，进行三级发酵。有的菌种生长极快，如生产四环素的金色链霉菌，只要通过一级种子罐生长，即可接入发酵罐中，称为二级发酵。将孢子直接接入发酵罐进行的发酵称为一级发酵。级数越大，越难控制，越易染菌，越易变异，且管理越困难，所以一般控制在二至四级。

种子罐中培养的菌丝转入下一级种子罐或发酵罐时的培养时间称为种龄。每一个发酵产品的种龄不能以培养时间来决定，通常采用的都是以菌丝处在生命极为旺盛的对数生长期的种龄，培养基中的菌体量还未达到最高峰时较为恰当。过于年轻的种子进入发酵罐后，可使生长期迟缓，发酵周期延长，起步单位较低，甚至菌丝量过少，在发酵罐中形成菌丝团，而引起异常发酵；过老的种子，虽然菌丝量多，但接入发酵罐后，对发酵后期增长单位不利，如庆大霉素、土霉素发酵时，效价明显偏低。但头孢菌素发酵的接种菌丝以高龄为好，头孢菌素 C 的产量较低龄种子高 20%～30%，而乙酰酯酶活力却低 50%～60%。在工业生产中还测定种子液的磷含量（对放线菌特别重要）、糖含量、氨基氮含量、淀粉酶活力、脱氢酶活力及效价等，来判断种子质量的好坏，以决定确切的种龄。

移种的种子液体积和接种后发酵罐培养液体积之比称为接种量，一般采用 5%～15%。通常接种量大些，可缩短发酵罐中菌丝生长时间，缩短延迟期，使生产期提前到来，还可提早补料，发酵起步单位高，但过大的接种量往往可使菌体生长过快、过稠，造成培养液缺氧，影响产量，也会使发酵液后处理困难等。生产上有时也会采用双重接种，即两个种子罐的接种菌丝接入一个发酵罐，或倒种，即以发酵 1～2 天的发酵液倒出适量给另一发酵罐作种子，往往也可获得较好的产量。

进行种子扩大培养的目的是满足大规模发酵罐所需种子的需求。目前工业规模的发酵罐容积达几十到几百立方米，如按 10%的接种量计算，要投入几立方米到几十立方米的种子。要从保藏在试管中的菌种逐级扩大到生产用种子是一个由实验室制备到车间生产的过程。首先将砂土孢子或冷冻孢子接种到斜面培养基中活化培养，长好的斜面孢子或菌丝接种到摇瓶液体培养基中扩大培养，完成实验室种子制备。接着，在生产车间，种子制备阶段是将实验室扩大培养的孢子或菌丝接种到一级种子罐，制备生产用种子，如需要可进一步接种至二级种子罐扩大培养，种子制备好后备用。

3. 发酵

这一过程的目的是使微生物产生大量的目的产物，是发酵工序的关键阶段。发酵一般是在钢制或不锈钢的罐内进行，有关设备和培养基应事先经过严格灭菌，然后将长好的种子接入，接种量一般为 5%～20%。在整个发酵过程中要不断地通气（通气量一般为 0.3～1m^3/m^3）、搅拌（单位体积的搅拌功率消耗为 1～2kW/m^3），维持一定的罐温（视品种而定，一般为 26～37℃，但有的高至 40℃）、罐压（一般发酵始终维持

0.3～0.5kg/cm^2），并定时取样分析和无菌试验，观察代谢和产物含量情况，有无杂菌污染。在发酵过程中会产生大量泡沫，所以往往要加入消沫剂来控制泡沫，加入酸或碱控制发酵液的pH，多数品种的发酵还需要间歇或连续加入葡萄糖及铵盐化合物（以补充培养基内的碳源及氮源），或补进其他料液和前体以促进产物的产生。发酵中可供分析的参数有通气量、搅拌转速、罐温、罐压、培养基总体积、黏度、泡沫情况、菌丝形态、pH、溶解氧浓度、排气中二氧化碳含量以及培养基中的总糖、还原糖、总氮、氨基氮、磷和产物含量等。一般根据各品种的需要与可能，测定其中若干项目。发酵周期因品种不同而异，大多数微生物发酵周期约为2～8天，但也有少于24h或长达两周以上的。

4. 产物提取

发酵完成后得到的发酵液是一种混合物，其中除了含有表达的目的产物外，还有残余的培养基、微生物代谢产生的各种杂质和微生物的菌体等。提取过程包括以下三个方面：发酵液的过滤、提取、精制。

二、发酵过程的影响因素及控制

微生物发酵生产的水平不仅取决于生产菌种的性能，而且还需要合适的环境条件及发酵工艺加以配合，才能使它的生产能力充分地表现出来。因此，必须研究影响发酵过程的各种因素，如培养基组成、培养温度、pH、供氧水平等，据此设计合理的发酵工艺，使生产菌种处于最佳的产物合成条件，达到最佳发酵效果，获得最高的产品收率。

1. 菌体浓度的影响及控制

菌体（或细胞）浓度（cell concentration）是指单位体积培养液中菌体的含量。菌体浓度的大小，在一定条件下，不仅能反映菌体细胞的多少，而且能反映菌体细胞生理特性的不同阶段，因此在实验室研究和工业发酵中，它都是一个重要的参数。菌体浓度的大小主要取决于两方面的因素。首先，它与菌体的生长速率密切相关，生长速率大的菌体，菌体增长也迅速，而菌体的生长速率与微生物的种类和自身的遗传特性有关，不同种类的微生物的生长速率主要取决于细胞结构的复杂性和生长机制，细胞结构越复杂，分裂所需的时间就越长，如霉菌、酵母菌的生长速率小于细菌的生长速率；其次，菌体的增长还与营养物质和环境条件相关联。营养物质包括碳源和氮源等成分及其浓度，在一定的限度内，菌体的生长速率与营养物质的浓度成正比，但超过此上限，浓度继续增加，生长速率反而会下降，这可能是由高浓度基质形成高渗透压，引起细胞脱水而影响生长及一些代谢产物对某些关键酶的抑制所致。影响菌体生长的环境条件有温度、pH、渗透压和水等因素。

在适当的生长速率下，发酵产物的产率与菌体浓度成正比。菌体浓度高，产物的产量也大，如氨基酸、维生素这类初级代谢产物的发酵就是如此，而对于抗生素这类次级代谢产物来说，菌体的比生长速率等于或大于临界生长速率时，也是如此。但是，菌体浓度过高，往往也会产生其他的影响，如营养物质消耗过快，培养液的营养成分发生明显的改变，有毒物质的累积，就有可能改变菌体的代谢途径，特别是对培养液中的溶解氧影响尤为明显，因为随菌体浓度的增加，摄氧率会按比例增加，同时表观黏度的增加使氧的传递速率呈对数减少，从而导致溶解氧的减少，并使其成为影响产物产率的限制性因素。相反，菌体浓度过低，同样会使产物的产率下降。因此，在发酵过程中必须设法将菌体浓度控制在合适的范围内。生产中主要通过调节培养基中营养基质的浓度来控制，首先基础培养基要有适当的配比，避免产生过浓或过稀的菌体量，然后再通过中间补料来调整。如当菌体生长缓慢、菌体太稀时，可补加一部分磷酸盐和碳源促进生长。

2. 营养物质对发酵的影响及控制

各种营养物质对微生物生长繁殖和代谢产物的合成都很重要，但在为微生物提供营养物质时，必须重视各种营养物质的浓度和配比，以达到维持正常的渗透压、节约原材料及提高代谢产物产量的目的。

(1) 碳源的影响及控制

按照利用速度的快慢，碳源可以分为速效碳源和迟效碳源。速效碳源能被微生物快速利用，合成菌体和产生能量，因此有利于菌体生长，但过多的分解代谢产物有时会对目标产物的合成产生分解代谢阻遏作用，不利于产物的合成。迟效碳源可被菌体缓慢利用，有利于延长代谢产物的合成，特别有利于延长抗生素的分泌期。

在青霉素的早期研究中，人们就认识到碳源的重要性。青霉素产生菌能利用乳糖、蔗糖、葡萄糖、阿拉伯糖、甘露糖、淀粉和天然油脂等多种碳源。在迅速利用葡萄糖的培养基中，菌体生长迅速，但青霉素合成量很少，而在缓慢利用乳糖的培养基中，青霉素的产量明显增加，乳糖是青霉素合成的最好碳源。由于乳糖价格昂贵，所以生产上采用缓慢滴加葡萄糖的方式代替乳糖，仍然可以得到良好的结果，且可降低成本。在工业上，发酵培养基常采用含速效碳源和迟效碳源的混合培养基来控制菌体的生长和产物的合成。

(2) 氮源的影响及控制

氮源与碳源一样，也分为速效氮源和迟效氮源。氨基（或氨）态氮（氨基酸、硫酸铵）和玉米浆属速效氮源，能被菌体快速利用，促进菌体生长，但对某些代谢产物的合成，如抗生素的合成产生调节作用，影响产量。迟效氮源如黄豆饼粉、花生饼粉、棉籽饼粉等，对延长次级代谢产物的分泌期、提高产量十分重要。

在发酵过程中，对微生物生长来讲，要选择合适的氮源和适当的氮含量。发酵培养基一般选用速效氮源和迟效氮源的混合氮源。如氨基酸发酵用铵盐（硫酸铵或醋酸铵）和黄豆蛋白水解物；链霉素发酵采用硫酸铵和黄豆饼粉。为了防止菌体衰老自溶，除基础培养基中的氮源外，还要在发酵过程中补加氮源，调节菌体生长。另外，氮源的种类和含量也能影响产物合成的方向和产量。如在谷氨酸发酵中，当铵离子供应不足时，主要生成α-酮戊二酸，而铵离子过量时，则主要生成谷氨酰胺，只有当铵离子浓度适量时，谷氨酸产量才能达到最大。又如在螺旋霉素的生物合成中，无机铵盐不利于螺旋霉素的合成，而有机氮源则有利于其合成。

(3) 磷酸盐的影响和控制

磷是微生物分解代谢和合成代谢所必需的成分，保证微生物正常生长所必需的磷酸盐浓度一般为 0.32～300mmol/L，而对次级代谢产物而言，所允许的最高平均浓度为 1.0mmol/L，超过 10mmol/L 就明显抑制产物合成，两者平均相差几十倍到几百倍，因此控制磷酸盐浓度对微生物药物，特别是次级代谢产物的发酵生产是非常重要的。对初级代谢产物而言，通过磷酸盐浓度来调节代谢产物的合成机制通常是通过促进生长而间接产生的，而对次级代谢产物来说，机制比较复杂。抗生素的发酵对磷酸盐的浓度非常敏感，过量的磷酸盐对许多抗生素的合成有抑制作用，如链霉素、金霉素、四环素、土霉素、制霉菌素、两性霉素和万古霉素等。但过量的磷酸盐抑制抗生素合成的作用机制是不完全相同的，有的可能与糖代谢途径密切相关，有的抑制了合成抗生素的特异性酶，有的是由于无机磷的反馈抑制作用等。以链霉素的发酵生成为例，正常生长所需的磷酸盐浓度都会抑制链霉素的形成，以前认为抑制是由于磷酸盐促进基质（葡萄糖）被利用的结果，而实际上是因为链霉素的生物合成途径中有几步磷酸酯酶催化的去磷酸化反应，过量的磷酸盐会产生反馈抑制，阻抑一个或多个磷酸酯酶的活性，因而抑制了链霉素的合成。特别是链霉素生物合成的最后中间体——无生物活性的链霉素磷酸酯，必须经磷酸酯酶的作用脱去磷酸根，才能生成有生物活性的链霉素。过量的磷酸盐会抑制磷酸酯酶的活性，导致链霉素磷酸酯在培养基内堆积。

对于抗生素发酵，常常采用生长亚适量（对菌体生长不是最合适但又不影响生长的最佳剂量）的磷酸盐浓度，使菌体生长受到控制，菌体代谢活性转为有利于抗生素生物合成的状态。发酵生产最适的磷酸盐浓度由菌种、培养条件、培养基组成和来源等因素而决定，必须结合具体条件和适用的原材料进行实验确定。另外，也可通过菌种诱变筛选出耐高浓度磷酸盐的突变株，使菌株对磷酸盐的敏感性降低。

(4) 补料的控制

菌体在高浓度基质下其生长受到抑制，或发酵周期较长（5～10 天），产物的生物合成时间也较长，就需要在发酵过程中补加基质和前体，称为补料。补料最大的量为使放罐时发酵液体积达到罐有效体积的 80%～90%。中途补料对发酵起到了重要作用，如丰富了培养基，避免了菌体过早衰老，使产物合成期延长；控制 pH 和代谢方向；改善通气效果；补足因发酵过程中通气和蒸发而减少的发酵液体积等。

补料的物质包括碳源、氮源、水和其他物质。碳源有葡萄糖、蔗糖、糊精、淀粉、作为消沫剂的油脂等；氮源有氨水、硫酸铵、蛋白粉、花生饼粉、玉米浆、尿素等。其他如磷酸盐、前体等。

通常补料在菌体生长旺盛后期、发酵液泡沫液位下降后开始。这时耗氧量较大，溶解氧水平往往接近临界点。若一次补料量过多，将造成溶解氧水平突然明显下降，因此补料以少量多次为宜。通常补料以使用两种或两种以上的基质效果较好，如四环素的发酵过程中补加葡萄糖、玉米浆、硫酸铵等。补料的关键在于控制补料的时间、速率和补料配比。其目的是使菌体处于半饥饿状态，不致繁殖过快，但仍能合成产物。

3. 温度的影响及控制

微生物的新陈代谢都是在各种酶的催化下进行的，温度是保证酶活性的重要条件，因此在发酵过程中必须保证稳定而合适的环境温度。

温度对微生物发酵的影响是多方面的，首先，温度会影响各种酶的反应速率，在一定范围内，随着温度的升高，酶反应速率加快，但有一最适温度，超过这一温度，酶的催化活性会下降。温度对菌体生长酶的反应和代谢产物合成酶的反应的影响往往不同。温度还能改变菌体代谢产物的合成方向，如金色链丝菌能同时发酵生产四环素和金霉素，在低于30℃时，主要合成金霉素，随着温度的提高，四环素的合成比例提高，当温度超过35℃时，金霉素的合成停止，只产生四环素，因为高温不利于合成金霉素的生物氯化反应。另外，温度还能影响微生物的代谢调控机制，如氨基酸生物合成途径中的终产物对第一个酶的反馈抑制作用，在20℃时比在正常生长温度37℃时更大，温度除了直接影响发酵过程中的各种反应速率外，还通过改变发酵液的物理性质间接影响生产菌的生物合成，如温度会影响基质和氧在发酵液中的溶解和传递速度，影响菌体对某些基质的分解和吸收速度及发酵液黏度等。

发酵过程中，引起发酵温度变化的因素有生物热、搅拌热、蒸发热、辐射热和显热。发酵热就是发酵过程中释放出来的净热量。

发酵热＝生物热＋搅拌热－蒸发热－辐射热－显热

由于生物热、蒸发热和显热，特别是生物热，在发酵过程中是随时间变化的，因此发酵热在整个发酵过程中也随时间变化，引起发酵温度产生波动。

发酵生产中最适温度的选择既要适合菌体的生长，又要适合代谢产物的合成，但最适生长温度和最适生产温度往往不一致，因此要综合考虑各方面的因素，通过反复实践来确定。首先，温度选择要考虑菌种及生长阶段的影响，微生物种类不同，所具有的酶系及其性质不同，所要求的温度范围也不同，如谷氨酸棒状杆菌的生长温度为30～32℃，青霉菌的生长温度为30℃。发酵前期的目的是要尽快得到大量的菌体，因此取稍高的温度，促进菌的呼吸与代谢活动，使菌生长迅速。发酵中期菌量已达到合成产物的最适量，这时需要延长菌体生长的稳定期，从而提高产量，因此发酵中期温度要稍低一些，可以延迟衰老，同时在稍低温度下氨基酸合成蛋白质和核酸的正常途径关闭，有利于产物合成。发酵后期，产物合成能力降低，延长发酵周期没有必要，可提高温度，刺激产物合成，如四环素生长阶段温度为28℃，合成期温度为26℃，后期再升温，但也有的菌种产物形成温度比生长温度高，如谷氨酸产生菌生长温度为30～32℃，产酸温度为34～37℃。其次，温度选择还要根据培养条件综合考虑，灵活选择。通气条件差时可适当降低温度，使菌呼吸速率降低些，溶解氧浓度也可高些。培养基稀薄时，温度也该低些，因为温度高营养利用快，会使菌过早自溶。另外，温度选择还要考虑菌种生长情况，菌生长快，维持在较高温度的时间要短些，菌生长慢，维持较高温度的时间可长些。培养条件适宜，如营养丰富，通气能满足，那么前期温度可高些，以利于菌的生长。总的来说，温度的选择必须根据菌种生长阶段及培养条件综合考虑。

工业生产上，所用的大发酵罐因在发酵过程中释放了大量的发酵热，所以一般不需要加热，需要冷却的情况很多。利用自动控制或手动调节的阀门，将冷却水通入发酵罐的夹层或蛇形管中，通过热交换来降温，保持恒温发酵。

4. pH 的影响和控制

pH 是微生物代谢的综合反映，又影响代谢的进行，所以是十分重要的参数。发酵过程中 pH 是不断变化的，通过观察 pH 变化规律可以了解发酵的正常与否。

(1) pH 对发酵的影响

每一类菌都有其最适的和能耐受的 pH 范围，大多数细菌生长的最适 pH 范围在 6.3～7.5，霉菌和酵母菌生长的最适 pH 范围在 3～6，放线菌生长的最适 pH 范围在 7～8。微生物生长阶段和产物合成阶段的最适 pH 往往不一样，这不仅与菌种的特性有关，还与产物的化学性质有关。

在发酵过程中，pH 对微生物生长繁殖和产物合成的影响表现在以下几个方面：①pH 影响酶的活力，当 pH 抑制菌体某些酶的活性时，菌的新陈代谢受阻；②pH 影响微生物细胞膜所带电荷的改变，从而改变细胞膜的通透性，影响微生物对营养物质的吸收及代谢物的排泄，因此影响新陈代谢的进行；③pH 影响培养基中某些成分和中间代谢物的解离，从而影响微生物对这些物质的利用；④pH 影响代谢方向，pH 不同，往往引起的菌体代谢过程不同，使代谢产物的质量和比例发生改变。例如黑曲霉在 pH 2～3 时发酵产生柠檬酸，在 pH 近中性时，则产生草酸；谷氨酸发酵中，在中性和微碱性条件下积累谷氨酸，在酸性条件下则容易形成谷氨酰胺和 *N*-乙酰谷氨酰胺。另外 pH 还会影响菌体形态，如产黄青霉的细胞壁厚度随 pH 的增加而减小，其菌丝直径在 pH 6.0 时为 2～3μm，在 pH 7.4 时为 2～18μm，并呈膨胀酵母状，pH 下降后，菌丝形态又会恢复正常。pH 还对发酵液或代谢产物产生物理化学方面的影响，其中要特别注意的是对产物稳定性的影响。

(2) 影响发酵 pH 的因素

发酵过程中，pH 变化的根源在于培养基的成分和微生物的代谢特性。在菌体代谢过程中，菌体本身有构建其生长最适 pH 的能力，但当外界条件发生较大的变化时，pH 将会发生较大波动。

引起发酵液 pH 下降的因素有多种：培养基中碳、氮比例不当，碳源过多，特别是葡萄糖过量，或中间补糖过多，加之溶解氧不足，致使有机酸大量积累而使 pH 下降；消沫剂加得过多，生理酸性物质的存在及氮被利用也会使 pH 下降。引起发酵液 pH 上升的因素有培养基中碳、氮比例不当，氮源过多，氨基酸释放等。另外，生理碱性物质的存在，中间补料中氨水或尿素等碱性物质加入过多，也会引起 pH 上升。此外，某些产物本身呈酸性或碱性，如有机酸类使 pH 下降，红霉素、林可霉素、螺旋霉素等抗生素呈碱性，使 pH 上升。通气条件的变化、菌体自溶或杂菌污染都可能引起发酵液

pH 的变化。

(3) 最适 pH 的选择和控制

选择最适 pH 的原则是既有利于菌体的生长繁殖，又可以最大限度地获得高产量。最适 pH 是根据实验结果来确定的，将培养基调节成不同的初始 pH，进行发酵，在发酵过程中，定时测定和调节 pH，达到维持初始 pH 的目的，或利用缓冲液来配制培养基以维持初始 pH，同时观察菌体的生长情况，以菌体生长达到最高值的 pH 为菌体生长的最适 pH。以同样的方法，可测得产物合成的最适 pH。

在确定了发酵不同阶段的最适 pH 后，就需要采用各种方法加以控制。首先要考虑和设计实验发酵培养基的基础配方，各种碳源、氮源的配比，还可在培养基中加入缓冲剂，如磷酸盐和碳酸钙等。特别是碳酸钙能与酮酸反应，防止培养基 pH 下降，在分批发酵中常用这种方法来控制 pH。利用培养基成分来控制 pH 的能力有限，如果 pH 波动太大，就可以在发酵过程中通过补加酸或碱和补料的方式来控制。现在常用生理酸性物质如硫酸铵和生理碱性物质如氨水来控制，这些物质不仅可以调节 pH，还可以补充氮源。当 pH 和氨氮含量均低时，补加氨水；若 pH 较高，而氨氮含量较低时，应该补加硫酸铵。最成功的通过补料来控制 pH 的例子是青霉素发酵的补料工艺，如图 5-5 所示，采用按需补糖和恒速补糖两种方法，按需补糖是根据 pH 的变化来决定补糖速率，恒速补糖是通过加入酸碱来控制 pH，两种补糖方式的总补糖量相等。虽然两种方法均能达到控制 pH 的目的，但前者可维持长久的青霉素高产，最终比后者产量提高了 25%。所以 pH 是菌体代谢变化的综合反映，以此为依据确定补料速率，可以实现高产的目的。

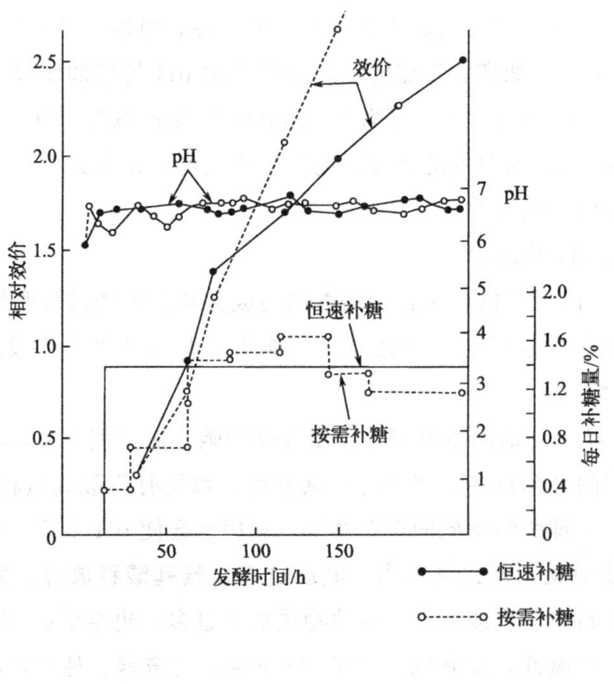

图 5-5

不同补料控制 pH 的方法对青霉素发酵的影响

5. 溶解氧的影响和控制

溶解氧是需氧微生物生长所必需的。在发酵过程中有多方面的限制因素，而溶解氧往往最易成为限制因素。氧在水中的溶解度很小，28℃时，氧在发酵液中达到100%的空气饱和度时，其溶解度只有0.25mmoL/L左右，是糖溶解度的1/7000。在对数生长期，即使发酵液中的溶解氧能达到100%空气饱和度，若此时中止供氧，发酵液中溶解氧可在几分钟之内耗竭，使溶解氧成为限制因素。所以在发酵过程中需要不断通气和搅拌，才能满足溶解氧要求。溶解氧大小对菌体生长和产物的性质和产量都会产生不同的影响。如谷氨酸发酵，供氧不足时，会产生大量乳酸和琥珀酸。

(1) 溶解氧浓度的变化

发酵过程中溶解氧浓度的变化受很多因素的影响，设备供氧能力的变化、菌龄的不同、加料（如补糖、补料、加消沫剂）及补水措施、改变通风量等，以及发酵过程中某些事故的发生都会使发酵液中的溶解氧浓度发生变化。

把溶解氧作为发酵中氧是否足够的度量，以了解菌对氧利用的规律。发酵过程中应保持氧浓度在临界氧浓度以上。临界氧浓度一般指不影响菌的呼吸所允许的最低氧浓度，而对产物形成而言，便称为产物合成的临界氧浓度。生物合成的最适氧浓度与临界氧浓度是不同的，前者是指溶解氧浓度对生物合成有 最适的范围。

一般在发酵前期，产生菌大量繁殖，需氧量不断增加，如果此时需氧量超过了供氧量，会使溶解氧明显下降，溶解氧曲线出现一个低峰。发酵中后期，溶解氧浓度明显受工艺控制手段的影响，例如补料、加前体、加消沫剂等的数量及其加入的时机和方式等。

发酵过程中，常见的引起溶解氧异常下降的原因有：污染好气性杂菌，大量的溶解氧被消耗掉；菌体代谢发生异常，需氧量要求增加，使溶解氧下降；某些设备或工艺控制发生故障或变化，也可能引起溶解氧下降，如搅拌功率消耗变小或搅拌速度变慢，影响供氧能力，使溶解氧降低；其他影响供氧的工艺操作，如停搅拌、闷罐、自动加油器失灵等也会使溶解氧迅速下降。

在供氧条件没有发生变化的情况下引起溶解氧异常升高的原因主要是耗氧出现改变，如菌体代谢出现异常，耗氧能力下降，使溶解氧上升。特别是污染烈性噬菌体，影响更为明显，产生菌在尚未被裂解前，呼吸已受到抑制，溶解氧有可能迅速上升，直到菌体破裂后，产生菌完全失去呼吸能力，溶解氧就直线上升。

(2) 溶解氧的控制

控制好溶解氧浓度，需从供、需两方面考虑。在实际生产过程中，主要通过调节搅拌转速和通气速率来控制供氧。对于装有机械搅拌器的发酵罐，搅拌器可以从多方面改善通气速率：搅拌可将空气泡打散成小气泡，增加气液接触面和接触时间；搅拌使液体产生径向运动，形成涡流，延长气泡在液体中的停留时间；搅拌可以形成湍流断面，减小气泡周围液膜的厚度，减少传质阻力；搅拌可以除去细胞的CO_2和代谢物，保持菌丝体及营养物处于均匀的悬浮状态。对于没有搅拌器的空气发酵罐，则是利用空气带动液体运动，产生搅拌作用。当然搅拌功率并非越大越好，因为过于激烈的搅拌会产生很大的剪切力，可能对细胞造成损伤，另外激烈的搅拌还会产生大量的搅拌热，增加传热的负担。一般带搅拌器的发酵罐中，都装有4～6块挡板，挡板能使液体形成轴向运动，增强混合效果。据报道，增加一块挡板，通气速率可增加20倍之多。在供氧方面，通气速率（空气流量）的影响有一定的限度，超过这一限度，搅拌器就不能有效将空气泡分散到液体中，而使搅拌器在大量空气泡中空转，出现过载现象，气泡增多，反而影响供氧。

发酵液的需氧量，受菌体浓度、菌龄、基质的种类和浓度以及培养条件等因素的影响，其中以菌体浓度的影响最为显著。发酵液的摄氧率随菌体浓度的增加而按比例增加，但氧的传递速率随菌体浓度的增加而减小。因此可以将菌的比生长速率控制在比临界值略高一点的水平，这是控制最适溶解氧浓度的重要方法。最适菌体浓度则可以通过控制基质的浓度来实现，如青霉素的发酵，就是通过控制补加葡萄糖的速率达到最适菌体浓度。

除上述方法外，工业上还可以采用调节温度、使用液化培养基、中间补水、添加表面活性剂等工艺措施来改善溶解氧的水平。

6. CO_2的影响及控制

CO_2是微生物的代谢产物，同时也是某些合成代谢反应的一种基质，溶解在发酵液中的CO_2对氨基酸、抗生素等微生物的发酵具有刺激或抑制作用。

CO_2对细胞的作用机制，主要是CO_2及HCO_3^-会影响细胞膜的结构。它们分别作用于细胞膜的不同位点。溶解于培养液中的CO_2主要作用在细胞膜的脂肪酸核心部位，而HCO_3^-影响磷脂、亲水头部带电荷表面及细胞膜表面上的蛋白质。当细胞膜的脂质相中CO_2浓度达到临界值时，膜的流动性及表面电荷密度发生变化，这将导致许多基质的膜运输受阻，影响细胞膜的运输效率，使细胞处于“麻醉”状态，细胞生长受到抑制，形态发生改变。

CO_2还可能使发酵液pH下降，或与其他物质发生化学反应，或与生长必需的金属离子形成碳酸盐沉淀，或使溶解氧下降等，从而形成间接作用，影响菌的生长和发酵产物的合成。

CO_2在发酵液中的浓度大小的影响因素主要有菌体的呼吸速率、发酵液流变学特性、通气搅拌程度和外界压力大小等。

CO_2浓度的控制应随其对发酵的影响而定。如果CO_2对产物合成有抑制作用，则应设法降低其浓度；若有促进作用，则应提高其浓度。通气和搅拌速率的大小，不仅能调节发酵液中的溶解氧水平，还能调节CO_2的溶解度。降低通气量和搅拌速率，有利于增加CO_2在发酵液中的浓度；反之，就会降低CO_2浓度。

CO_2的产生与补料工艺控制密切相关，如在青霉素发酵中，补料会增加排气中CO_2的浓度和降低培养液的pH。因为补料中的糖用于菌体生长、菌体维持和产物合成三个方面，它们都会产生CO_2，使CO_2增加。

7. 泡沫的影响及控制

在微生物好气培养中，发酵液往往会产生许多泡沫，这是正常现象。泡沫由多方面的因素造成，如通气和搅拌、微生物代谢及培养基成分等。通气量大、搅拌强烈可使泡沫增多，因此发酵前期由于培养基营养成分消耗少，培养基成分丰富，易起泡，应先开小通气量，再逐步加大。微生物细胞生长代谢和呼吸也会排出气体，如氨气、二氧化碳等，这些气体使发酵液产生的气泡称为发酵性泡沫。在这些泡沫产生的原因中，培养基的物理化学性质对泡沫的形成起了决定性的作用。培养基中的花生饼粉、玉米浆、皂白、糖蜜等以及微生物菌体，具有稳定泡沫的作用。此外，培养基的浓度、温度、酸碱度及泡沫的表面积对泡沫的稳定性都有一定的影响。菌种质量好，生长速度快，可溶性氮源较快被利用，泡沫产生的概率也就低。培养基灭菌质量不好，糖和氮被破坏，抑制微生物生长，使种子菌丝自溶，产生大量泡沫，加消沫剂也无效。

过多的泡沫会给发酵带来负面影响，主要表现在以下方面：在发酵罐中，为了容纳泡沫、防止溢出而降低装液系数。大多数发酵罐的装液系数为0.6～0.7。

消除泡沫的方法可以归结为机械消沫和消沫剂消沫两类。机械消沫又可分为罐内消沫和罐外消沫两种。对于罐内消沫法，最简单的是在搅拌轴上方安装消沫桨；而罐外消沫法是将泡沫引出罐外，通过喷嘴的加速作用或利用离心力来消除泡沫的一种方法。

化学消沫剂的机制可分为以下两种：当泡沫的表面存在着由极性的表面活性物质形成的双电子层时，可以加入另一种具有相反电荷的表面活性剂，以降低泡沫的机械强度或加入某些具有强极性的物质与发泡剂争夺液膜上的空间，降低液膜强度，使泡沫破裂；当泡沫的液膜具有较大的表面黏度时，可以加入某些分子内聚力较小的物质，以降低液膜的表面黏度，使液膜的液体流失，泡沫破裂。

发酵工业中常用的消沫剂有天然油脂（如玉米油、豆油、米油、棉籽油、鱼油及猪油等）类、聚醚（如聚氧丙烯甘油和聚氧乙烯氧丙烯甘油）类、高级醇（十八醇和聚乙二醇）类和硅酮（如聚二甲基硅氧烷及其衍生物）类。

8. 染菌对发酵的影响

绝大多数工业发酵都是纯种发酵，除菌种以外的微生物都被视为杂菌。所谓染菌是指在发酵培养基中侵入了有碍生产的其他微生物。染菌的结果，轻者影响产量和质量，重者可能导致倒罐，甚至停产，造成原料、人力和设备动力的浪费，因此防治杂菌和噬菌体的污染是保证发酵正常进行的关键之一。

种子罐染菌后，可从备用种子中选择生长正常无染菌的种子移入发酵罐中。如无备用种子，则可选择一个适当培养龄的发酵罐内的培养物作为种子，移入新鲜培养基中，生产上称为倒种。

发酵罐染菌后可根据具体情况采取相应措施。发酵前期染菌，污染的杂菌对产生菌的危害性很大，可通入蒸汽灭菌后放掉；如果危害性不大，可用重新灭菌、重新接种的方式处理；如果营养成分消耗较多，可放掉部分培养液，补入部分新培养基后进行灭菌，重新接种；如果污染的杂菌量少且生长缓慢，可以继续运转下去，但要时刻注意杂菌数量和代谢的变化。在发酵后期染菌，可加入适量的杀菌剂，如呋喃西林或某些抗生素，以抑制杂菌的生长，也可通过降低培养温度或控制补料来控制杂菌的生长速度。如果采用上述两种措施仍不见效，就要考虑提前放罐。当然最根本的还是严格管理。

染菌后的罐体用甲醛等化学物质处理，再用蒸汽灭菌。在再次投料之前，要彻底清洗罐体、附件，同时进行严格检查，以防渗漏。

发酵生产中出现噬菌体时往往会造成倒罐。噬菌体污染后往往出现发酵液突然变稀，泡沫增多，早期镜检发现菌体染色不均匀，在较短时间内菌体大量自溶，最后仅残存菌丝断片，平皿培养出现典型的噬斑，溶解氧浓度回升提前，营养成分很少消耗，产物合成停止等现象。发酵过程中污染噬菌体后，应立即将发酵液加热灭菌后再放罐，严格控制培养液的流失；清理消毒生产环境，清除噬菌体载体；生产环境用含氯石灰、苯扎氯铵灭菌；调换生产菌种；暂时停产，断绝噬菌体繁殖的基础，另外选育抗噬菌体的新菌种。

根据抗生素发酵染菌原因的统计资料可知，设备穿孔和渗漏等造成的染菌占第一位，空气净化系统带菌也是导致染菌的主要因素。防止空气净化系统带菌的主要措施有提高空气进口的空气洁净度，除尽压缩空气中夹带的油和水，保持过滤介质的除菌效率。另外，应重视蒸汽质量，严格控制蒸汽中的含水量，灭菌过程中蒸汽压力不可以大幅度的波动。对设备的要求是发酵罐及其附属设备应做到无“渗漏”，无“死角”。凡与物料、空气、下水道连接的管道阀门都应保证严密不漏，蛇管和夹套应定期试漏。

第三节 发酵工程药物制造实例

抗生素是生物体在其生命活动中所产生的一类在低浓度下就能有选择性地抑制细菌或其他细胞生长的次级代谢产物。临床用量最大的是抗感染药物，其中最主要的是抗生素，它用于治疗病原微生物，如病毒、细菌、真菌、原虫和寄生虫所引起的疾病，以及癌症等。此外，抗生素还大量用于畜牧业和植物病虫害的防治，鱼、虾、肉等新鲜食物运输中的防腐以及发电机、电动机等电气设备，布匹等工业品的防霉，所以抗生素在国民经济中发挥的作用是非常重要的。抗生素主要由微生物发酵生产，另外也可来自人工半合成和化学全合成。在人类发现的抗生素中，约60%以上来自放线菌，其次是真菌和细菌。

青霉素是最早发现并用于临床的一种抗生素，于1928年由英国细菌学家弗莱明(Fleming)发现，20世纪40年代投入大规模工业化生产，它能有效地控制伤口的细菌感染，在二战期间挽救了数百万受伤者的生命。

下面介绍青霉素的发酵生产过程。

一、青霉素发酵工艺

生产种子的制备是将砂土孢子用甘油、葡萄糖和蛋白胨组成的培养基进行斜面培养后，移植到大米或小米固体培养基上，25℃培养 7 天，孢子成熟后进行真空干燥，并以这种形式低温保存备用。生产时每吨培养基不少于 200 亿孢子，接种到以葡萄糖、乳糖和玉米浆等为培养基的一级种子罐内，于 27℃±1℃培养 40h 左右，通气比为 1∶3，搅拌转速为 300～350r/min。一级种子长好后，按 10%的接种量移种到以葡萄糖、玉米浆为培养基的二级种子罐内，于 25℃±1℃培养 10～14h，便可作为发酵罐的种子。培养二级种子时，通气量为 1∶1～1.5，搅拌转速为 250～280r/min。种子质量要求：菌丝稠密，菌丝团很少，菌丝粗壮，有中小空胞。发酵以花生饼粉、葡萄糖、尿素、硝酸钠、硫代硫酸钠、苯乙酰胺和碳酸钙为培养基，温度先后为 26℃和 24℃，接种量约 20%，通气量为 1∶0.8～1∶1.2，搅拌转速为 150～200r/min。

为了使发酵前期易于控制，可从基础原料中抽出部分培养基另行灭菌，于菌丝长稠不再加油时补入，即为前期补料。

发酵过程中必须适当加糖，并补充氮、硫和前体。加糖主要控制残糖量，前期和中期约在 0.3%～0.6%范围内，加入量主要取决于耗糖速度、pH 变化、菌丝量及培养液体积。加糖率一般每小时不大于 0.13%。发酵过程的 pH，前期 60h 内维持 pH 6.8～7.2，以后稳定在 pH 6.7 左右。

发酵过程中泡沫控制，前期泡沫主要是花生饼粉和玉米浆引起的，在前期泡沫多的情况下，可间歇搅拌，油不能多加；中期泡沫可加油控制，必要时可略微降低空气流量，但搅拌应开足，否则会影响菌丝体呼吸；发酵后期尽量少加消沫剂。

二、发酵控制

1. 碳源

青霉素发酵能利用多种碳源，如乳糖、葡萄糖、蔗糖、阿拉伯糖、甘露糖、淀粉和天然油脂等。乳糖是青霉素生物合成的最好来源之一。葡萄糖亦是比较好的碳源，但必须控制其加入的浓度，它易被菌种氧化，并产生抑制抗生素合成酶形成的物质而影响青霉素的合成。近年来，为了降低生产成本，乳糖在发酵培养基中已被连续添加葡萄糖所取代。

2. 氮源

早期青霉素工业生产中由于采用玉米浆，产量有了很大的提高，至今仍以它为主要氮源。玉米浆是玉米淀粉生产的副产物，含有精氨酸、谷氨酸、苯丙氨酸以及苯乙胺等，后者为青霉素合成提供前体。但由于玉米浆的质量不稳定，常用其他有机氮源代替，如花生饼粉和棉籽饼粉等。花生饼粉的氨基酸组分与玉米浆非常相似，其优点是质量稳定，便于保藏，一直是青霉素生产的主要有机氮源。

3. 前体

苯乙酸或其衍生物苯乙酰胺、苯乙胺、苯乙酰甘氨酸等均可用作青霉素的侧链前体。这些化合物不仅可直接掺入青霉素分子中，还具有刺激青霉素合成的作用。微生物对前体的利用有两条途径：直接结合到产物分子中或作为养料和能源被利用。究竟通过哪一条途径取决于菌种的性能、培养基的组成、培养条件等，而菌种起决定性的作用。为了最大限度地减少前体的氧化，工业上采用间歇或连续加入低浓度苯乙酸的办法，保持前体的反应速率仅略大于生物合成需要。

4. pH 控制

在青霉素发酵过程中若 pH 上升，则加糖和天然油脂；pH 较低可加入碳酸钙或通过氨水调节或提高通气量。也有利用自动加酸碱的办法，维持发酵最适 pH 在 6.8～7.2，使产量增加。另外，也可通过按需补糖的方式，即 pH 上升得快就多补，下降时就少补，以维持 pH 在 6.6～6.9，更有利于青霉素的合成。

5. 温度控制

青霉菌生长的适宜温度为 30℃，而分泌抗生素的温度在 20℃左右。生产上采用变温控制的方法，使之适合菌不同生长阶段的需要。目前 26℃是适用于现有的生产条件的温度，因 20℃培养虽有利于分泌青霉素，但周期拖得较长。

6. 补料

发酵过程中除以中间补糖控制糖浓度及 pH 外，补氮源亦可提高发酵单位。如在基础料中加入 0.05%尿素，并在补糖中再补加二次尿素，可以扭转发酵浓度转稀、pH 降低和单位增长慢的情况。

7. 铁离子的影响

三价铁离子对青霉素的生物合成有显著的影响，在发酵液中一般铁离子超过 30～40μg/mL 时，则发酵单位增长缓慢。因此发酵罐在使用前必须进行处理，如在罐壁涂以环氧树脂等。

三、提取和精制

1. 发酵液的预处理

发酵液中杂质很多，其中对提炼影响最大的是高价无机离子（Ca^{2+}、Mg^{2+}、Fe^{3+}）和蛋白质等。要除去钙离子，最好加入草酸，反应生成的草酸钙还能促使蛋白质凝固。除去镁离子，可加入三聚磷酸钠（$Na_5P_3O_{10}$），它和镁离子形成不溶性的络合物 $MgNa_3P_3O_{10}$。用磷酸盐处理，也可大大降低钙离子和镁离子的浓度。要除去铁离子，可加入黄血盐，使形成普鲁士蓝沉淀。蛋白质一般以胶体的形式存在于发酵液中，单纯依靠调节 pH 至等电点的方法不能将大部分蛋白质除去，可加入一些阴离子如三氯乙酸盐、水杨酸盐和苦味酸盐等，阳离子如 Ag^{+}、Cu^{2+}、Zn^{2+}等，重金属盐、乙醇和丙酮等有机溶剂或表面活性剂等，使蛋白质变性沉淀。因青霉素对热不稳定，所以不宜采用加热变性的方法。近年来使用絮凝剂如聚苯乙烯衍生物处理青霉素发酵液，不会使发酵单位破坏，不仅能凝结悬浮固体，而且能凝固部分溶解的杂质。

2. 发酵液过滤

采用鼓式过滤机时，过滤前可加入去乳化剂溴代十五烷吡啶（PPB）。菌种、培养基组成、残余培养基的量、消沫油和发酵周期等会影响过滤速度。可通过酸化凝结、电解质处理、热凝固、加助滤剂（硅藻土、纸浆等）改善过滤性能。

3. 萃取

用溶剂萃取法，将发酵滤液酸化至 pH 为 2.0，加 1/3 体积的醋酸丁酯（BA），得一次 BA 萃取液。然后当 $NaHCO_3$ 在 pH 为 7.0 左右时，将青霉素从 BA 中萃取到缓冲液中。再调节 pH 至 2.0，将青霉素从缓冲液再次转到 BA 中，方法同上，得二次 BA 萃取液。加入活性炭脱色，过滤。

4. 结晶

用丁醇共沸结晶法。将二次 BA 萃取液以 NaOH 溶液萃取，调 pH 至 6.4～6.8，得青霉素钠盐水浓缩液。之后加入 3～4 倍体积的丁醇，进行真空蒸馏，将水与丁醇共沸物蒸出，则青霉素钠盐结晶析出，过滤，将晶体洗涤后干燥即得成品。

思考题

1. 发酵工程制药的主要程序有哪些?
2. 影响发酵的因素有哪些? 如何控制发酵过程的各种参数?
3. 简述发酵过程的几种方式及其特点。
4. 以青霉素为例，说明发酵过程中应如何优化工艺条件。

第六章
蛋白质工程制药

第一节　蛋白质工程制药概述

第二节　蛋白质工程制药方法

第三节　蛋白质工程制药现状

学习要求

1. 掌握：蛋白质工程药物的原理和基本过程；蛋白质定向进化技术的原理和基本步骤。

2. 了解：改造蛋白质的常用方法和手段；蛋白质工程药物的优点。

自1978年美国贺契生（C. A. Hutchison）成功地实现了定点突变（site directed mutagenesis）试验，培育出了具有各类生物学特性的突变株。1981年，美国Genex公司厄尔默（K. Ulmer）则将此定点突变试验冠以蛋白质工程以来，目前全世界科学家已掌握各类蛋白质分子的构造，且每年总数剧增。蛋白质工程是在基因重组技术、生物化学、分子生物学、分子遗传学等学科的基础之上融合了蛋白质晶体学、蛋白质动力学、蛋白质化学和计算机辅助设计等多学科而发展起来的新兴研究领域。其内容主要有两个方面：根据需要合成具有特定氨基酸序列和空间结构的蛋白质；确定蛋白质化学组成、空间结构与生物功能之间的关系。在此基础之上，实现从氨基酸序列预测蛋白质的空间结构和生物功能，从头设计合成具有特定生物功能的全新的蛋白质，这也是蛋白质工程最根本的目标之一。目前，蛋白质工程尚未有统一的定义。一般认为蛋白质工程就是通过基因重组技术改变或设计合成具有特定生物功能的蛋白质。实际上蛋白质工程包括蛋白质的分离纯化，蛋白质结构和功能的分析、设计和预测，通过基因重组或其他手段改造或创造蛋白质。从广义上来说，蛋白质工程是通过物理、化学、生物和基因重组等技术改造蛋白质或设计合成具有特定功能的新蛋白质。通过蛋白质工程手段可以提高重组蛋白的活性，改善制品的稳定性，提高生物利用度，延长在体内的半衰期，降低制品的免疫原性等。当然蛋白质工程产品也有潜在缺点，如可能因结构与天然蛋白质不同而增加免疫原性或降低生物活性与治疗价值或改变药效学和药代动力学性质，因此在临床研究时，应特别仔细观察。

第一节 蛋白质工程制药概述

一、蛋白质工程制药研究的核心内容和基本概念及方法

1. 蛋白质结构、功能和设计改造

(1) 蛋白质分子结构

蛋白质工程的核心内容之一是建立蛋白质分子结构与功能之间关系的数据库，为蛋白质结构与功能之间关系的理论研究奠定基础。三维空间结构的测定是验证蛋白质设计的假设，即证明是新结构改变了原有的生物功能的必需手段。晶体学技术在确定

蛋白质结构方面有了很大发展。但是最明显的不足是需要分离出足够量的纯蛋白质(几毫克至几十毫克)，制备出单晶体，然后再进行繁杂的数据收集、计算和分析。对于那些很微量的蛋白质来说，是比较困难的。另外，蛋白质的晶体状态与自然状态也不尽相同。在分析的时候要考虑到这个问题。磁共振技术可以分析液态下的肽链结构，这种方法绕过了结晶、X射线衍射成像分析等难点，直接分析自然状态下的蛋白质的结构。现代磁共振技术已经从一维发展到三维，在计算机的辅助下，可以有效地分析并直接模拟出蛋白质的空间结构、蛋白质与辅基和底物结合的情况以及酶催化的动态机制。从某种意义上讲，磁共振可以更有效地分析蛋白质的突变。国外有许多研究机构正在致力于研究蛋白质与核酸、酶抑制剂与蛋白质的结合情况，以开发具有高度专一性的药用蛋白质。

(2) 蛋白质结构、功能的设计和预测

根据对天然蛋白质结构与功能分析建立起来的数据库里的数据，可以预测一定氨基酸序列肽链的空间结构和生物功能；反之也可以根据特定的生物功能，设计蛋白质的氨基酸序列和空间结构。通过基因重组等实验可以直接考察分析结构与功能之间的关系，也可以通过分子动力学、分子热力学等，根据能量最低、同一位置不能同时存在两个原子等基本原则分析计算蛋白质分子的立体结构和生物功能。目前，正加紧这方面的工作。虽然尚在起步阶段，但在可预见的将来，将会建立一套完整的理论来解释结构与功能之间的关系，用以设计、预测蛋白质的结构和功能。

2. 蛋白质创造和改造的途径

蛋白质的改造，从简单的物理、化学法到复杂的基因重组等有多种方法。

(1) 物理、化学法

对蛋白质进行变性、复性处理，修饰蛋白质链官能团，分割肽链，改变表面电荷分布，促进蛋白质形成一定的立体构象等。

(2) 生物化学法

使用蛋白酶选择性地分割蛋白质，利用糖基转移酶、酯酶、酰酶等去除或连接不同化学基团，利用转酰胺酶使蛋白质发生交联等。以上方法只能对相同或相似的基团或化学键发生作用，缺乏特异性，不能针对特定的部位起作用。

(3) 采用基因重组技术或人工合成DNA

采用基因重组技术或人工合成DNA，不但可以改造蛋白质而且可以实现从头合成全新的蛋白质。蛋白质是由不同氨基酸按一定顺序通过肽键连接而成的肽构成的。氨基酸序列就是蛋白质的一级结构，它决定着蛋白质的空间结构和生物功能。而氨基酸序列是由合成蛋白质的基因的DNA序列决定的，改变DNA序列就可以改变蛋白质的氨基酸序列，实现蛋白质的可调控生物合成。在确定基因序列或氨基酸序列与蛋白质功能之间的关系之前，宜采用随机诱变，造成碱基对的缺失、插入或替代，这样就可以将研究目标限定在一定的区域内，从而大大减少基因分析的长度。一旦目标DNA明确，就可以运用定点突变等技术来进行研究。

二、改造蛋白质的一些方法

1. 定点突变

蛋白质中的氨基酸是由基因中的三联体密码决定的，只要改变其中的一个或两个就可以改变氨基酸的种类。通常是改变某个位置的氨基酸，研究蛋白质的结构、稳定性和催化特性。噬菌体 M13 的生活周期有两个阶段，λ 噬菌体中其基因组为单链，侵入宿主细胞以后，通过复制以双链形式存在。将待研究的基因插入载体 M13，制得单链模板，人工合成一段寡核苷酸（其中含一个或几个非配对碱基）作为引物，合成相应的互补链，用 T4 DNA 连接酶连接成闭环双链分子。经转染大肠埃希菌，双链分子的胞内分别复制，因此得到两种类型的噬菌体，含错配碱基的就为突变型。再转入合适的表达系统，合成突变型蛋白质。

2. 盒式突变

1985 年，Wells 提出了一种基因修饰技术——盒式突变，一次可以在 1 个位点上产生 20 种不同氨基酸的突变体，可以对蛋白质分子中的重要氨基酸进行“饱和性”分析。利用定点突变在拟改造的氨基酸密码子两侧形成两个原载体和基因上都没有的内切酶切点，用该内切酶消化基因，再用合成的发生不同变化的双链 DNA 片段替代被消化的部分，一次处理就可以得到多种突变型基因。

3. PCR 技术

DNA 聚合酶链式反应是应用最广泛的基因扩增技术之一。以研究基因为模板，用人工合成的寡核苷酸（含有一个或几个非互补的碱基）为引物，直接进行基因扩增反应，就会产生突变型基因。分离出突变型基因后，在合适的表达系统中合成突变型蛋白质。这种方法直接、快速、高效。

4. 高突变率技术

从大量的野生型背景中筛选出突变型是项耗时、费力的工作。有两种新的突变方法具有较高的突变率。

(1) 硫代负链法

核苷酸间磷酸基的氧被硫替代后修饰物［α-(S)-dCTP］对某些内切酶有耐性。在引物和脱氧胞苷三磷酸（dCTP）存在下合成负链，然后用内切酶处理，结果仅在正链上产生“缺口”，用核苷外切酶Ⅰ从 3′-5′扩大缺口并超过负链上错配的核苷酸，在聚合酶作用下修复正链，就可以得到两条链均为突变型的基因。

(2) UMP 正链法

大肠埃希菌突变株 RZ1032 中缺少尿嘧啶糖苷酶和 UTP 酶，M13 在这种宿主中可以用尿嘧啶（U）替代胸腺嘧啶（T）掺入模板而不被修饰。用这种含 U 的模板产生的突变双链转入正常大肠埃希菌，结果合成的正链被寄主降解，而突变型负链被保留并复制。

5. 蛋白质融合

将编码一种蛋白质的部分基因移植到另一种蛋白质的基因上或将不同蛋白质基因

的片段组合在一起，经基因克隆和表达，可以产生新的融合蛋白质。这种方法可以将不同蛋白质的特性集中在一种蛋白质上，显著地改变蛋白质的特性。现在研究得较多的所谓“嵌合抗体”和“人源化抗体”等，就是采用的这种方法。

第二节 蛋白质工程制药方法

蛋白质定向进化（directed evolution）技术作为蛋白质工程制药的重要组成部分，在近年来得以产生和发展，它不需要事先了解蛋白质的三维结构及作用机制，而是在体外模拟自然进化的过程（随机突变、重组和选择），使基因发生大量变异，并定向选择出具有所需性质或功能的蛋白质。

一、随机诱变

1. 易错 PCR

易错 PCR（error-prone PCR）是一种简便快速地在 DNA 序列中随机制造突变的方法。其基本原理是通过改变传统 PCR 反应体系中某些组分的浓度（如 Mg^{2+} 的浓度），或使用低保真度的 DNA 聚合酶等，使碱基在一定程度上随机错误引入而创造序列多样性文库。易错 PCR 的关键在于选择适当的突变频率，一般有益突变的频率很低，绝大多数突变是有害的或中性的。当突变频率太高时，几乎无法筛选到有益突变；当突变频率太低时，则未发生任何突变的野生型在突变群体中占优势，也很难筛选到理想的突变体。一般目标基因内有 1.5～5 个碱基发生碱基替换时，诱变结果最理想。它一般适用于片段小于 1000bp 的基因。

2. 其他随机诱变技术

化学诱变剂介导可产生随机诱变。如在 65℃下直接用羟胺处理带有目的基因片段的质粒，用限制性内切酶切下突变了的基因片段，再克隆到表达载体中进行功能筛选。由致突变菌株（mutator strain）也可产生随机突变。美国 Stratagene 公司成功地进行了这方面的实验。Murakami 等提出了一种新的突变库建立方法，称为 RID 突变（random insertion/deletion mutagenesis）。这种方法是通过模拟自然界中的一种重要进化过程——随机插入和缺失，在目的基因上随机引入密码子突变。Misa 等提出了 SSG 突变（site specific genomic mutagenesis）和 RDL 突变（random domain localized mutagenesis）。Tuck 等提出了 SeSaM 突变（sequence saturation mutagenesis）。

二、体外重组

1. DNA 改组技术

DNA 改组技术（DNA shuffling）由美国人 Stemmer 于 1994 年首次提出，是指通过对目的基因酶切产生随机片段，然后进行 PCR 重聚，因同源重组而产生基因突变的方法。因为该方法在 DNA 片段组装过程中也可能引入点突变，所以它对从单一序列指导进化蛋白质也是有效的。其基本原理如图 6-1 所示。

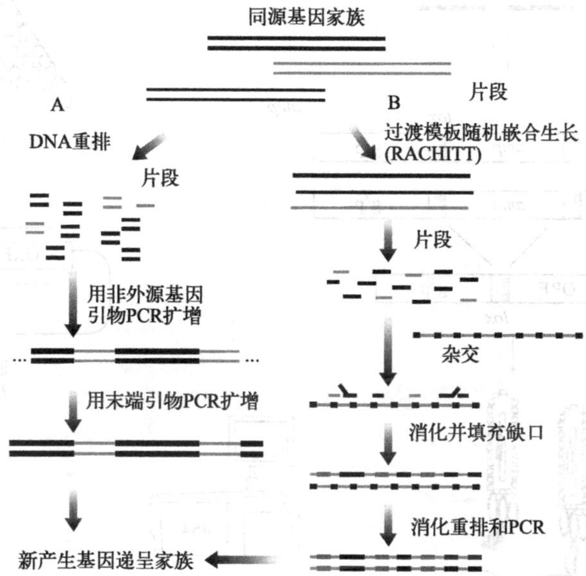

图 6-1
DNA 编程原理

这种方法产生的多样性文库，可以有效积累有益突变，排除有害突变和中性突变，也可实现目的蛋白多种特性的共进化。通过单一序列的改组定向进化蛋白质有很多成功的实例，但有时效果不理想。Crameri 等改进了 DNA 改组技术，提出基因家族改组技术（gene family shuffling），基因家族改组技术与 DNA 改组技术最大的区别在于出发序列的同源性。Crameri 等在实验中选用了 4 个 1.6kb，来自不同菌属，但同样编码头孢菌素 C 酶的基因，它们之间具有 58%～82%的同源性。此 4 个基因共同作为出发序列进行 DNA 改组，酶活性增加了 270～500 倍，而单基因改组只增加了 8 倍。

2. 其他体外重组技术

Arnold 于 1998 年提出了一种有效的新方法——随机引导重组技术（random priming recombination，RPR），见图 6-2。Arnold 等又建立了交错延伸技术（staggered extension process，STEP），见图 6-3。Coco 等创建了过渡模板随机嵌合生长技术（random chimeragenesis on transient templates，RACHITT），见图 6-4。Ostermeier 等也引入了一种新方法，叫增加平截法（incremental truncation）。需要说明的是，以上提及的体外重组技术，任何一种都不是万能的。在实际应用中，应针对具体问题，选择合适的技术或技术组合，以达到事半功倍的效果。

3. 筛选

由于筛选的条件确定了蛋白质预期特性的进化方向，因此，在确定了合理的方法

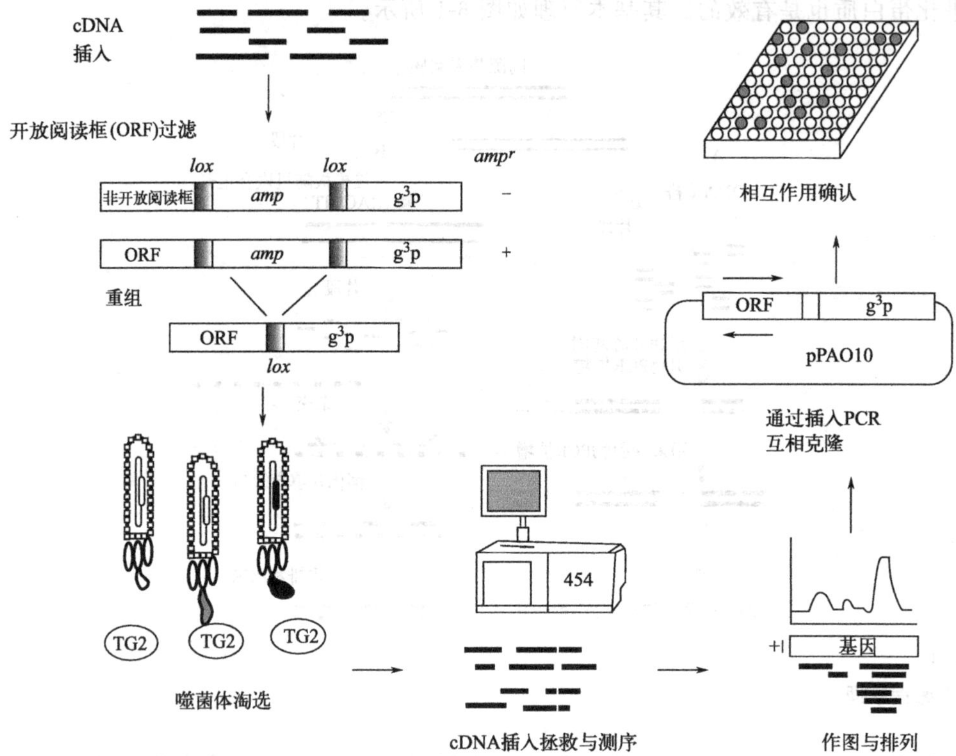

图 6-2

随机引导重组技术

g^3p 是指基因的碱基序列

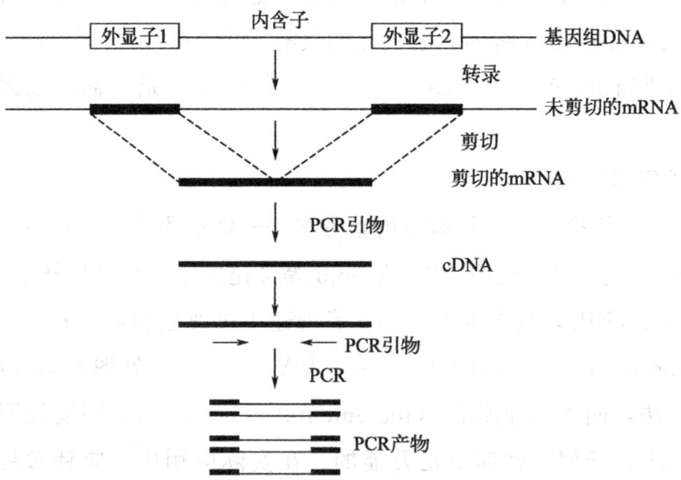

图 6-3

交错延伸技术

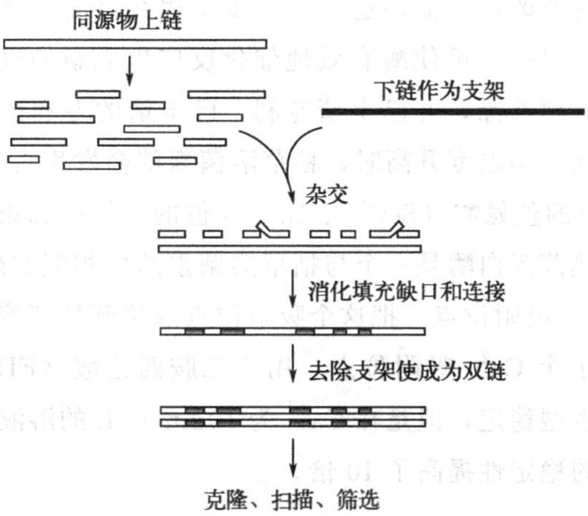

图 6-4
过渡模板随机嵌合生长技术

产生突变体文库之后，建立有效的方法搜索蛋白质文库得到预期的性状是决定定向进化成功与否的关键。虽然选择（selection）是一种非常有效的搜索机制，但只有在突变体蛋白质或酶可赋予宿主细胞生长或存活的优势时才能使用选择机制。因此，突变体文库通常需要筛选（screening）而非选择。当人类感兴趣的功能可产生可见信号时，简单的肉眼可见的筛选方法（如易被观察的菌落表型）被广泛地应用。例如，菌落分泌的蛋白酶可在含酪蛋白的琼脂平板上产生清晰的水解圈，其大小与水解活性成正比。近几年，其与创建多样性突变体文库的发展相适应，在高通量和超高通量筛选技术方面也取得了令人瞩目的成就。其中核糖体展示技术与 mRNA 展示技术，由于在体外无细胞翻译体系中进行，不受细胞转化效率的限制，大大提高了文库容量和筛选通量。其他高通量筛选方法还有细胞表面展示技术和噬菌体表面展示技术，将靶活力与转录信号相偶联的三杂交体系，以发光信号为指示的反射增进系统等。重组蛋白药物在药品中占有重要地位，其主要产品有细胞因子、生长因子和酶。通常情况下，许多这类产品有不良反应，可以引起严重的并发症，或者使用时有条件限制，因而不利于广泛应用。用蛋白质定向进化技术可以选择性地改造这些产品的基因，获取所需的性质，排除不利的活性。

三、蛋白质工程制药方法的常用目的

1. 提高蛋白质的稳定性

美国 Genencor 公司的科学家运用蛋白质工程的概念、方法，成功研制了枯草杆菌蛋白酶（subtilisin）。这是一种丝氨酸蛋白酶，原是由溶淀粉芽孢杆菌（*Bacillus amylolyticus*）产生的，这家公司的科学家通过定点突变操作，在组成酶的多肽链的某些特异部位，例如在 32、33、64、104、155、157、166、169、189、217 及 222 位点上皆做了诱变处理，构建成功的工程酶在最适 pH 范围、热稳定性、底物特异性以及酶的反应类型等方面都有所改进。他们运用蛋白质工程获得的一些突变株有的能大幅度地提高酶的催化速率，另一些可使酶有效地催化反应生成新的底物。这是自蛋白质工程问世以来获得的第一项产品，并已申请专利。已申请的专利还包括了除野生型酶以外的所有的氨基酸替换。当温度升高时，枯草溶菌素就会发生自溶，在第 48 位的丙氨酸（Ala^{48}）和第 49 位的丝氨酸（Ser^{49}）、第 163 位的丝氨酸和第 164 位的苏氨酸之间的肽键发生断裂。嗜热菌蛋白酶是一个与枯草溶菌素结构相似的酶，在第 49 位丝氨酸附近的区域有 1 个 Ca^{2+} 吸附位点。把这个吸附位点嫁接到枯草溶菌素上，这样突变后的枯草溶菌素就多了 1 个 Ca^{2+} 吸附位点。用乙二胺四乙酸（EDTA）络合钙离子后，突变型蛋白质不如野生型稳定，但是在 Ca^{2+} 为 10mmol/L 的溶液、温度为 60℃时，突变型蛋白质比野生型的稳定性提高了 10 倍。

2. 融合蛋白质

脑啡肽（ENK）N 端五肽线性结构是与受体结合的基本功能区域，干扰素（IFN）是一种广谱抗病毒抗肿瘤作用的细胞因子。黎孟枫等化学合成了 ENK N 端五肽编码区，通过连接三肽编码区与人 α1 型 *IFN* 基因，在大肠埃希菌中表达了这一融合蛋白。以体外人结直肠腺癌细胞和多形胶质瘤细胞为模型，采用 3*H*-胸腺嘧啶核苷掺入法证明该融合蛋白抑制肿瘤细胞生长的活性显著高于单纯的 IFN，通过 Naloxone 竞争阻断实验证明，抑制活性的增高确由 ENK 导向区介导。

3. 蛋白质活性的改变

通常在饭后 30～60min，人血液中胰岛素的含量达到高峰，120～180min 内恢复到基础水平。而目前临床上使用的胰岛素制剂注射后 120min 出现高峰且可持续 180～240min，与人体生理状况不符。实验表明，胰岛素在高浓度（大于 10mol/L）时以二聚体形式存在，低浓度（小于 10mol/L）时主要以单体形式存在。设计速效胰岛素的原则就是避免胰岛素形成聚合体。胰岛素样生长因子-Ⅰ（IGF-Ⅰ）的结构和性质与胰岛素具有高度的同源性和三维结构的相似性，但 IGF-Ⅰ不形成二聚体。IGF-Ⅰ的 B 结构域（与胰岛素 B 链相对应）中 B28-B29 氨基酸序列与胰岛素 B 链的 B28-B29 相比，发生颠倒。因此，将胰岛素 B 链改为 B28Lys-B29Pro，获得单体速效胰岛素。该速效胰岛素已通过临床试验。

4. 治癌酶的改造

癌症的基因治疗分两个方面：药物作用于癌细胞，特异性地抑制或杀伤癌细胞；药物保护正常细胞免受化学药物的侵害，可以提高化学治疗的剂量。疱疹病毒（HSV)-胸腺嘧啶激酶（TK）可以催化胸腺嘧啶和其他结构类似物，如更昔洛韦、阿昔洛韦和阿昔洛韦。更昔洛韦和阿昔洛韦缺少 3′端羟基，就可以终止 DNA 的合成，从而杀伤癌细胞。HSV-TK 催化更昔洛韦和阿昔洛韦的能力可以通过基因突变来增强。从大量的随机突变中筛选出一种突变体，在酶活性部位附近有 6 个氨基酸被替换，催化能力分别提高了 43 倍和 20 倍。O^6-烷基-鸟嘌呤是 DNA 经烷基化试剂（包括化疗用亚硝基药物）处理以后形成的主要诱变剂和细胞毒素，因此这些亚硝基药物的使用剂量受到限制。O^6-烷基-鸟嘌呤 DNA 烷基转移酶（AGT）能够将鸟嘌呤 O^6 位上的烷基除掉，起到保护作用。通过反向病毒转染，人类 AGT 在鼠骨髓细胞中表达并起到保护作用。通过突变处理，得到了一些正突变 *AGT* 基因且活性都比野生型的高，经检查发现一个突变基因中的第 139 位脯氨酸被丙氨酸替代。

5. 嵌合抗体和人源化抗体

免疫球蛋白呈 Y 形，由两条重链和两条轻链通过二硫键相互连接而构成。每条链可分为可变区（N 端）和恒定区（C 端），抗原的吸附位点在可变区，细胞毒素或其他功能因子的吸附位点在恒定区。每个可变区中有 3 个部分在氨基酸序列上是高度变化的，在三维结构上处在折叠端头的松散结构（complementarity-determining region，CDR），是抗原的结合位点，其余部分为 CDR 的支持结构。不同种属的 CDR 结构是保守的，这样就可以通过蛋白质工程对抗体进行改造。鼠单克隆抗体被人体免疫系统排斥，它潜在的治疗作用得不到利用。嵌合抗体就是用人抗体的恒定区替代鼠单克隆抗体的恒定区，这样它的免疫原性就显著下降。如用于治疗结直肠腺癌（colorectal adenocarcinoma）的单克隆抗体 Mab17-1A。尽管嵌合抗体还存在着免疫原性的问题，但仍有几种嵌合抗体通过了临床试验。所谓人源化抗体就是将抗原吸附区域嫁接到人抗体上，这样就能使抗体上的外源肽链减少到最小，免疫原性也就最小。但是，仅将 CDR 转接到人抗体上，其抗原吸附能力很小，必须带上几个框架氨基酸残基，才能保持原有的吸附力。这样就存在免疫原性与抗原吸附力之间的矛盾。通过逐个氨基酸替代或计算机模拟分析，可在保持原有吸附力的基础之上，尽可能地降低免疫原性。第一个临床上应用的用于治疗性病淋巴肉芽肿和风湿性关节炎的人源化抗体 CAMPATH-1H，尽管疗效显著，但仍有半数以上的患者有免疫反应。而其他人源化抗体如治疗髓系白血病的 ANTI-CD33 等，其免疫反应可以忽略不计。

第三节 蛋白质工程制药现状

生物技术药物的发展已进入蛋白质工程药物新时期，第一代重组生物技术药物逐渐被第二代所取代，蛋白质工程的点突变、融合蛋白、定向进化、基因插入及基因打靶等技术使蛋白质工程药物新品种迅速增加。

一、改善原有药物性能

1. 改善原有药物性能以期得到新一代速效、长效和增效产品

这些重要的蛋白质药物已取得重大进展，如肿瘤坏死因子突变体通过结构改造获得多种 TNF-α 突变体：TNF-αD3a、TNF-60 等；神经营养因子突变体 GF-1，N 端缺失 3 个氨基酸［des(1-3)2GF-1］，突变体 SCF 是将 CNTF 的 N 端 1 个氨基酸置换成甲

基。Amgen公司的促红细胞生成素（EPO）药物阿法达贝泊汀是通过蛋白质工程手段将N糖链从3条增至5条，分子质量从30kDa变成37kDa，其半衰期延长了3倍，给药方式也从每周2～3次减少至1次。本节以速效和长效胰岛素和溶栓剂为例，介绍蛋白质工程药物的设计的基本过程。

2. 通过蛋白质工程技术研制速效和长效胰岛素

美国FDA已经批准了多个胰岛素突变体药物。其基本原理是通过改变胰岛素分子结构以改变药物吸收速率或药代动力学，从而起到速效或长效的作用。胰岛素的蛋白质工程研究，得到了如胰岛素B链N端修饰的突变体、A链链内二硫键缺失的胰岛素、双链C肽的胰岛素原以及去B链C端三肽的胰岛素等突变蛋白，并完成了对突变蛋白的理化及生物活性的分析。同时，对小的蛋白质在大肠埃希菌胞内表达产物的稳定性也提出了较新的见解。对C肽的研究表明，它的柔性及亲水性都非常强，双倍C肽胰岛素原与胰岛素原分子中的C肽构象十分相似，双倍C肽并没有阻止A、B链的正确配对。值得指出的是，在高蛋白质浓度下双倍C肽胰岛素原的重组率远远大于胰岛素原的重组率，提示C肽可能利用其较高的柔性及亲水性在A、B链的正确折叠中发挥了“分子伴侣”的作用。这也许正是C肽在体内的生物学功能对于A链链内二硫键重要性的研究，得到了链内二硫键缺失的胰岛素，其结构与天然胰岛素有较大的相似性，保留了天然胰岛素的免疫原性。但其受体活性只剩0.3，丧失了体内的生物学活性，说明这对二硫键对于胰岛素生物活性的发挥是必需的。此外还完成了A19及A21的缺失突变，以及A19的几个置换突变，在大肠埃希菌内表达并分离纯化了A19缺失以及置换的几个胰岛素类似物。完成了A链链内二硫键（A6～A11）缺失胰岛素的A、B链重组研究工作，发现其重组率（7）远低于天然链（22），提示胰岛素A链链内这对二硫键对于维持A链折叠时初步的二级结构，进而再与B链进行正确识别起关键作用，其结果对研究蛋白质的折叠过程有重要的意义。另一突变体（A6～A12）已完成基因突变、表达、纯化及活性分析，虽然A链链内二硫键进行了位移，但似乎胰岛素的三维结构还是得到了较好的形成（受体活性虽为0.1，但免疫活性仍达80%）。

二、抗凝溶栓剂的蛋白质工程

丝氨酸蛋白酶类在动物凝血与溶栓系统中起着关键的作用。参与凝血作用的凝血酶和多种凝血因子以及与溶栓有关的纤溶酶和纤溶酶原激活物均属于丝氨酸蛋白酶类。由血栓引起的心脑血管疾病给人类健康造成极大危害，一些凝血酶抑制剂和纤溶酶原激活物作为抗凝溶栓药物已在临床上取得较好的治疗效果。然而，迄今所用抗凝溶栓药物仍有不尽如人意之处，如用量大、易再栓塞、脑内出血等。因此需要通过蛋白质工程予以改造，构建出新的安全有效的抗凝溶栓药物。

1. 嵌合型纤溶酶原激活物的构建

组织型纤溶酶原激活物（t-PA）和单链尿激酶型纤溶酶原激活物（seu-PA）是两种具有纤维蛋白专一性的溶栓剂，只在纤维蛋白（血栓）表面才有激活作用，不良反应较小。但在临床治疗中大剂量使用的情况下，两者的专一性均有限，仍可引起全身性的纤溶酶原激活。近年来，人们从人胎盘 cDNA 库中克隆了人全长 seu-PA cDNA，然后又在昆虫杆状病毒表达系统中得到了高表达，活性测定每升可达 30mg。在此基础上，进行了多种新的溶栓药物的研究，根据 t-PA 和 seu-PA 对纤维蛋白专一性作用机制的差异，构建两者的嵌合分子，有可能增强其对纤维蛋白的选择性，使纤溶酶原的激活定位在血栓部位。

2. 含 RGD 的抗凝溶栓剂

血小板糖蛋白 GPⅡb-Ⅲa 属整合素类的受体蛋白，与这类受体蛋白相互作用的多肽和蛋白质共同以 Arg-Gly-Asp（RGD）序列作为识别序列。蛇毒中一类含 RGD 序列的蛋白质可与血纤维蛋白原竞争结合在糖蛋白 GPⅡb-Ⅲa 上，从而抑制血小板凝聚。将 RGD 序列在一定构象限制下导入溶栓剂，可获得对血栓（富含血小板）的特异性结合和抗凝作用，同时保留原有的溶栓活性。选择 seu-PA 的 K 区 Gly67-Lys68 作为插入 RGD 的位点，构建突变体分子 8CU-PA-RGD。基于蒙特卡罗方法模拟退火进行分析，筛选出 100 种候选构象。它们的主链构象主要采取 1 个扭曲的转角，与大多数有活性的 RGD 主链结构相符。Asp-Arg 的距离在一定程度上能反映 RGD 的侧链结构，可据此判断其活性构象。将 RGD 序列插入该位点得到的突变体，保留了原有的溶栓活性，并显示了较强的体外抑制血小板凝聚的活性。

此外，将 RGD 序列插入无活性胰岛素的 C 肽中，得到了对血栓形成有抑制作用的胰岛素类似物分子。此分子在体内无降血糖作用，可保持胰岛素天然的免疫原性且可用基因工程的技术大量生产。此项工作不仅构建了一种新的抗凝剂，也为药物设计提供了新的思路。

3. 导向溶栓剂的研制

上述 t-PA 的 A 链及 RGD 均具有导向血栓的功能。显然，单克隆抗体有更强的导向功能。研究者用双功能试剂［*N*-琥珀酰亚胺基-3-(2-吡啶二硫代）丙酸酯（SPDP)］作交联剂，合成了尿激酶（UK)-抗人交联纤维蛋白降解物 D、二聚体单抗（MA-HID）化学偶合体（UK·MA-HID)。纯化的复合体中尿激酶蛋白酶比活为 53000IU/mg，与偶联前 54300IU/mg 蛋白相仿，免疫反应性与偶联前单抗的反应性也相当。另外，研究者还将低分子质量尿激酶原（32kDa）与抗活化血小板膜受体蛋白的单抗偶联，以获得导向溶栓剂，并利用噬菌体抗体构建导向抗凝溶栓药物。

用蛋白质工程来改造特殊蛋白质为制造特效抗癌药物开辟了新途径。如人的 β-干扰素为具有抗癌作用的蛋白质。但在它的分子结构中，有一个不成对的基因，是游离的，因而很不稳定，会使蛋白质失去活性。通过蛋白质工程修饰这种不稳定的结构就可以提高这种抗癌物质的生物活性。美国的 Cetus 公司成功修饰了这种治疗癌症的蛋白质，大大提高了它的稳定性，已用于临床试验并取得了良好的效果。具有抗癌作用的蛋白质工程产品免疫球蛋白质是一种高效抗癌药物，它能成为征服癌症的“生物导弹”，即具有对准目标杀伤特定癌细胞而不伤害正常细胞的特效功能。澳大利亚某所医学科学研究所的一个微生物研究课题组经过多年的研究后，发现了激发基因开始或停止产生癌细胞的蛋白质。这种蛋白质在癌细胞生长过程中对癌基因起着开通或关闭的作用。这个发现，对于通过蛋白质工程研制鉴别与控制多种类型的血液癌、固体癌的蛋白质有很好的作用，并为诊断和治疗癌症提供了新的方法。目前，蛋白质工程研究在开发治疗抗癌及抗艾滋病等重大疑难病症的药物方面，均取得了重大进展。

思考题

1. 随机诱变有哪几种？体外重组技术有哪些？
2. 蛋白质工程药物改造的抗凝溶栓剂有哪些？
3. 蛋白质工程在改造抗癌药物中有哪些应用？

第七章

治疗性抗体药物

第一节　抗体概述

第二节　单克隆抗体及其制备

第三节　基因工程抗体

第四节　基因工程抗体药物的生产

第五节　代表性单克隆抗体药物

学习要求

1. 掌握：抗体的结构、功能以及单克隆抗体的制备过程；基因工程抗体以及人源化抗体的特点及制备方法。

2. 了解：治疗性抗体药物的发展趋势及应用实例。

第一节 抗体概述

抗体是机体受抗原刺激后由B淋巴细胞产生，并且能与该抗原发生特异性结合的、具有免疫功能的球蛋白，因此也称为免疫球蛋白，是体液免疫应答中发挥免疫功能的最主要的免疫分子之一，主要分布于血清中，在组织液和外分泌液中也存在。近年来，随着杂交瘤技术、噬菌体文库技术、细胞大规模培养技术等的迅猛发展，抗体已经可以在体外大规模生产，因其具有特异性强、治疗效果显著等特点，抗体已被广泛用于人类疾病的预防、诊断和治疗。

一、抗体的结构与功能

1. 抗体的基本结构

免疫球蛋白单体是由4条肽链通过链间二硫键连接组成的一个“Y”字形分子，是构成免疫球蛋白分子的基本单位。其中分子量较大的一对长链称为重链（heavy chain，H链），分子量较小的一对短链称为轻链（light chain，L链），组成同一免疫球蛋白单体的4条肽链两端游离的氨基和羧基的方向是一致的，分别命名为氨基端（N端）和羧基端（C端）。

（1）重链和轻链

免疫球蛋白的每条H链分子质量约为50～75kDa，由450～550个氨基酸残基组成，在H链上结合有不同量的糖基，故免疫球蛋白属糖蛋白。不同的H链恒定区氨基酸的组成和排列顺序等不尽相同，其免疫原性也存在差异。组成免疫球蛋白的H链有μ、γ、α、δ和ε 5种，由它们参与组成的免疫球蛋白分别称为免疫球蛋白M（IgM）、免疫球蛋白G（IgG）、免疫球蛋白A（IgA）、免疫球蛋白D（IgD）和免疫球蛋白E（IgE）。同一类免疫球蛋白又可根据铰链区氨基酸组成、重链间二硫键的数目和位置的不同，分为不同的亚类，人IgG可分为IgG1～IgG4共4个亚类，IgA可分为IgA1和IgA2两个亚类，目前尚未发现IgM、IgD和IgE有亚类。

免疫球蛋白的每条L链分子质量约为25kDa，由214个氨基酸残基组成，由二硫键共价结合在H链N端。L链有κ链和λ链两种，据此可将免疫球蛋白分为κ型和λ型。天然免疫球蛋白（Ig）分子上两条轻链的型别总是相同的。

(2) 恒定区和可变区

对免疫球蛋白的氨基酸序列进行分析显示：L 链近 N 端一半的氨基酸（100～110 个）差异较大，称为可变区（variable region，V 区）；而 C 端一半氨基酸则相当保守，称为恒定区（constant region，C 区）。H 链的氨基酸序列分析结果与 L 链相似，在 N 端有 100～110 个氨基酸的 V 区，其余的为 C 区。进一步的序列分析发现，免疫球蛋白每条链均由 110 个左右的氨基酸残基构成的结构域（domain）重复组成，每个结构域内每相隔约 60 个氨基酸残基由两个链内二硫键连接。L 链有一个可变结构域（V_L）和一个恒定结构域（C_L），H 链有一个可变结构域（V_H）和三个（α、γ、δ 链）或四个（μ、ε 链）恒定结构域（C_H1、C_H2、C_H3 和 C_H4）（图 7-1）。

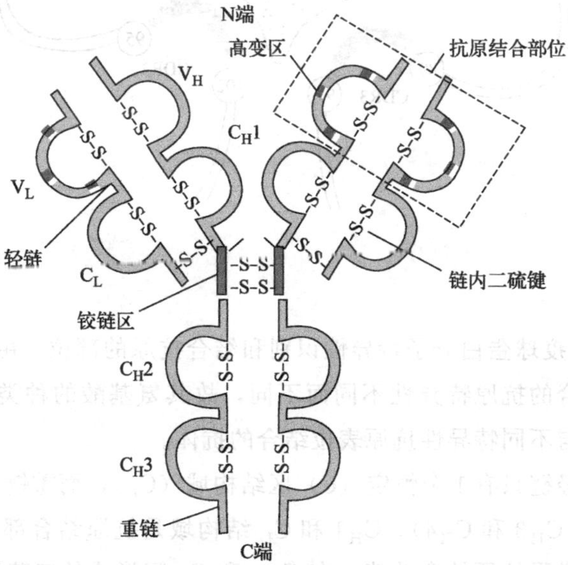

图 7-1

免疫球蛋白的基本结构示意图

比较不同特异性抗体的 V_L 和 V_H 的氨基酸序列显示，在 V 区内，某些区域的氨基酸序列比 V 区内其他区域更易变化。如 H 链的第 30～35 位、第 50～63 位、第 95～102 位和 L 链的第 24～34 位、第 50～60 位、第 89～97 位，这些区域称为高变区（hypervariable region，HVR），它是特异性抗原与免疫球蛋白结合的位置。H 链和 L 链的 3 个高变区各形成 3 个环状结构，它们共同形成 1 个稳定的抗原接触面。这些高变区序列与特异性抗原的决定簇互补，故高变区又称互补决定区（complementarity determining region，CDR）（图 7-2），可用 CDR1、CDR2 和 CDR3 表示。不同的抗体其 CDR 序列不同，产生了不同的抗体特异性。从免疫球蛋白的抗原性考虑，其独特型决定簇（idiotypic determinant）即该免疫球蛋白分子所具有的独特遗传标记结构，主要就在该区域。

可变区中的非 HVR 部位，其氨基酸组成与序列变化相对较少，通过这些氨基酸残基，可变区形成较稳定的支架结构，稳定着 CDR 的空间构象，故称为骨架区（framework region，FR）。

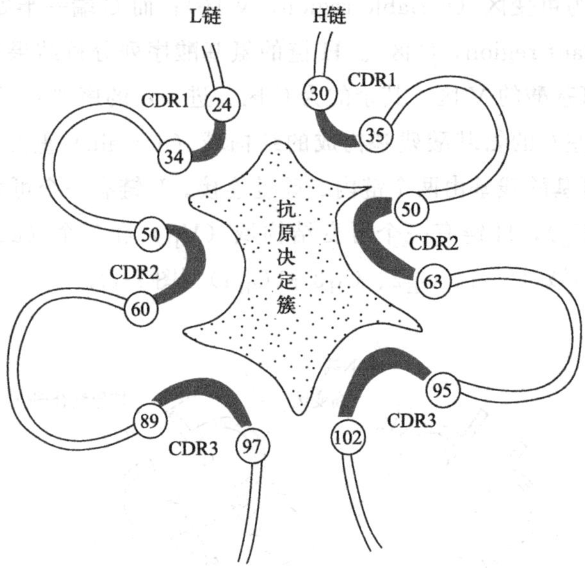

图 7-2

Ig 决定簇互补区结构

V_L 和 V_H 是免疫球蛋白分子特异性识别和结合抗原的部位。由于高变区的氨基酸组成和排列随所结合的抗原特异性不同而不同，故其氨基酸的种类和排列顺序千变万化，可形成很多能与不同特异性抗原表位结合的抗体。

免疫球蛋白的轻链只有 1 个恒定（C）区结构域（C_L），而重链的 C 区有 3～4 个结构域（C_H1、C_H2、C_H3 和 C_H4）。C_H1 和 C_L 结构域是抗原结合部位（V_H 和 V_L）的延伸区域，有助于增强抗原结合功能。在 C_H1 和 C_L 间形成的二硫键有连接 V_H 和 V_L 的作用。有研究表明，C_H1 和 C_L 也可能参与抗体多样性的产生。在 IgG、IgD 和 IgA 重链的 C_H1 和 C_H2 之间，有一段序列与其他结构域的性质不一样，称为铰链区（hinge region），内含大量的脯氨酸和半胱氨酸，对蛋白酶很敏感。脯氨酸残基为肽链构象变化提供了方便，使抗体的两臂抗原结合片段（Fab）呈现柔软性，发挥类似铰链区的功能。半胱氨酸使两条 H 链通过二硫键结合在一起。二硫键的数量和位置与免疫球蛋白的种类有关。IgM 和 IgE 的 H 链无铰链区，但有一个完整的结构域（C_H2/C_H2）发挥铰链区的作用。此外，免疫球蛋白的 C_H2/C_H3 或 C_H3/C_H4 能够与细胞膜上的补体或者 Fc 受体（FcR）结合，发挥相应的免疫效应。

2. 抗体的功能

抗体的主要作用是结合抗原。但这只在少数情况下具有直接的生物学效应，如中和细菌毒素或者防止病毒入侵细胞。通常，抗体抗原的相互作用只有在效应功能的进一步作用下才具有重要意义。

抗体在体内主要有如下生物学功能。

(1) 识别与结合抗原

抗体的可变区可特异性识别和结合抗原，从而发挥中和毒素、阻断病原体入侵等免疫学功能。某些病毒、细菌毒素和昆虫的毒液会通过结合宿主细胞表面的蛋白质进入细胞内从而引发相关疾病。中和抗体能够识别和结合病毒、毒素和毒液，物理性地防止其入侵细胞，从而保护宿主细胞。

(2) 激活补体

抗体与抗原结合后，C_H2/C_H3 功能区内的补体结合位点暴露，从而激活补体经典途径。在人体内，IgM、IgG1、IgG2 和 IgG3 可以通过该途径激活补体。补体激活后可发挥各种免疫学功能，如形成膜攻击复合物破坏病原体等。

(3) Fc 效应功能

抗体通过 Fc 片段与表面具有相应 FcR 的细胞结合，可发挥调理作用（opsonization）、超敏反应以及抗体依赖细胞介导的细胞毒作用（antibody-dependent cell-mediated cytotoxicity，ADCC）。

二、免疫球蛋白的基因结构及其重排与表达

1. 免疫球蛋白的基因结构

抗体的重链（H 链）以及轻链的 κ 链和 λ 链均位于不同的染色体上，如人的 H 链位于第 14 号染色体上，而 κ 链和 λ 链分别位于 2 号和 22 号染色体上。每种链由不同的基因片段组成，共有 4 种基因片段，分别是 V 基因片段、D 基因片段、J 基因片段和 C 基因片段。其中重链包含 V、D、J 和 C 基因片段，而轻链没有 D 基因片段。每种基因片段又由一系列不同的编码基因构成。仍以人为例，每种基因片段的编码基因数量统计如下（表 7-1）。

表 7-1 人的抗体基因片段数量

基因片段	H 链	κ 链	λ 链
V	130	75	75
D	27	0	0
J	6(3)	5	7(3)
C	11(2)	1	7(3)

注：括号内为假基因数。

2. 免疫球蛋白基因的重排与表达

免疫球蛋白基因由分开的多基因家族编码，其中可变区由 V（D）J 基因片段编码，恒定区由 C 基因片段编码。基因重排就是指在这些成簇的基因中选择某些基因片段重新进行组合以得到完整的功能性的 Ig 编码基因（图 7-3）。在发育的 B 细胞中，重组酶通过识别位于 V（D）J 基因片段两侧的保守序列即重组信号序列（recombination signal sequence，RSS）、切断以及修复 DNA 等完成基因重排。重链重排的顺序先为 D-JH

相连，然后是 V-DJH 相连。对轻链而言是形成 V-J 连接。值得注意的是，$V_\lambda J_\lambda$ 的组合并不是随机的，而是严格按照 $L_{\lambda1}V_{\lambda1}J_{\lambda1}C_{\lambda1}$、$L_{\lambda1}V_{\lambda1}J_{\lambda3}C_{\lambda3}$ 及 $L_{\lambda2}V_{\lambda2}J_{\lambda2}C_{\lambda2}$ 的组合进行连接的。

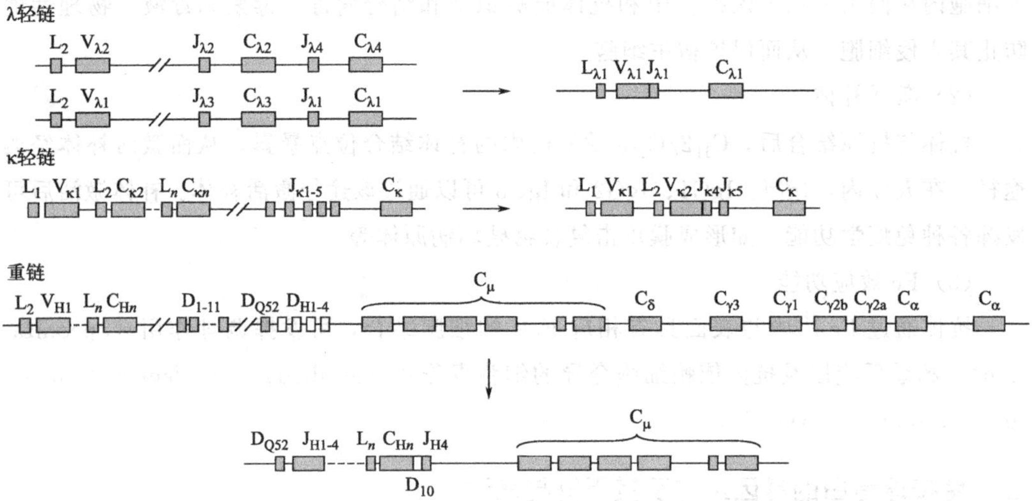

图 7-3

轻重链基因的重排

三、抗体多样性的形成

自然界中存在大量的抗原物质，而机体也会产生数量巨大的抗体进行免疫应答以保护机体。在抗原暴露之前，B 细胞表面已经存在免疫球蛋白，也就是说，抗原不是抗体多样性产生的根本原因。而且细胞核内也不可能存在大量不同的抗体基因，说明细胞只能利用有限的免疫球蛋白基因通过重组以编码出大量的免疫球蛋白。

B 细胞在遇到抗原之前所产生的多样性主要来源于 B 细胞胚系基因上 V、D 和 J 基因片段的大量存在，以及这些片段的组合连接、片段之间的连接多样性和轻重链的随机配对。而抗原暴露之后，B 细胞会经历体细胞高频突变，进一步扩大抗体的多样性。

抗体多样性主要表现在以下方面。

1. 轻重链可变区 V（D）J 基因重排

轻重链的胚系基因包含许多 V、D（轻链无）、J 基因片段，各片段之间由内含子隔开。重排过程中各片段的随机组合将产生大量不同的抗体。以人可变区基因为例，V 区上有 65 个功能性 V 基因片段，27 个 D 基因片段，6 个 J 基因片段，这样就会产生约 11000 种 V_H。κ 链上约有 40 个功能性 V 基因片段，5 个 J 基因片段，这样就有 200 种不同的 V_κ。对 λ 链而言，约有 30 个 V_λ 基因片段和 4 个 J_λ 基因片段，组合起来有 120 种不同的 V_λ。

2. 连接的多样性

抗体各基因片段的连接往往不精确，会伴有核苷酸的插入、缺失和替换，从而产生不同的抗体序列。比较典型的连接多样性有以下 3 种：①删除。在 V(D)J 基因重排的最后阶段，两条基因片段在连接酶连接之前通常会被外切酶剪切掉一部分原始序列核苷酸，导致最终序列不同于胚系基因。②P 核苷酸（P-nucleotide）增添。在 V(D)J 重排过程中，编码序列末端的连接准确性较差，常伴有核苷酸的丢失或插入。RAG 重组酶切断后的两个片段并未直接相连，其断端各自连接形成发夹结构，再被内切酶随机切开，形成带有回文结构的突出单链 DNA 末端，通过 DNA 修补恢复双链并将断裂处连接，从而将此回文序列保留在 V 区的编码序列中，称为 P 核苷酸。③N 核苷酸（N-nucleotide）增添。N 核苷酸的增添几乎只发生在重链 DJ 和 VD 连接处。当 DJ 和 V 片段的断端出现平末端时，末端脱氧核苷酸转移酶（TdT）可随机添加非胚系基因模板编码的核苷酸到末端上。这些加入的核苷酸被称为 N 核苷酸。

3. 轻重链的随机组合

不同的轻链和不同的重链随机组合将产生更大的多样性。V_H 约有 11000 种，V_L 组合起来有 320 余种，因此，轻重链间的组合多样性可达 3.5×10^6 种。

4. 体细胞高频突变

当体内对同一抗原进行再次应答时，重排过的抗体可变区基因可以高于正常突变率至少 1000 倍的频率发生点突变，从中产生更高亲和力的抗体。体细胞高频突变有以下特点：①出现于已发生基因重排的成熟 B 细胞；②突变频率特别高；③有突变热点位置，且不局限于 CDR；④主要发生于二次免疫应答，但 B 细胞向浆细胞分化完成后突变即停止发生；⑤为 T 细胞依赖性，只针对胸腺依赖性抗原（TD 抗原）诱导的免疫应答。

5. 体细胞基因转换

人和鼠以外的很多物种（如鸟和兔子）依靠初始抗体谱的基因转换产生多样性。许多 V 区假基因片段会复制进入 V 基因片段，造成 DNA 序列的改变。

6. 受体编辑

受体编辑是指在一定条件下，轻链可变区在 VJ 基因重排后可进行二次重排。受体编辑往往发生在带有自身抗原特异性受体的 B 细胞与自身抗原相互作用的情况下。这一相互作用会促使 V 基因片段和 J 基因片段发生二次重排，新产生的 VJ 片段将特异性识别外来抗原，而非自身抗原。

四、抗体药物的发展概况

1890 年，德国学者 Von Behring 和日本学者 Kitasato 用白喉毒素免疫动物，发现了动物血清中能中和毒素毒性作用的一种物质，称为抗毒素。人们发现将从白喉杆菌培养上清液中分离到的可溶性毒素注入马体内所得到的抗血清，可以治疗白喉，这是第一个用抗体治疗疾病的例子。抗体作为疾病预防、诊断和治疗的制剂已有上百年的发展历史。从 1986 年第一个治疗性单抗（Orthoclone，OKT 3）在美国上市以来，经过三十多年的快速发展，截至 2025 年 1 月，美国 FDA 已经批准了超过 138 款抗体药物，进入真正意义上的“百抗”大战，其中诞生了数个年销售额超过100亿美元的“超级重磅药物”。注射用抗人T细胞CD3鼠单抗是中国首个上市的抗体药物，于1999年成功获批，距今已有20多年的历史。可以预见，在不久的将来，抗体药物将被更加广泛地用于肿瘤、自身免疫、感染、移植排斥、过敏、心血管和炎症等多种疾病的治疗。

抗体的产生曾有多种学说，其中克隆选择学说已经被实验证实并得到学术界的广泛承认。克隆选择学说的中心思想认为抗体是天然产物，以受体的形式存在于细胞表面，抗原可与之选择性地反应。抗原与相应抗体受体的反应可导致细胞克隆性增殖。每个B淋巴细胞都有一种独特的受体，只能与一种结构相适应的抗原决定簇结合，由此激活的这一细胞系（克隆），产生只能针对这一抗原决定簇的结构与功能完全相同的抗体，即单克隆抗体（monoclonal antibody，McAb）。S. Tonegawa采用分子生物学技术证明并克隆出编码抗体Ig分子V区和C区的基因，同时以克隆的cDNA片段为探针证明了B细胞在分化发育中编码Ig基因结构。他也阐明了免疫球蛋白V区基因的重排及突变和形成V区基因结构组合的无限可能性，并解释了抗体多样性的起源以及遗传和体细胞突变在抗体多样性形成中的作用。这项研究结果使他获得了1987年的诺贝尔生理学或医学奖。

抗体技术发展经历了三个阶段，第一代为抗血清多克隆抗体。最早可追溯至德国学者Von Behring和日本学者Kitasato用白喉毒素免疫动物制备的抗血清治疗白喉，自此带来了血清疗法，真正意义上开启了抗体药物的时代。但是由于血清疗法采用的抗体是多克隆抗体（polyclonal antibody），在使用的时候存在靶标不专一、疗效差的缺点。第二代为20世纪70年代中期德国学者Kohler和英国学者Milstein利用B淋巴细胞杂交瘤技术（细胞工程生成抗体的技术）制备的杂交瘤单克隆抗体（McAb），这一生物技术是抗体技术发展史上的里程碑之一。然而，由异源蛋白引起人抗鼠抗体（human anti-mouse antibody，HAMA）反应，导致抗体在人体内迅速被清除，半衰期缩短，甚至产生严重的不良免疫反应。有报道鼠源性单抗在治疗黑色素瘤、结肠癌、乳腺癌和卵巢癌时，HAMA的发生率高达100%。为了减少或避免HAMA反应，且人杂交瘤技术又难以突破，因而出现了第三代抗体，即基因工程抗体。基因工程抗体也称重组抗体，广义的概念是人们通过基因工程技术等高新生物技术平台，对原有抗体进行改造从而得到的抗体药物的总称。一般包括嵌合抗体（chimeric antibody）、人源化抗体（humanized antibody）、全人源抗体（human monoclonal antibody）、双特异性抗体（bispecific antibody）、抗体-药物偶联物（antibody-drug conjugate，ADC）、小分子抗体、抗体融合蛋白等。基因工程抗体的制备一般先对已有抗体分子的编码基因进行改造，得到目标基因序列，然后转染到适当的受体细胞内进行表达，从而获得抗体。基因工程抗体相比单克隆抗体，其免疫原性明显更低，成为抗体药物领域的热点，目前已广泛应用于临床，参与各种肿瘤、免疫性疾病的治疗。

第二节 单克隆抗体及其制备

一、单克隆抗体的概念

由最初一个细胞繁殖而形成的纯细胞集团，称一个克隆（clone）。单克隆是指由一个细胞经无性繁殖而形成的遗传性状完全相同的细胞群。把能分泌某种特异性抗体的一个B淋巴细胞分离出来，通过纯种培养所产生的抗体只有一种。这种由单一克隆B淋巴细胞杂交瘤产生的，识别抗原分子上某一特定抗原决定簇的抗体，称单克隆抗体（McAb），简称单抗。一种单克隆抗体分子，其H链、L链及其V区独特性完全相同，其特异性、亲和力、生物学性状及分子构型完全相同，为均一抗体。单克隆抗体与常规抗体相比有如下优点：①单一特异性，只与一个抗原决定簇反应；②可重复性，能够提供完全一样的抗体制剂；③一经制出，可大量地供应；④生产单克隆抗体，不一定需要纯的抗原；⑤灵敏性高，能查出混合物中存在的用常规方法查不出的少量成分。

二、Kohler和Milstein初次创建的杂交瘤技术

1975年，德国学者Kohler和英国学者Milstein将小鼠骨髓瘤细胞和绵羊红细胞免疫的小鼠脾细胞在体外进行融合，形成的杂交瘤细胞（hybridoma）既具有大量无限生长的特性，又具有合成和分泌抗体的能力，从而开创了抗体技术的新纪元。

淋巴细胞杂交瘤技术是指将含有特异免疫信息的淋巴细胞与具有无限增殖能力的肿瘤细胞，在诱导物的作用下，使其融合，产生一个新的具有特异活性的细胞及其产物的技术。融合细胞具有双亲的细胞核，经有丝分裂成为两个单核子细胞，其核内含有双亲细胞的染色体，因此既具有肿瘤细胞无限增殖的能力，又具有淋巴细胞的一些特性。目前应用的淋巴细胞杂交瘤技术主要包括：B淋巴细胞杂交瘤技术，即用骨髓瘤细胞与以特异抗原刺激的B淋巴细胞融合制备特异性抗体的技术；T淋巴细胞杂交瘤技术，即用T细胞肿瘤细胞与以特异抗原致敏的T淋巴细胞进行融合的技术，其产物为具有不同生物活性的T细胞杂交瘤和B淋巴因子。利用细胞杂交瘤技术，有限稀释及克隆化可使杂交瘤细胞成为纯的单克隆系，通过此单克隆系可获得结构与特异性完全相同的高纯度抗体，即McAb。

三、单克隆抗体的制备原理

单克隆抗体的技术原理是基于动物细胞融合技术得以实现的。骨髓瘤是一种恶性肿瘤，其细胞可以在体外进行培养并无限繁殖，但不能产生抗体，其遗传表现型有$HGPRT^{+}$-TK^{+}、$HGPRT^{+}$-TK^{-}（胸腺嘧啶核苷激酶缺陷型）及$HGPRT^{-}$（次黄嘌

七

呤-鸟嘌呤磷酸核糖基转移酶缺陷型)-TK^+等，而免疫淋巴细胞可以产生抗体，却不能在体外长期培养及无限繁殖，其遗传表现型为$HGPRT^+$-TK^-。若将上述两种各具功能的细胞进行融合，并对融合后的细胞混合物进行分离、筛选和培养，就可以得到既能产生抗体又能在体外长期培养及无限繁殖的杂种细胞，这种技术便称为杂交瘤技术，由此得到的杂种细胞就称为杂交瘤细胞。制备单克隆抗体就是通过B淋巴细胞杂交瘤技术来完成的，即把能产生单一抗体的淋巴细胞与有增殖能力的骨髓瘤细胞进行融合形成杂交瘤细胞，通过选择及克隆化使杂交瘤细胞成为纯粹的单克隆细胞系，产生只针对一个抗原决定簇、结构和特异性完全相同的高纯度的抗体。

四、单克隆抗体制备的过程

单克隆抗体的制备过程大体为抗原的制备、动物的免疫、抗体产生细胞与骨髓瘤细胞融合形成杂交瘤细胞、杂交瘤细胞的选择性培养、筛选能产生某一特异抗体的阳性克隆和克隆化以及采用体外培养或动物腹腔接种培养大量制备单克隆抗体（图 7-4）。

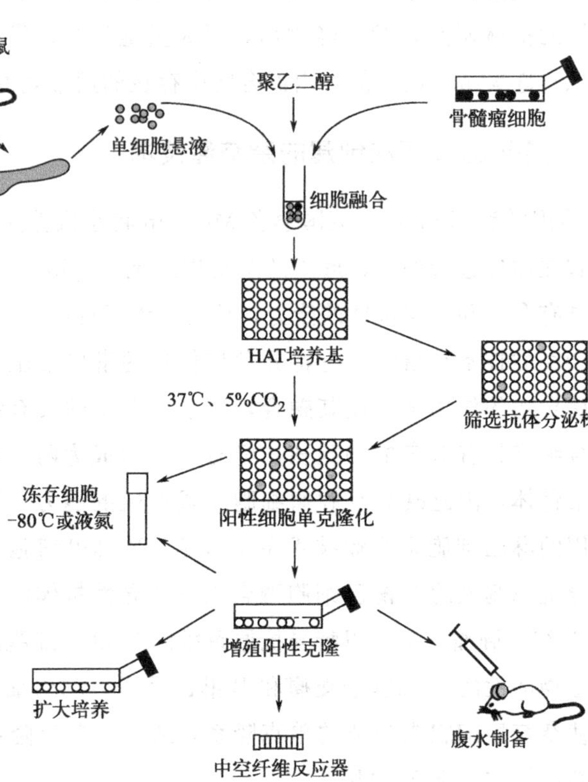

图 7-4

单克隆抗体制备流程示意图

1. 抗原免疫动物

要制备特定抗原的单克隆抗体，首先要制备用于免疫的适当抗原，再用抗原进行动物免疫。在免疫动物时根据抗原的来源、免疫原性、混合物的多少等决定免疫用抗原的纯度。对于来源困难、性质不清楚或免疫原性很强的抗原只需初步纯化。有的抗原可用化学方法合成，可以纯化，如精制的地高辛。但在多数情况下抗原物质只能得到部分纯化，甚至是极不纯的混合物，如部分纯化的干扰素。在制备恶性肿瘤细胞表面抗原的单克隆抗体时，情况较为复杂，需用整个肿瘤细胞作为免疫原。

免疫动物品系和骨髓瘤细胞在种系发生上距离越远，产生的杂交瘤细胞越不稳定，故一般采用与骨髓瘤供体同一品系的动物进行免疫。目前常用的骨髓瘤细胞系多来自BALB/c小鼠和Lou系大鼠，因此免疫动物也多采用相应的品系，最常用的也是BALB/c小鼠。

选择合适的免疫方案对于细胞融合杂交的成功和获得高质量的McAb至关重要。免疫方案应根据抗原的特性而定，颗粒性抗原免疫性较强，不加佐剂就可获得很好的免疫效果。可溶性抗原免疫原性弱，一般要加佐剂，常用的佐剂有弗氏完全佐剂和弗氏不完全佐剂。目前，用于可溶性抗原（特别是一些弱抗原）的免疫方案也不断有所更新：①将可溶性抗原颗粒化或固相化，既增强了抗原的免疫原性，又可降低抗原的使用量；②改变抗原注入的途径，基础免疫可直接采用脾内注射；③使用细胞因子作为佐剂，提高机体的免疫应答水平，促进免疫细胞对抗原的反应性。

免疫方法通常采用体内免疫法和体外免疫法。体内免疫法适用于免疫原性强、抗原量较多的情况，体内免疫法采用腹腔注射或皮下注射两种方法进行免疫。体外免疫法则用于不能采用体内免疫法的情况，如在制备人源性单克隆抗体，或者抗原的免疫原性极弱且能引起免疫抑制时使用。体外免疫法的优点很多，所需抗原量少，一般只需几微克，免疫期较短，仅4~5天，干扰因素少。已成功制备出针对多种抗原的单克隆抗体，但融合后产生的杂交瘤细胞株不够稳定。

2. 细胞融合和杂交瘤细胞的选择

免疫的B淋巴细胞分化的浆细胞是产生特异性抗体的细胞，但浆细胞不能在体外培养基中成功生长，因而不能成为体外生产抗体的来源。骨髓瘤细胞（myeloma cell）虽能在培养基中生长且比正常细胞生长繁殖速度快，但不能产生抗体。将这两种功能细胞进行融合，就可把免疫淋巴细胞具有特定抗体基因的染色体引入至一种长期生长的骨髓瘤细胞中，这样所得到的杂交瘤细胞，既具有体外长期迅速增长的能力，又能持续产生和分泌特定单一成分的特异性抗体。

（1）细胞融合

免疫小鼠放血处死后，在无菌条件下取出脾脏，然后取脾细胞。用于细胞融合的骨髓瘤细胞应具备融合率高、自身不分泌抗体、所产生的杂交瘤细胞分泌抗体能力强且长期稳定等特点。另外，为了能将杂交瘤细胞从淋巴细胞和骨髓瘤细胞中筛选出来，所选用的骨髓瘤细胞应该是次黄嘌呤-鸟嘌呤磷酸核糖基转移酶缺陷型（$HGPRT^-$）或者胸腺嘧啶核苷激酶缺陷型（TK^-）。

细胞融合的基本方法是取适量脾细胞（约1×10^8个）与骨髓瘤细胞（$HGPRT^-$或TK^-，约2×10^7~3×10^7个）进行混合，在聚乙二醇（PEG）作用下诱导它们融合。

一般来说，PEG 的分子量越大，浓度越高，其促融率越高，但其黏度和对细胞的毒性也随之增大。目前常用的 PEG 的浓度为 40%～50%，分子量以 4000 为佳，但分子量在 400～6000、浓度在 10%～60%范围之间的 PEG 都能使细胞发生融合。为了提高融合率，可在 PEG 溶液中加入二甲基亚砜（DMSO），以提高细胞接触的紧密性，增加融合率。但 PEG 和 DMSO 都对细胞有毒性，必须严格限制它们和细胞的接触时间，可低速离心 5min 使细胞接触更为紧密，然后用新配制的培养液来稀释药物并洗涤细胞。

（2）HAT 选择杂交瘤细胞

在两类细胞的融合混合物中存在着未融合的单核亲本细胞、同型融合多核细胞（如脾-脾、瘤-瘤的融合细胞）、异型融合的双核细胞（脾-瘤融合细胞）和多核杂交瘤细胞等多种细胞，从中筛选纯化出异型融合的双核杂交瘤细胞是研究的目的。未融合的淋巴细胞在培养 6～10 天后会自行死亡，异型融合的多核细胞由于其核分裂不正常，在培养过程中也会死亡，但未融合的骨髓瘤细胞因其生长快而不利于杂交瘤细胞生长和对杂交瘤细胞进行分离。因此融合后的混合物必须立即移入选择性培养基中进行选择培养。常用的选择培养基为 HAT 培养基，即在基本培养基中添加次黄嘌呤（hypoxanthine，H）、氨基蝶呤（aminopterin，A）及胸腺嘧啶核苷（thymidine），由于变异的瘤细胞不具有次黄嘌呤-鸟嘌呤磷酸核糖基转移酶或胸腺嘧啶核苷激酶，所以不能利用培养基中的次黄嘌呤或胸腺嘧啶核苷而合成 DNA。而只能利用谷酰胺与尿苷一磷酸合成 DNA，这一途径又被氨基蝶呤所阻断，瘤-瘤融合细胞和未融合的瘤细胞因不能合成 DNA 而死亡，脾-脾融合细胞、B 淋巴细胞在这样的组织培养条件下不能长期生长，一般几天内亦迅速死亡。由于骨髓瘤细胞都是次黄嘌呤-鸟嘌呤磷酸核糖基转移酶（HGPRT）缺乏株，脾细胞内却有这种酶，因此融合的脾-瘤杂交瘤细胞可利用 HGPRT 酶，用次黄嘌呤（H）和胸腺嘧啶（T）合成 DNA，并能克服氨基蝶呤的阻断，使杂交瘤细胞得以生长，杂交瘤细胞大量繁殖而被 HAT 培养基筛选出来（图 7-5）。一般情况下，大约有 10 个脾细胞才能形成一个杂交瘤细胞。大量瘤细胞在 HAT 培养液中相继死亡，而单个或少量的杂交瘤细胞在培养时处于不利的生长环境多半又不易存活，因此在克隆过程中必须加入其他活细胞使它生长和繁殖，这种加入的细胞称为饲养细胞。一般认为饲养细胞能释放某些生长刺激因子，还能清除死亡细胞和满足杂交瘤细胞对细胞密度的依赖性。常用的饲养细胞有小鼠腹腔巨噬细胞、脾细胞和胸腺细胞等。

（3）杂交瘤克隆

杂交瘤克隆是指将抗体阳性的细胞进行克隆化，它是确保杂交瘤所分泌的抗体具有单克隆性以及从细胞群中筛选出具有稳定表型的关键一步。经过 HAT 筛选后的杂交瘤克隆不能保证一个孔内只有一个克隆，可能会有数个甚至更多的克隆，包括抗体分泌细胞、抗体非分泌细胞、所需要的抗体（特异性抗体）分泌细胞和其他无关抗体的分泌细胞。要想将这些细胞彼此分开就需要克隆化。克隆化的原则是尽可能早地对已检测抗体阳性的杂交克隆进行克隆化，否则由于抗体非分泌细胞的生长速度比抗体分

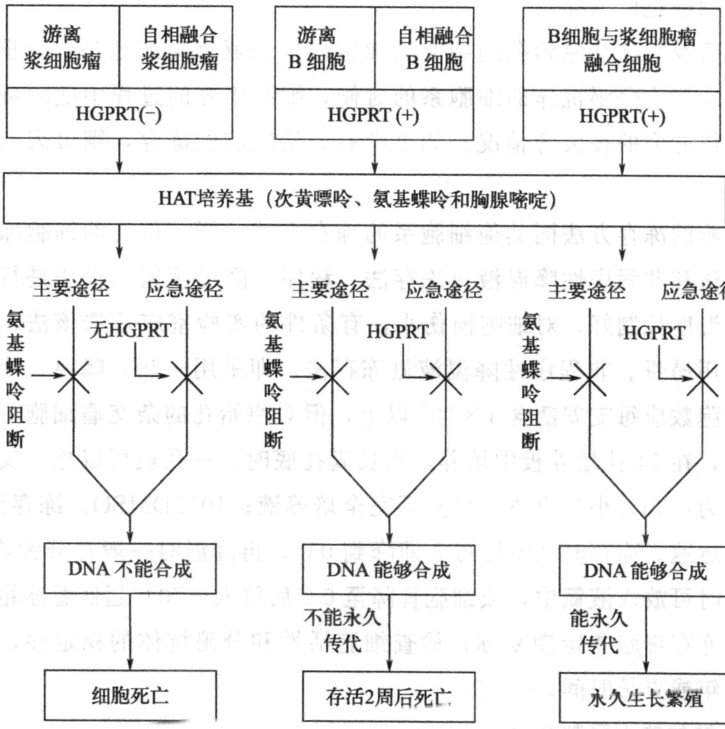

图 7-5
HAT 选择培养基筛选原理

泌细胞的生长速度快，抗体分泌细胞会被抗体非分泌细胞所抑制，最后会使抗体分泌细胞丢失。即使是克隆化过的杂交瘤细胞，也需要定期地再克隆，防止杂交瘤细胞突变或染色体丢失，从而丧失产生抗体的能力。最常用的克隆化方法是有限稀释法和软琼脂平板法。

有限稀释法是从具有阳性分泌孔的细胞中收集细胞，经逐步稀释，使每孔只有一个细胞。具体的操作是将含有不同数量的细胞悬液接种至含饲养细胞的24孔板中进行培养，镜检观察，选择只有一个集落的培养孔，并检测上清中抗体分泌的情况。软琼脂法是用含有饲养细胞的0.5%琼脂液作为基底层，将含有不同数量的细胞悬液与0.5%琼脂液混合后立即倾注于琼脂基底层上，凝固，孵育，7～10天后，直接移种至含饲养细胞的24孔板中进行培养。

(4) 单抗检测

在 HAT 培养液中，生长形成的杂交瘤经克隆后仅少数可以分泌预定的单抗，且多数培养孔中混有多个克隆。因此，必须对所需的特异性单抗进行检测，选出所需的杂交瘤细胞并进行克隆化。检测抗体的方法必须高度灵敏、快速、特异，易于进行大规模筛选。检测还应根据抗原的性质、抗体的类型选择不同的方法。常用的方法有放射免疫测定（RIA）、酶联免疫吸附试验（ELISA）、荧光激活细胞分选仪（FACS）以及间接免疫荧光法（IFA）等。

（5）杂交瘤细胞的冻存

每次克隆后及时冻存原始孔的杂交瘤细胞得到的亚克隆细胞是十分重要的。因为在没有建立一个稳定分泌抗体的细胞系的时候，细胞培养的过程中随时可能出现细胞污染、分泌抗体能力的丧失等情况。如果没有原始细胞的冻存，则可因上述意外而前功尽弃。

杂交瘤细胞的冻存方法同其他细胞系的冻存方法一样，传统的细胞冻存有程序性降温液氮冻存法和非程序性降温液氮冻存法。程序性降温液氮冻存法是行之有效的标准冻存方法，温度控制好，对细胞损伤小，有条件的实验室应首选该法。但其需购置专用仪器，费用昂贵。非程序性降温液氮冻存法，即采用－70℃降温，液氮冻存的方法。原则上细胞数应每支安瓿含 1×10^6 以上，但对原始孔的杂交瘤细胞可以因培养环境不同而改变，在 24 孔培养板中培养，当长满孔底时，一孔就可以冻一支安瓿。常用的细胞冻存液为：50％小牛血清；40％不完全培养液；10％DMSO。冻存液最好预冷，操作要轻柔、迅速。冻存时从室温可立即降到 0℃，再降温时一般每分钟降温 2～3℃，待降至－70℃时可放入液氮中，或细胞管降至 0℃后放入－70℃超低温冰箱，次日转入液氮中冻存。冻存细胞要定期复苏，检查细胞活性和分泌抗体的稳定性，在液氮中的细胞可保存数年或更长时间。

3. 单克隆抗体的大量制备

目前单克隆抗体的生产包括体内培养和体外培养两种方法，体内培养是利用生物体作为反应器，主要是在小鼠或大鼠的腹腔内，使杂交瘤细胞生长并分泌单克隆抗体，这是目前商业用单克隆抗体生产的主要方法。体外培养法有悬浮培养、包埋培养和微囊化培养几种。

（1）体内接种杂交瘤细胞制备腹水或血清

① 实体瘤法：将对数生长期的杂交瘤细胞按 1×10^7～3×10^7/mL 接种于小鼠背部皮下，每处注射 0.2mL，共 2～4 点。待肿瘤达到一定大小后（一般 10～20 天）则可采血，从血清中获得单抗，含量可达 1～10mg/mL。但采血量有限。

② 腹水的制备：为了使杂交瘤细胞在腹腔内增殖良好，可于注入细胞的几周前，预先将具有刺激性的有机溶剂降植烷（pristane）注入腹腔内，以破坏腹腔内膜，建立杂交瘤细胞易于增殖的环境。然后注射 1×10^6 个杂交瘤细胞，接种细胞 7～10 天后可产生腹水，密切观察动物的健康状况与腹水征象，待腹水尽可能多，而小鼠濒于死亡时，处死小鼠，收集腹水，一般一只小鼠可获 1～10mL 腹水。腹水中单克隆抗体含量可达 5～20mg/mL，这是目前最常用的方法之一。

（2）体外使用旋转培养器大量培养杂交瘤细胞

一般情况下，体外培养法多使用培养液，添加胎牛血清或小牛血清。由于培养液中含有血清成分，虽然其总蛋白量可达 100μg/mL 以上，但给纯化带来困难。又由于支原体污染和血清批间质量差异太大，直接影响杂交瘤细胞生长，采用无血清培养法，虽可减少污染又有利于单克隆抗体的纯化，但产量不高。利用悬浮培养方式代替静止培养法，以增加细胞生长空间，使杂交瘤细胞生长旺盛，单克隆抗体的产量亦得到提高。连续悬浮培养的细胞密度可达每毫升 2.0×10^7 个细胞，收集的单克隆抗体浓度可达 400μg/mL。20 世纪 60～70 年代开创了微载体悬浮培养法以及包埋培养和微囊化悬浮培养法，可增大单位体积的表面积，利于杂交瘤细胞生长，细胞密度可达每毫升 1.0×10^8 个细胞，并有利于分离纯化，能收获更多的单克隆抗体，可生产抗体 0.5～1g/L，经离子交换色谱后纯度可达 99%。目前单克隆抗体小规模生产采用滚瓶或转瓶，大规模生产采用生物反应器。

体外与体内培养法各有所长也各有不足，有人对腹水抗体与体外细胞培养上清液中的抗体进行比较，结果表明，腹水抗体的 Ig 浓度比体外细胞培养上清液的高 50 倍，特异活性也高 10 倍。1 只小鼠的 10mL 腹水所产生 McAb 量相当于 500mL 细胞培养液所产生的抗体量，还可有效地保存杂交瘤细胞株和分离已经污染杂菌的杂交瘤细胞株，缺点是小鼠腹水中混有来自小鼠的多种杂蛋白，给纯化带来难度。体外生产抗体也有优点，例如无小鼠蛋白污染之忧，同时用人的骨髓瘤制备人的 McAb 也只能在体外培养。

4. 单克隆抗体的鉴定与检测

获得产生单抗的细胞株和大量制备的单克隆抗体后，进行系统的鉴定和检测是十分必要的。现在一般进行如下方面的鉴定。

(1) 单克隆抗体的检测

① McAb 特异性的鉴定：可用 ELISA、IFA 鉴定抗体的特异性。除用免疫原（抗原）进行抗体的检测外，还应用与其抗原成分相关的其他抗原进行交叉试验，例如在制备抗黑色素瘤细胞的 McAb 时，除用黑色素瘤细胞反应外，还应用其他脏器的肿瘤细胞和正常细胞进行交叉反应，以便挑选肿瘤特异性或肿瘤相关抗原的单抗。又如在制备抗重组细胞因子的单抗时，应首先考虑是否与表达菌株的蛋白有交叉反应，其次考虑与其他细胞因子间有无交叉反应。

② McAb 的 Ig 类与亚类的鉴定：由于不同类和不同亚类的免疫球蛋白生物学特性差异较大，如补体活化、免疫调理、抗体依赖性细胞介导的细胞毒作用（ADCC）等，因此要对制备的杂交瘤细胞产生的单克隆抗体进行 Ig 类和亚类的鉴定，一般用酶标或荧光素标记的第二抗体进行筛选，就可基本上确定抗体的 Ig 类型。如果用的是酶标或荧光素标记的兔抗鼠 IgG 或 IgM，则检测出来的抗体一般是 IgG 类或 IgM 类。至于亚类则需要用标准抗亚类血清系统作双扩或夹心 ELISA 来确定 McAb 的亚类。

③ McAb 中和活性的鉴定：常用动物或细胞的保护试验来确定 McAb 的生物学活性。如果要确定抗病毒 McAb 的中和活性，则可用抗体和病毒同时接种于易感的动物或敏感的细胞，来观察动物或细胞是否得到抗体的保护。

④ McAb 识别抗原表位的鉴定：常用竞争结合试验、测相加指数的方法，测定 McAb 所识别的抗原位点，来确定 McAb 识别的表位是否相同。

⑤ McAb 亲和力的鉴定：用 ELISA 或 RIA 竞争结合试验来确定 McAb 与相应抗

原结合的亲和力，它可为正确选择不同用途的单克隆抗体提供依据。

⑥ McAb效价（活性）的测定：单抗活性检测的方法有很多，酶联免疫吸附法（ELISA）是最常规的方法之一。目前，常用的几种ELISA方法有测定抗体的间接法、测定抗原的双抗体夹心法和测定抗原的竞争法等。

（2）杂交瘤细胞鉴定

对杂交瘤细胞进行染色体分析，不仅可作为鉴定的客观指标，还能帮助了解其分泌抗体的能力。正常鼠脾细胞的染色体数为40条，全部是端着丝粒染色体。小鼠骨髓瘤细胞的染色体数变异较大，SP2/0细胞为62～68条，NS-1细胞为54～64条，大多数为非整倍性，并且有中部着丝点染色体和亚中部着丝点染色体。杂交瘤细胞的染色体在数目上接近两种亲本细胞染色体数目的总和，在结构上除多数为端着丝粒染色体外，还应出现少数标志染色体（形态怪异的染色体）。染色体数目较多又比较集中的杂交瘤细胞能稳定分泌高效价的抗体，而染色体数目少且较分散的杂交瘤细胞分泌抗体的能力较低。有时根据需要不同，还应对单克隆抗体的纯度和识别抗原的分子量等进行测定。

第三节 基因工程抗体

由于通过杂交瘤细胞得到的单克隆抗体自身往往有很强的鼠源性，人体给药以后会产生强烈的人抗鼠抗体反应（HAMA），在应用时存在很大的问题，因此在以基因工程技术为代表的生物技术大规模出现以后，基因工程抗体应运而生。本节将分别介绍各种不同的基因工程抗体及其制备方法。

一、小分子抗体

在一个完整的IgG分子的基础上，去除某些非功能的或者非关键性的抗体片段，只保留对抗原抗体结合反应有重要意义的功能部分，通过这样的方式得到的具有一定生物活性和功能的抗体片段称为小分子抗体。小分子抗体一般具有分子量低、免疫原性低、易于清除等特点。抗体小型化也日益成为抗体药物研发的一种趋势。目前常见的小分子抗体有单链抗体（single chain antibody，scAb）、Fab抗体、Fv段、单域抗体（single domain antibody，sdAb）等（图7-6）。

1. Fv段与单链抗体

Fv段由重链可变区（V_H）和轻链可变区（V_L）组成，是抗体的抗原结合部位，约为完整分子的1/6。其分子小，免疫原性弱，能发酵生产，对实体瘤的穿透力强，可作为载体与药物、同位素、毒素等相结合，用于肿瘤的诊断和治疗或用于细胞内免疫，可看作基因治疗的一种方案。将抗体的V_H和V_L通过一条短的连接肽连接，就得到了

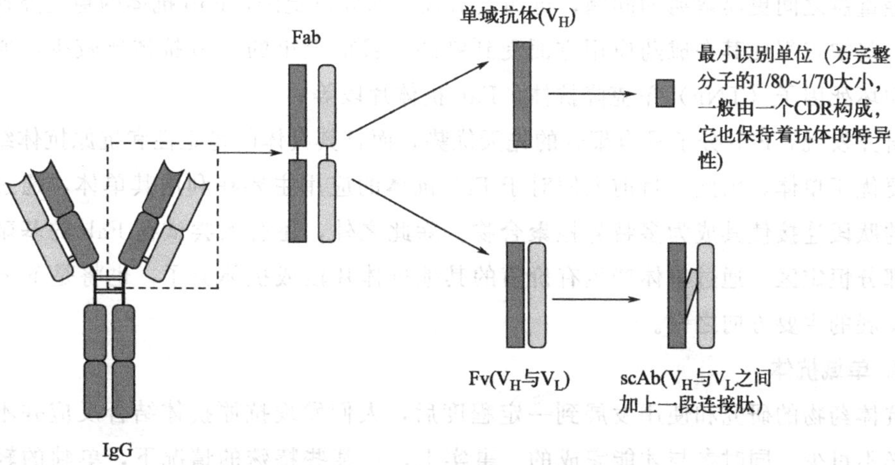

图 7-6
小分子抗体组成示意图

一个单链抗体。单链抗体是保留了完整抗原抗体结合位点的最小功能片段，较好地保留了亲本抗体对抗原的结合能力。在功能方面，单链抗体具有穿透力强、免疫原性低、易于连接、便于直接获得免疫毒素或酶标抗体等特点。在结构方面，单链抗体对于N端的要求不保守，即 V_H 和 V_L 都可以出现在N端（前提条件是不影响正常的结合）。在抗体的构建方面，单链抗体构建成功与否的关键在于连接 V_H 和 V_L 的连接肽（C肽）的设计，要求连接片段能够保证抗原抗体结合的正确空间构象，一般经验上以15～20个氨基酸长度为宜。最后，就抗体片段的生产来说，单链抗体几乎可以在任何抗体表达系统中成功表达，例如应用于较为成熟的原核表达系统，大大降低了生产的难度。当然，单链抗体也有自身的不足，比如稳定性差并且亲和力低等。

除此之外，人们还在单链抗体的基础上对其进行进一步的改造，得到了一系列基于单链抗体的衍生物。如可通过链内或链间形成稳定二硫键连接 V_H 和 V_L 的二硫键稳定性抗体（dsFv），缩短连接肽迫使两个甚至多个分子间 V_H 和 V_L 互相配对，得到双价抗体，如双特异性抗体，甚至多价小分子抗体，以及将C端融合恒定区 C_H3 得到的微型抗体（miniantibody）等。以单链抗体为基础，构建更具有使用价值的其他抗体也是现今单链抗体应用的主要趋势。总而言之，单链抗体虽然自身稳定性差不利于成药，但是将其作为基础或中间体，用于其他小分子抗体药物研究的价值还是非常大的。

2. Fab抗体

将一条重链的可变区以及恒定区的 C_H1 区与一条完整的轻链通过一个二硫键连接起来，就得到一个Fab抗体（图 7-6）。相比于单链抗体，Fab抗体在构成上多了轻链的恒定区和重链恒定区的C区，分子质量要大些，一般为 5.0×10^4 kDa，因此其作为药物的渗透能力和在人体内被清除的效率都要更差一些。Fab抗体生产工艺简单，抗原抗体结合能力较强，在这两方面优于单链抗体。但是Fab抗体同时也存在着稳定性更差、轻重链之间更易解离的问题，再加上引入了部分恒定区，Fab 抗体的免疫原性也更强，这些缺点都使其在成药应用方面受到制约。目前上市的 Fab 抗体比较少，典型的有肿瘤坏死因子（TNF）单克隆抗体、Fab 抗体片段等。

研究发现，Fab 分子具有聚合的先天优势，而且其具体的稳定性和抗原抗体结合能力都要优于单体，因此，目前人们对于 Fab 抗体的应用主要在利用其单体，通过引入适当的肽段连接使其成为多特异性聚合物。除此之外，还有人尝试在 Fab 的基础上再连入部分恒定区。通过单体产生有价值的其他抗体片段或抗体分子，也将是 Fab 抗体今后发展的主要方向之一。

3. 单域抗体

抗体药物的研究和使用发展到一定程度后，人们发现抗原抗体结合反应并不是轻重链必不可少、同时参与才能完成的。事实上，在某些特殊的情况下，单独的轻链可变区（V_L）或重链可变区（V_H）似乎也能完成这项功能。在这样的启发下，人们开始研制一种构成上只有一种可变区的小分子抗体片段，称为单域抗体，也称单区抗体、小抗体。单域抗体的优势在于，其在结构方面是单独的完整的轻链或重链，可以被认为是抗体组装之前的自然状态，因而稳定性和可溶性都很强，此外，其分子量更小、免疫原性更弱，却几乎拥有相当的抗原抗体结合能力。

驼科动物因可以自行产生天然重链抗体（HcAb），其可变区（V_{HH}）已成为现今单域抗体研究的热点。驼科动物的 V_{HH} 亚型单一，降低了克隆设计的难度，而且天然存在，稳定性和可溶性都良好，省去了其他单域抗体获得后还需要进行修饰的过程。同时，它还可以识别一些全抗不能识别的小型表位，在某些方面具有全抗无可比拟的优势。人们目前对 V_{HH} 的研究多半还是基于驼科动物，通过克隆设计获取目的 V_{HH}，它独有的特点让人们对其成药充满期望。

抗原抗体的结合机制通常为抗原和抗体可变区上的 6 个 CDR 单位发生相互作用。但有研究发现，某些情况下仅单个的 CDR 就可以和抗原发生结合，这样的 CDR 称为最小识别单位。最小识别单位在所有的抗体分子中具有最小的分子量，因而在动力学及渗透性方面具有优势和特性，但是也因为分子本身缺少框架支撑，所以其稳定性较差。也有研究者提出在最小识别单位的基础上适当引入一些氨基酸稳定其理化性质，同时尽可能保证其小分子的特点。

二、嵌合抗体与人源化抗体

广义上的人源化抗体泛指人们通过基因工程技术对已有异源抗体进行改造，植入一定比例的人源化抗体成分得到的基因工程抗体。人源化抗体技术主要是为了解决异源抗体进入人体后引发的排斥反应。目前的研究绝大多数是以鼠抗为亲本抗体进行人源化改造。

1. 嵌合抗体

嵌合抗体（chimeric antibody）是用人抗体的 C 区替代鼠抗体的 C 区，使鼠源性单抗的免疫原性明显减弱，并可延长其在体内的半衰期及改善药物的动力学，属第一代人源化抗体（humanized antibody，HAb）。抗体同抗原结合的功能决定于抗体分子的可变区（V），机体免疫原性则决定于抗体分子的恒定区（C）。嵌合抗体是应用重组DNA技术从小鼠杂交瘤细胞基因组中分离和鉴别出抗体基因的功能性可变区，与人免疫球蛋白恒定区基因拼接后，构建成人-鼠嵌合的重链、轻链基因，再导入骨髓瘤细胞中表达。根据所用的载体质粒标记基因产物，选用适当的抗生素或试剂进行筛选，再按与杂交瘤技术相似的方法克隆出分泌人-鼠嵌合抗体的细胞株。其具体的制备方法是：提取杂交瘤细胞系的mRNA，经过反转录成cDNA，并以其为模板，采用特异性引物，用PCR方法分别扩增V_L和V_H基因，再分别连接真核表达所需的上游启动子、前导肽序列和下游剪切供体信号、增强子真核调控序列后，将V_L基因克隆到人Ig的C_L基因真核表达载体上，将V_H基因克隆到人Ig的C_H基因真核表达载体上，再将人-鼠嵌合的V区、C区基因质粒DNA等量混合，在脂质体介导下共转染骨髓瘤细胞，经筛选，形成集落的细胞即为共转染细胞，所分泌的抗体为嵌合抗体。

实验证明，嵌合抗体除具有亲本鼠源单抗相同的特异性、亲和力高和技术路线简单、易于操作、实用价值高等特点外，还具有以下优点：第一，对人体的免疫原性较亲本单抗大大减小，半衰期较鼠源单抗长；第二，嵌合抗体可根据不同的需要接上不同亚类的人恒定区基因来改变抗体的功能，使用更加灵活；第三，与人-人杂交瘤相比，分泌嵌合抗体的细胞系在体外培养更稳定，Ig分泌量更高；第四，抗体完整性好，在体内的存留时间长。

嵌合抗体保持了鼠源性单克隆抗体的抗原结合特异性，对人的免疫原性大幅度下降，因此在临床上具有良好的应用前景。第一个人源化单抗利妥昔单抗（Rituxan）是一种抗CD20的人鼠嵌合型单抗，在非霍奇金淋巴瘤的治疗中取得了良好的疗效。目前，嵌合单克隆抗体基本主导着治疗性单抗的商品市场，已有超过20种嵌合抗体进入临床试验阶段，如已经通过美国FDA的批准用于临床治疗的抗CD3嵌合抗体、抗CD20嵌合抗体等。但是，由于嵌合抗体可变区仍保留鼠源性序列（约30%），可引起不同程度的HAMA，有些仍可引起抗独特性抗体的产生，而且对肿瘤组织的穿透能力较差，清除也较慢，因而在导向诊断和治疗等方面的应用受到一定限制。

2. 人源化抗体

人源化抗体是继嵌合抗体后人们取得的又一个里程碑式的成果。它是在嵌合抗体的基础上对可变区进一步人源化得到的，为了区别于嵌合抗体，称为人源化抗体。其构建思路是在嵌合抗体的基础上继续对可变区进行改造，即对可变区（通常是可变区的骨架区）进行人源化。相比嵌合抗体，人源化抗体的人抗成分更高，一般可以达到90%～95%，因此免疫原性大大降低，更好地保证了药物的安全性（图7-7）。人源化抗体制备的方法大同小异，目前比较常见的技术手段是改型抗体技术，除此之外还有一些新的手段被报道，例如表面重塑技术、去免疫化技术、链替换技术等。

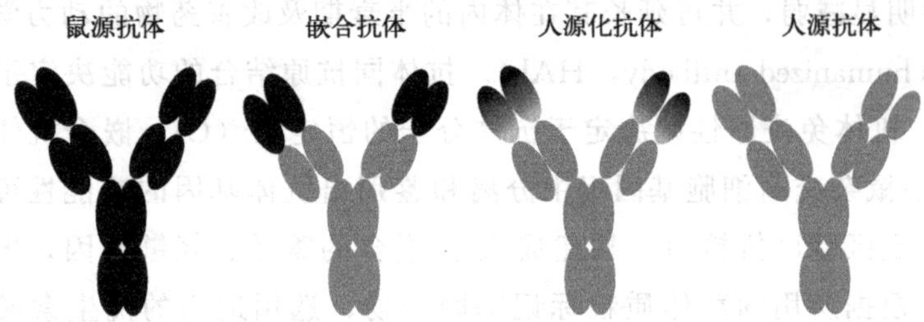

图 7-7
不同抗体及其免疫效应示意图

（1）改型抗体

改型抗体（reshaping antibody）是最早制备的人源化抗体之一，它是把鼠单抗的恒定区和可变区的框架区（framework region，FR）全部替换成人抗成分，只保留可变区的互补决定区（complementary-determining region，CDR）（图 7-8）。这种替换等同于在人抗的基础上，植入鼠单抗的 CDR，因而改型抗体也被称作 CDR 移植抗体。改型抗体的人源化程度可高达 90%，抗体自身的半衰期也有所延长，目前已经有很多投入使用的例子，如用于器官移植的 CD3、CD4。但是改型抗体人源化以后通常会出现亲和力下降的问题，其下降幅度因具体改造情况而异，可能从轻微降低到显著下降不等。对此，主流观点认为移植过程中鼠的 CDR 和人的框架结合导致了 CDR 空间结构的改变，使得其与抗原的结合能力下降。因而，抗体在人源化之后通常要再经过亲和力成熟的过程，以达到抗体成药的相关要求。

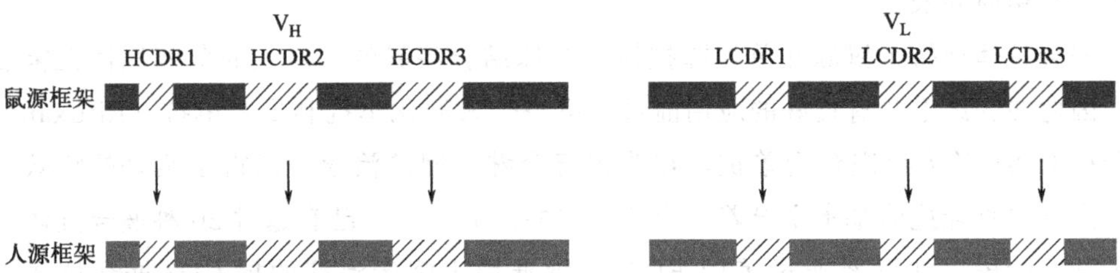

图 7-8
改型抗体构建示意图

（2）表面重塑抗体

表面重塑抗体（resurfacing antibody）是人们在抗体人源化探究道路上的又一次重大尝试。其设计思路是在改造框架区时，不用将框架区全部换成人抗成分，而只改变其中暴露在外表起关键作用的氨基酸。这种设计的最初目的是在达到人源化目的的同时尽可能减少对可变区的破坏，试图通过这样的方式解决亲和力下降的问题。那么如果只改造 FR 区的表面残基，是否可以解决抗体结合抗原能力下降的问题？带着这样的设想，科学家们开始致力于 FR 区的有选择性改造，并最终得到了几乎可以保持亲本抗体特异性和亲和力水平的抗体，称为表面重塑抗体。因其仅将 FR 区表面的残基进行了替换，因而人源化程度略低于改型抗体。实际上，其免疫原性是否能达到设想，到目前为止尚没有临床数据上的支持，截至目前也没有此类抗体上市的相关报道。

(3) 去免疫化抗体

人源化抗体总的来说都在致力于降低鼠单抗的免疫原性，而且也取得了很大的成功。毫无疑问，人源化抗体是现在抗体药物的中流砥柱，起码在未来十年内，也将是抗体药物的中坚力量。但即便是人源化程度再高的人源化抗体，依然存留有1%～5%的鼠源成分，仍然有引发抗抗体反应的可能，这也是人源化抗体自身的不足之一。

去免疫化抗体的思路是与其改造鼠单抗，降低其免疫原性，不如从免疫的源头出发，剔除或者改造能够在人体内引发免疫反应的成分，比如去除对人T细胞的识别表位，从根源上阻断抗抗体反应的发生。

(4) 链替换抗体

链替换抗体（chain shuffling antibody）是在定向选择技术的指导下，利用抗体库展示技术，逐步将鼠源抗体的轻链、重链完全替换为人抗体序列，最终获得与亲本鼠源抗体结合同一表位的全人源抗体。该技术严格意义上属于一种全人源抗体技术，但是需要原始鼠源抗体作为模板，因此也算一种人源化技术。经典的链替换技术基本过程如下：首先，选择亲本鼠单抗的一个可变区基因（重链或轻链）与人抗体相应的另一个可变区基因的文库（轻链库或重链库）配对，构建成“鼠-人杂合抗体库”，经过筛选获得有结合活性的杂合型抗体；然后，将得到的人轻链或重链可变区基因与另一条链（重链或轻链）的人可变区基因库组合，构建成人抗体库；最后经筛选过程，得到与原亲本鼠单抗特异性识别同一抗原的全人源抗体。2005年，Osbourn等利用链替换技术成功获得阿达木单抗（Adalimumab），并获得美国FDA批准上市，用于治疗慢性关节炎等免疫性疾病。

3. 亲和力成熟

抗体亲和力成熟（antibody affinity maturation）是指机体正常存在的一种免疫功能状态。在体液免疫中，再次应答所产生抗体的平均亲和力高于初次免疫应答，这种现象称为抗体亲和力成熟。体外抗体亲和力成熟属于体外功能蛋白质分子进化的范畴，它的研究策略多是基于对体内抗体亲和力成熟规律的认识基础而提出的。亲和力是抗体的重要生物学参数，高亲和力的抗体在很多方面都有非常重要的作用，主要表现在以下几个方面：①在疾病治疗领域，高的抗体亲和力可减少单次注射量，可进一步降低抗体的免疫原性，同时高的亲和力是高中和活性的前提，在体内只有亲和力较高的抗体才足以提供有效的保护作用，所以对抗体进行亲和力成熟可以大大提高抗体的临床应用价值。②在诊断领域，提高抗体的亲和力可以显著提高诊断的灵敏度，能够在疾病发生的早期确诊，从而提高疾病治愈的概率。③高亲和力抗体，特别是小分子抗体（如ScFv）在肿瘤的定位和成像方面具有很大的应用价值。

一般来说，鼠源单抗在进行人源化的过程中常常伴随着亲和力的降低，解离常数K_D值会下降到原来的十分之一左右。从天然抗体库或者合成的全人抗体库中筛选得到的抗体也会出现亲和力过低的情况，而在抗体治疗中需要10^{-10}mol/L的高亲和力抗体，甚至更高，所以这就需要亲和力成熟的过程。体外亲和力成熟可以通过一些定向进化的过程来实现，通常是进行数轮突变、展示、筛选和扩增。亲和力成熟主要包括以下几种方法。

(1) 易错 PCR (error-prone PCR)

通过改变 PCR 的条件，使目的基因片段错误地掺入核苷酸来随机引入突变。增加突变频率可以通过在每一轮 PCR 反应过程中使用低保真 DNA 聚合酶，改变 dNTP 浓度（使其中 1 种 dNTP 的浓度高于其他 3 种），适当提高二价阳离子 Mg^{2+}、Mn^{2+} 的浓度来达到，最后通过多轮 PCR 过程使得每一轮的突变累积起来，错配导致的突变频率可以达到 0.15%～3.0%。这是引入随机突变非常简单有效的方法，目前多是结合其他的技术一并应用。

(2) DNA 改组

DNA 改组可对较大的 DNA 片段（>1kb）引入突变。用脱氧核糖核酸酶（DNase I）对同源基因片段进行消化并纯化，得到 10～50bp 的随机 DNA 片段库，而后退火，在 DNA 聚合酶存在的条件下让这些片段以各自的引物进行聚合重组，筛选出来的高性能的全长产物又可作为下一次改组的起点，重复上述过程，直至得到所需产物。因同源片段之间存在各种点的序列上的差异，加之重组过程中可引入低水平的点突变，如果需要，可使用易错 PCR 的条件（紫外线照射或加入合成的寡核苷酸等），引入更多的突变，来推进体外分子进化。此法构建的多样性文库，可有效积累有益突变，目前被广泛用于亲和力成熟。

(3) 链替换 (chain shuffling)

记忆细胞再次接受抗原刺激，轻重链的配对组合会发生变化，基于结合动力学的优化组合被选择出来，这也是亲和力提高的一个重要原因。链替换技术是将某种抗原的抗体轻重链分别克隆，并构建轻重链置换文库。2000 年，Park 等就曾用此技术成功将一株抗体的亲和力提高了 65 倍。但这种方法也存在一定的问题，即天然抗体的轻重链可变区序列都是经过优化后的，所以单独运用此方法建库筛选，得到的最终序列很可能是原序列，所以此方法多作为辅助方法使用。

(4) 定点突变 (site-directed mutagenesis)

抗体的互补决定区往往集中在一起，组成一个与抗原结合的部位，研究证实这些部位的体细胞突变也最频繁，通过研究抗原结合部位的晶体结构，同时结合计算机软件的分析、同源建模、构象可及性、结合时可能发生的能态改变等方法发现优先突变位点，进而针对性地突变。定点突变在一定程度上依赖生物信息学知识，特别是对抗体分子建模和数据分析方面的要求较高，研究者还必须对抗体的三维结构及每种氨基酸之间的相互作用有充分了解，这样设计出的突变位点才能够对抗体的亲和力产生较大影响。此外，还可以通过丙氨酸（Ala）扫描或抗体结构知识推断等方法确定突变位点。

(5) CDR 步移 (CDR walking)

体细胞高频突变更倾向于发生在与抗原直接接触的 CDR 区，向此区域引入突变将对基因工程抗体的亲和力提高有明显作用。Yang 等提出采用序贯优化（sequential optimization）或者并行优化（parallel optimization）的方法对不同的 CDR 分别引入随机突变，基于抗原抗体结合性能的改变筛选出亲和力提高的突变体。

基因工程抗体亲和力成熟的过程是一个体外分子进化、多样化选择和扩增的过程。根据对抗体亲和力成熟的认知，有效引入体细胞高频突变，该策略是亲和力成熟的核心，而基于不同原理的突变策略的组合应用，可能对基因工程抗体的亲和力成熟有协同增强的作用。需要注意，抗体多样性的实现还与突变抗体库的库容紧密相关，增大抗体库的库容更易于筛选到高亲和力抗体。此外，基因工程抗体的展示技术（如噬菌体展示技术、酵母展示技术、细菌展示技术和核糖体展示技术）和表达手段对于亲和力成熟有很重要的辅助作用，高效的筛选方法对于获得高亲和力抗体也有着至关重要的作用。

三、双特异性抗体

双特异性抗体（bispecific antibody，BsAb），顾名思义，其具有两个不同的蛋白质识别位点，可以同时完成两种生物学功能，因此也称为双功能抗体（bifunction antibody，BfAb）。当然，需要明确的是，双特异性抗体虽然有结合两种抗原的能力，但是其设计的初衷并不是让它同时针对两种病症。由于具有两个靶标结合位点，双特异性抗体具有其他抗体难以比拟的优势——介导，而这也是目前人们对双特异性抗体最热衷的应用。例如，制造一个既可以识别靶标位点，又可以和效应细胞（通常是 T 细胞）特异性结合的双特异性抗体，以实现引导效应细胞杀伤靶细胞的效果。其最大的好处是靶向性极强，药物更容易指向性富集在病变细胞周围发挥作用，从而大大减少对非靶细胞或组织的伤害。也因为靶向性强，双特异性抗体在药物本身的用量上要求也比较小，因而具有毒副作用低的优势，这些特点在肿瘤的治疗方面意义尤其重大。

双特异性抗体的制备方法大致分为两种。一种是通过化学试剂，在体外直接完成抗体分子的杂交，通过交联剂的介导得到。另一种方法则是通过基因工程技术实现抗体的构建。总的来说，化学试剂的引入一般会使抗体药物在安全性方面存在隐患，因此目前采用得不是很多，绝大多数还是采用生物学方法，通过基因工程来构建目标抗体。双特异性抗体构建的核心设计在于如何使两种不同的轻重链融合在同一个抗体分子中。根据其构建方式的不同，双特异性抗体可分为以下两种。

最简单的一种方法是直接把两种不同抗体的各半个分子组合在一起，形成新抗体，如图 7-9(a) 所示。在具体的操作方面，一种办法是直接在体外利用物理化学方法，通过一些蛋白质剪切剂和交联剂实现这种人为的拼接，得到双特异性抗体。但是这种方法引入了一些试剂，使得抗体在安全性上存在隐患，因此一般不采用。另一种拼接方法是通过多次杂交，把可以产生两种不同抗体的杂交瘤细胞再次进行杂交融合，则在杂交-杂交瘤细胞中就可能产生双特异性抗体。有报道称这种方法抗体成功杂交的概率较低，而且二次杂交后的细胞很不稳定，因此也很少被采用。

另一种双特异性抗体是通过基因工程手段，以一种完整的单抗为基础，仅把另一种单抗的可变区克隆拼接到基础抗体的可变区而制备的，其结构如图 7-9(b) 所示。这种双特异性抗体是基于双可变区 IgG 技术，得到的抗体任意一条轻链和重链上都携带有两个蛋白质作用位点。目前，通过双可变区技术构建的双特异性抗体已经有成功用于疾病治疗的案例，比较典型的是抗 IL-1α/1β 的双特异性抗体对 IL-1α/1β 的双重阻断。但是，双可变区 IgG 技术也有一些潜在问题，例如，有人就提出两个可变区密集在一起，将会影响到蛋白质的正确构象，以及可能会存在表位遮蔽等问题。

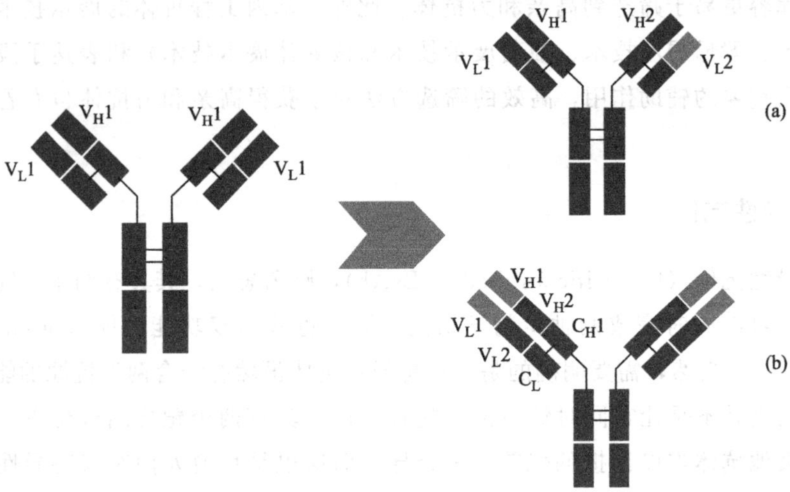

图 7-9

双特异性抗体构造示意图

(a) 拼接方法得到的双特异性抗体；(b) 通过基因工程手段得到的双特异性抗体

四、抗体-药物偶联物

抗体-药物偶联物（antibody-drug conjugate，ADC）是通过一个化学连接将具有生物活性的小分子药物连接到单抗上（图 7-10）。ADC 又称为免疫偶联物，属于靶向抗肿瘤药物。当抗体和肿瘤细胞表面的抗原特异性结合时，ADC 可将药物成功释放到肿瘤细胞的特定部位。在临床实践中，治疗性抗体虽然靶向性强，但是由于其分子量高，对于实体瘤的治疗效果有限。小分子的化学药物虽然具备对癌细胞的高度杀伤效力，却也常常误伤正常细胞，引起严重的副作用。因此，在癌症治疗的临床实践中，常常互补地使用“化学疗法”和“免疫疗法”。

临床上的需求对制药界研发抗癌药物提出了新的要求——需要直接构建“抗体-化学药物偶联剂”，利用抗体对靶细胞的特异性结合能力，输送高细胞毒性化学药物，以此来实现对癌变细胞的有效杀伤。在药物设计中，抗体成为定点输送化学药物的“生物导弹”，而化学药物则是“导弹”中具有杀伤效力的“战斗部”。近年来，抗体-药物偶联物的概念逐渐变为了现实。

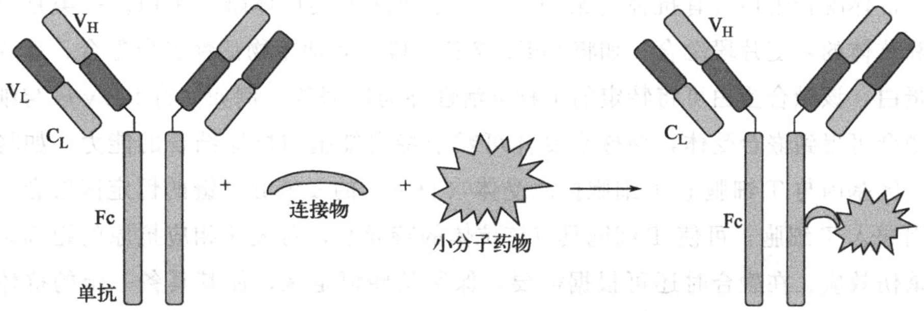

图 7-10

抗体-药物偶联物示意图

新型抗体-药物偶联物仍然存在着细胞毒素提前释放进入全身循环的安全性问题，如何保证抗体-药物偶联物在到达靶标细胞后才释放毒素，是现阶段临床研究中的一大挑战。同时，抗体-药物偶联物的连接体稳定性也依然对交联剂有很高的要求，需要不断对连接体进行选择。早期 ADC 药物的研发失败，多是由于连接与技术的落后，直接影响了 ADC 药物的安全性和有效性。ADC 药物的产业化制备工艺复杂，包括重组抗体制备、化学药物与抗体的偶联反应、ADC 药物的制剂与质控等环节。此外，化学药物与抗体的连接反应一般在中性缓冲液中完成，缓冲液的配制和使用应杜绝微生物污染等问题，因此，ADC 药物的生产车间对于环境的要求远高于生产生物制品的动态药品生产管理规范（cGMP）车间。不过，抗体-药物偶联物在肿瘤治疗领域依然具有明显的优势和强劲的研发势头，具有广阔的发展空间。

五、抗体融合蛋白

抗体融合蛋白（antibody fusion protein）是指利用基因工程技术将抗体片段与其他生物活性蛋白质融合所得的产物。抗体融合蛋白兼容了抗体的特性和所融合的功能蛋白的活性。融合蛋白的不同，使得抗体融合蛋白具有多种生物学功能，并且表达的重组蛋白既不影响抗体片段与抗原的结合能力，也不影响与之融合的蛋白质的生物学特性。以前的抗体融合蛋白的构建主要采用化学交联的方法，但这样的抗体交联蛋白组成不均一、性能不稳定、分子大、穿透能力低、免疫原性强。随着基因工程和基因工程抗体技术的迅速发展，特别是 20 世纪 90 年代以来噬菌体抗体技术的发展，不仅使抗体片段的筛选和制备越来越方便，而且由于基因工程抗体片段具有分子小、功能强、稳定性高、易于基因融合的特点，抗体融合蛋白的构建也越来越方便。基因工程构建的抗体融合蛋白由于其稳定的基因源，和基因工程抗体一样，可在原核生物、单细胞真核生物、哺乳类动物以及植物中得到有效的表达，其可使大规模生产抗体融合蛋白成为可能，具有很大的应用潜力。其可广泛用于免疫诊断、免疫治疗、抗体纯化及抗体和抗原的定量分析等，特别是用于免疫导向药物的制备。

抗体融合蛋白的构建形式主要有两种，即根据抗体的可变片段和恒定片段分别利用，使抗体融合蛋白具有抗体的某项特性，形成两大类抗体融合蛋白。一类是将功能蛋白和抗体的可变片段融合，如将 ScFv 或 Fab 段与其他生物活性蛋白融合，形成抗体融合蛋白，该融合蛋白可将特定的生物学活性导向靶部位。例如，将 ScFv 段与细胞膜蛋白融合可得到嵌合受体，该嵌合受体可赋予特定细胞与抗原结合的能力，如将抗体的可变区基因与 T 细胞上 T 细胞抗原受体（TCR）的 α 链和 β 链的恒定区融合，将融合基因导入 T 细胞，可使 T 细胞具有该抗体的特异性，对表达相应抗原的靶细胞产生细胞杀伤效应。在融合时还可根据需要，保留某些恒定区，使其具备一定的抗体生物学效应或功能。另一类是将功能蛋白和抗体的恒定片段融合，该融合可产生两种效果：一是延长该蛋白质分子在血液中的半衰期；二是通过该蛋白质分子与其配体的相互作用，将 Fc 段的生物学效应引导到特定目标。一个突出的例子是 CD4 与 Fc 融合的构建，将 CD4 分子的细胞膜外部分基因与 Fc 基因融合后在真核细胞表达，分泌到胞外，此融合蛋白可阻断人类免疫缺陷病毒（HIV）对敏感细胞的感染，可对 HIV 感染的细胞介导 ADCC 活性，可激活补体。由于 CD4 属于黏附分子范畴，CD4-Fc 融合蛋白又称为免疫黏附素。另一个免疫黏附素的例子是肿瘤坏死因子受体和 IgG Fc 受体的融合蛋白。

基于基因工程抗体分子和基因融合的抗体融合蛋白的特点，用于免疫导向的基因工程抗体融合蛋白又引起了人们的广泛兴趣。目前免疫导向药物已经用于杀伤肿瘤细胞、血栓溶解等临床疾病的治疗，免疫导向药物可以减少对正常细胞的非特异性杀伤。例如，能够识别肿瘤细胞的抗体 Fab 和 ScFv 与假单胞菌外毒素 A、肿瘤坏死因子、白介素 2 及 β-内酰胺酶等融合，能维持双方蛋白质的特性，其融合的毒素、细胞因子等可直接杀伤肿瘤细胞或介导 T 细胞产生杀伤效应。其他再如 B7-抗体融合蛋白可用于 T 细胞增生的共同刺激，抗 CD20 抗体和人的 β-葡糖醛酸酶融合蛋白可用于抗体导向的酶前体药物的治疗等。

目前抗体融合蛋白构建的主要问题是抗体分子和功能蛋白之间的连接问题，常用的连接肽有刚性连接肽和柔性连接肽。对于连接肽的选择，既要提高抗体融合蛋白的稳定性，又要减少其副作用——连接肽应具有足够的柔软性和亲水性，以保证抗体和功能蛋白的正常折叠和双方融合蛋白活性的继续保持。还要求连接肽不能轻易断裂或水解，以提高抗体融合蛋白的稳定性，而且连接肽应该尽量短以及保持中性以降低其临床应用时的免疫原性，可通过基因修饰减少其副作用。

用于免疫导向的抗体融合蛋白应增加抗体分子和功能蛋白的多样性，提高抗体分子的特异性和亲和力，以及功能蛋白的专一性。由于高活性的抗体融合蛋白的表达相当困难，产率低，还应通过各种表达途径和表达方法提高其表达产量和生物活性。

六、胞内抗体

抗体工程技术的进展使得人们能够对抗体分子进行改造，同时，基于对细胞内转导信号的深入了解，可将基因工程抗体导向不同的亚细胞区室，这两项重要进展的结合，派生出了一项全新的可阻断细胞内重要靶蛋白的胞内抗体技术——胞内抗体（intracellular antibody），是指在非淋巴细胞内表达并被定位于亚细胞区室（如细胞核、细胞质基质或某些细胞器），特异性干扰或阻断靶分子的活性或加工、分泌过程，从而发挥其生物学功能的一类新型工程抗体。它是靶向细胞内抗原，具有特异性高、亲和力强的结合特性，并能在特定的亚细胞中稳定表达的免疫球蛋白。

尽管胞内抗体能够以不同的形式表达，但最常见的是 ScFv 和 Fab 形式。①ScFv 抗体分子结构简单，由抗体的重链可变区与轻链可变区通过一短肽（$GGGGS_3$）连接而成，它基本保持了亲本抗体对抗原的亲和力。可变基因不仅可通过提取某一特异性杂交瘤细胞 mRNA 后用逆转录聚合酶链反应（RT-PCR）获得，而且噬菌体抗体库技术为其获取提供了丰富的资源。由于 *ScFv* 基因结构简单，便于体外重组操作，当前已成为胞内抗体技术中最常采用的抗体形式之一。②Fab 包括重链的 V_H-C_H1（Fd 段）和完整轻链，两者通过一个链间二硫键连接，约为完整抗体的 1/3。Fab 具有与抗体相同的抗原结合特性，但是其重链和轻链必须在内部核糖体入口位置同时表达才有实际应用价值。针对不同的实验目的，对 ScFv 蛋白的 N 端或 C 端进行一些修饰，就可将 ScFv 人为地滞留于各个亚细胞区室中。将来源于 SV 40 大 T 抗原的核定位信号（NLS）或 TAT 核仁前导序列信号同 C 端连接，可以制成核滞留型或核仁滞留型胞内抗体。在 N 端融合一段导肽或在 C 端引入一段内质网滞留信号（KDEL），可使 ScFv 滞留于内质网。因为内质网是多种生物活性蛋白加工、分泌的通路，将抗体滞留于内质网管腔或内膜上，大大增加了抗体与靶蛋白相互作用的机会。

胞内抗体可在肿瘤细胞特定的亚细胞器中表达并且靶向抗原底物，进而应用于肿瘤基因治疗。目前研究较多的靶蛋白主要包括：表皮生长因子家族（EGFR、ErbB-2、ErbB-3、ErbB-4）、白细胞介素 2 受体（IL-2R）、Ras 蛋白、叶酸受体（FR）、抑癌蛋白 p53、Bcl-2 蛋白、c-Myb 蛋白以及Ⅳ型胶原酶等与肿瘤发生发展各个阶段密切相关的重要蛋白质。例如，Richardson 等构建了抗白细胞介素-2 受体拮抗剂的 ScFv，转入 Jurkat T 细胞中，在细胞内表达的 ScFv T 细胞抗原偶联受体可完全抑制细胞表面 IL-2R 的表达，其机制可能是在内质网中将表达的受体链降解。研究表明，ScFv 胞内抗体为研究 IL-2R 在 T 细胞活化、IL-2 信号转导和白血病细胞生长抑制提供了一个有价值的工具。

胞内抗体在艾滋病（AIDS）的基因治疗中有广泛的应用前景。它作用于病毒结构蛋白、调节蛋白、酶蛋白，并具有在特定细胞器与靶结构结合、抑制病毒生活周期不同阶段的功能，而这些靶结构都是 HIV-1 病毒生存、繁殖的必需结构。例如，HIV-1 包膜糖蛋白是作为 gp160 前体合成的，并在高尔基复合体内分裂为成熟的 gp120/41 蛋白。gp120 与未感染细胞的 CD4 受体的相互作用不仅对病毒感染而且对 $CD4^+$ T 细胞耗竭、功能失调和 CD4 介导的细胞信号破坏都有重要作用，这将有助于 AIDS 发病机制的研究。胞内抗体 ScFv 105 可以在内质网结合 gp 160 前体从而阻止其向细胞表面的转运，导致病毒颗粒不具备感染力。在 HIV-1 感染的细胞内，胞内抗体 Fab 105 与

gp160 前体结合并抑制其加工整合，产生弱或无感染力的病毒颗粒。此外，分泌到细胞外的 Fab 105 可以中和胞外游离的病毒颗粒，保护未被感染的周围细胞。

胞内抗体的应用范围已经拓展到中枢神经系统疾病、移植排斥和自身免疫疾病等领域。亨廷顿舞蹈症（HD）是常染色体显性遗传的缓慢进行性基底节和大脑皮质的变性疾病，临床以舞蹈、进行性痴呆、精神情感障碍为主要表现，其特征是亨廷顿蛋白（htt）的 N 端有多个谷氨酰胺，诱导病理性的蛋白质间相互作用形成多聚体而致病。抗亨廷顿蛋白的 N 端 17 个氨基酸多肽的胞内抗体可减少多聚体的形成，可用于该疾病的治疗。Miller 等首先发现了 htt 特异的胞内抗体（C4）选择性作用于可溶的 C 端片段，C4 通过结合非团聚的 htt 降低了 C 端 htt 片段的稳态水平。

尽管胞内抗体在一些疑难疾病的治疗方面显示了良好的应用前景，但它真正用于疾病治疗前还存在一些问题：抗靶分子的抗体基因如何到特定的组织细胞内；载体的研究还需要更多进展；胞内抗体基因在细胞内能不能持久稳定地表达以达到足够的细胞内浓度；胞内抗体的毒性和免疫原性问题；如何增加胞内抗体的正确折叠、保持生物活性、延长血中半衰期；如何获得大量有治疗价值的胞内抗体等。这些问题还有待于进一步的研究和临床试验。

第四节 基因工程抗体药物的生产

广义上，基因工程抗体药物的生产通常需要经历稳定细胞株的构建、抗体的表达、分离纯化与鉴定等过程。

一、稳定细胞株构建

哺乳动物细胞因能够进行准确的蛋白质折叠与修饰，故为目前抗体表达的最佳宿主之一。其中，中国仓鼠卵巢细胞（CHO）因其重组蛋白的糖基化形式与人体的糖基化形式最相似，而成为治疗性抗体表达的主流宿主。对于哺乳动物细胞表达而言，通常分为瞬时表达和稳定表达。瞬时表达通常只用于快速生产大量抗体，以用于抗体性质和功能的鉴定。瞬时表达的抗体纯度及批次间同一性不稳定，故极少用于临床治疗。目前，临床治疗所用的抗体都是来源于稳定细胞株的表达，构建高效的稳定细胞株是进行抗体产业化大批量生产的首要任务。稳定细胞株的构建主要包括表达系统的选择、表达载体的构建、宿主细胞的选择及筛选策略的选择等。

1. 表达系统的选择

稳定细胞株筛选系统主要分为抗生素加压筛选系统和基因扩增系统。

抗生素加压筛选能稳定整合抗体基因的细胞，常用的抗生素有潮霉素 B、嘌呤霉素等。添加抗生素后，未整合抗体基因的细胞及已稳定整合抗体基因但表达量低的细胞将被抗生素杀死，而生存下来的细胞均是稳定整合了抗体基因的细胞。

在基因扩增中提高抗体基因拷贝数可实现抗体产量的提高。目前上市的抗体药物主要利用二氢叶酸还原酶（dihydrofolate reductase，DHFR）筛选系统（图 7-11）和谷氨酰胺合成酶（glutamine synthetase，GS）筛选系统进行生产。DHFR 筛选系统利用氨甲蝶呤（MTX）抑制 DHFR 基因的功能，因此 DNA 合成只能通过补救途径合成。此时只能利用次黄嘌呤-鸟嘌呤磷酸核糖基转移酶（HGPRT）和胸腺嘧啶核苷激酶（TK）分别以次黄嘌呤和胸腺嘧啶为底物合成 DNA；GS 筛选系统中谷氨酰胺合成酶利用谷氨酸盐和铵盐合成谷氨酰胺，MSX 抑制细胞中的谷氨酰胺合成酶，从而实现基因扩增的功能。

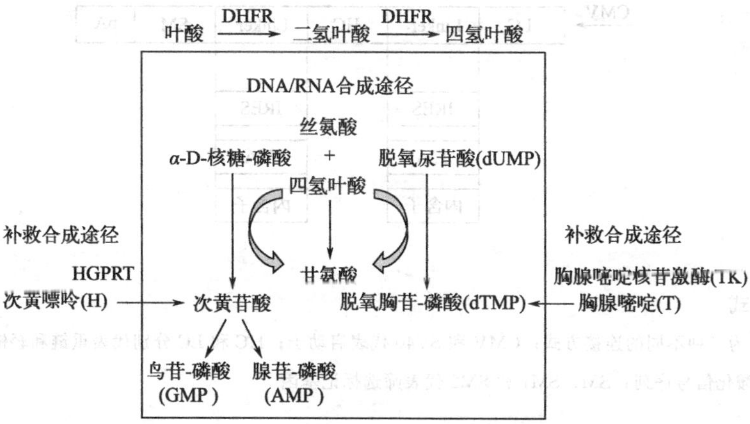

图 7-11

二氢叶酸还原酶在 DNA 合成中的作用

2. 表达载体的构建

为了增强目的基因的表达，一方面可以通过对目的蛋白的编码基因进行改造，例如可以通过密码子优化来增强目的基因在宿主细胞中的转录和翻译，也可以优选合适的信号肽来增强目的蛋白的翻译和分泌。另一方面对阅读框的骨架区（除目的基因之外的区段）进行改造也是优化载体的主要内容，如在启动子之后加入增强子可以增强转录，在目的基因的 5′端和 3′端添加非翻译区可以增强转录或提高 mRNA 的稳定性，运用染色体开放元件（ubiquitous chromatin opening elements，UCOEs）可以使开放阅读框在宿主细胞染色体上长期保持开放状态，运用核支架/基质结合区（scaffold/matrix attachment regions）可以使目的基因长期保持与核基质的接触，进而使目的基因可以长期转录。

对于抗体稳定细胞株的筛选，表达载体通常包括抗体的轻链、重链及筛选标记基因。目前用于稳定细胞株筛选，一方面可以把抗体轻链、重链分别连到 2 个质粒上，而这 2 个质粒上分别带有筛选标记基因的阅读框［图 7-12(a)］。另一方面可以把抗体的轻链、重链和筛选标记基因连到同一个质粒上，而后者有两种情况：其一把轻链、重链和筛选标记基因分别连到 3 个独立的开放阅读框中，3 个阅读框连到 1 个质粒上

[图 7-12(b)]；其二把轻链、重链和筛选标记基因连到同一个阅读框中，如通过自裂解多肽 T2A、内部核糖体进入位点（internal ribosome entry site，IRES）、顺反子及内含子等来连接 3 个基因 [图 7-12(c)]。

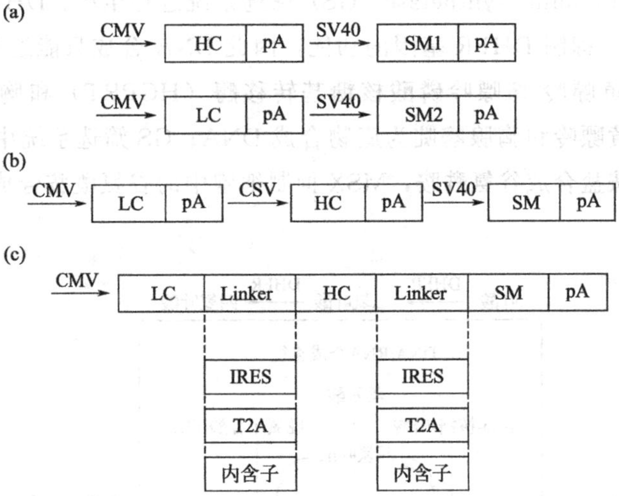

图 7-12

载体的构建方式

(a)、(b)、(c) 为三种不同的连接方式；CMV 和 SV40 代表启动子；HC 和 LC 分别代表重链和轻链；pA 代表多腺苷酸化信号序列；SM、SM1 和 SM2 代表筛选标记基因

为了在较低的抗生素剂量下就可得到较好的筛选效果，一般对筛选标记基因的开放阅读框进行弱化，使抗生素标记基因的表达减弱。通常对抗生素标记基因的开放阅读框使用弱启动子，或者把抗生素标记基因置于 IRES 介导的最后一个顺反子上。

3. 宿主细胞的选择

目前，用于抗体生产的细胞主要包括 CHO 细胞、鼠淋巴细胞以及鼠杂交瘤细胞等。

(1) CHO 细胞

中国仓鼠卵巢细胞（Chinese hamster ovary cell，CHO 细胞）是生物仿制药商业化生产中最广泛应用的宿主细胞之一，它在 20 世纪 50 年代被分离出来。CHO 细胞属于成纤维细胞，很少分泌内源蛋白，对目标蛋白的纯化等工作非常有利。它具有肿瘤细胞所具有的不死性，可以无限传代。

由 CHO 细胞衍生出了遗传性质不同的细胞系，如 DG 44、CHO-K1、DUK-DXB11、CHO-S 等。DG 44 是二氢叶酸还原酶缺陷型（$DHFR^-$）细胞，常用于构建重组蛋白，生产细胞株。*dhfr* 基因编码的二氢叶酸还原酶是进行嘌呤、胸苷合成所必需的酶，缺少它细胞将无法生存。因此可将 DHFR 用作 DG 44 蛋白表达的筛选标记基因扩增点。CHO-K1 细胞存在遗传缺陷，在培养过程中需添加 L-谷氨酰胺以维持其生长。

为了解决CHO细胞在工业生产过程中的一些问题，科学家们对CHO细胞进行了工程化改造，如改造CHO细胞的分泌通路以增加CHO细胞的表达量；改造CHO细胞的糖基化通路来改造目的抗体的糖基化形式；改造CHO细胞的氨代谢来增强CHO细胞的氨耐受；改造CHO细胞的凋亡途径来延长CHO细胞的表达时间等。通过数十年的发展，CHO细胞已成为重组蛋白最重要的表达系统之一，其大规模培养技术及其生物反应器可广泛应用于抗体、基因重组蛋白药物、病毒疫苗等生物技术产品的研究开发和工业化生产。

(2) 鼠淋巴细胞

NS0和Sp2/0-Ag14被广泛用于抗体生产。NS0细胞是小鼠骨髓瘤细胞系NS-1的一个亚克隆，NS0本身不分泌免疫球蛋白，不能合成抗体轻链。Sp2/0是一种融合细胞系，使用事先免疫过绵羊红细胞的BALB/c小鼠，取其脾细胞，将该脾细胞与骨髓瘤细胞系P3X63Ag 8融合，经过多次传代筛选，得到Sp2/0-Ag14稳定细胞系。NS0和Sp2/0-Ag14可以作为融合细胞与免疫后的鼠脾细胞融合，进行抗体筛选，也可以作为工程细胞株生产抗体。

(3) 鼠杂交瘤细胞

除了鼠抗体，鼠杂交瘤细胞也可用于生产人类抗体。然而，与原始杂交瘤细胞不同，脾细胞是从转基因小鼠体内获取，其中编码鼠免疫球蛋白的基因系由人基因替换。

4. 筛选方式

高产细胞株的筛选方式是抗体药物工艺开发过程中的瓶颈之一。传统方法的开发时间往往超过6个月，并且可筛选的克隆数受到显著限制。自21世纪以来，市场对治疗性蛋白的需求量大大提高，所以需要建立更加高效、低成本、高通量的哺乳动物细胞筛选方法。

(1) 传统方法

克隆技术的选择很大程度上依赖于特定细胞系的属性。贴壁细胞的克隆相对容易，其单克隆细胞团很容易分辨，培养皿、多孔板、摇瓶中都可进行实验。可用的实验方法包括克隆环、点样法等。

(2) 流式细胞术

流式细胞仪和细胞分选技术明显提高了细胞筛选的通量。近年来，流式细胞仪已经成为哺乳动物细胞培养的重要研究工具，它既可以分析细胞的不同参数，又可在极短时间内将单细胞或者细胞亚群从混合细胞群体中分离。

(3) 基于细胞分泌量的筛选

若分泌蛋白迅速从细胞表面脱落，流式细胞仪将无法检测到蛋白的分泌，因此需要将重组蛋白保留在分泌区附近。凝胶微滴技术和微阵列分泌测定法的发展促进了这类细胞产量的检测和筛选。

(4) 自动化系统

Genetix公司和AVISO GmbH公司分别开发的Clone Pix系统和CellCelector系统

均为商业化的自动菌落挑选仪，可应用于细菌、真菌菌落及哺乳动物细胞的筛选。在此过程中细胞被培养在半固体培养基（以便于分泌蛋白保留在培养基中），然后通过荧光标记的抗体将分泌蛋白可视化。

二、抗体的表达

1. 无血清培养基优化

细胞培养基是细胞生长、繁殖的生存环境，为细胞提供正常代谢所需的营养物质。由最初的简单模拟动物体内环境的培养液发展至今，动物培养基经历了天然培养基、合成培养基及无血清培养基 3 个阶段。无血清培养基是在合成培养基的基础上，添加成分部分或完全明确的血清替代组分，在满足细胞培养要求的同时，避免了由血清添加引起的批间差异大、含内源污染物、不利于下游纯化等问题。无血清培养基根据主要补充因子的不同，大致可分为以下 4 类。

① 一般意义上的无血清培养基：不含血清，但通过添加大量动物或植物蛋白（如牛血清白蛋白、动物激素等）来取代血清的作用。该类培养基蛋白含量虽低于含血清培养基，但仍含有大量蛋白质，不利于目的产物的纯化，会增加下游工艺成本。

② 无动物来源物质培养基：该类培养基添加了非动物来源的营养物质，如植物或酵母水解物等。完全不用动物来源蛋白（无动物衍生蛋白），从而降低了原材料带来污染的风险，也减少了成本。

③ 无蛋白质培养基：不含大分子蛋白质成分，可能含有一些蛋白质衍生物，如蛋白质水解物、小肽等物质。由于不含蛋白质，该类培养基利于目的蛋白的分离纯化。

④ 化学成分限定培养基：该类培养基化学成分明确，细胞培养与生产一致性好，产物分离纯化容易、成本低、管理容易。但适合的细胞系有限，需针对不同细胞株进行个性化开发。

鉴于在稳定细胞株构建过程中，不同细胞株抗体基因整合位点不同，可能导致细胞株在代谢途径、信号转导途径及营养需求等方面出现差异，为候选的生产用细胞株进行个性化无血清培养基优化是培养工艺优化中的必需环节。培养基优化主要基于培养过程分析和统计分析设计。培养过程分析是把细胞代谢流分析与补料策略结合，进行消耗组分分析、化学计量分析等，最终建立细胞生长、代谢与表达的数学模型；统计分析设计主要运用统计学中的正交设计、混合设计、响应面法、最速上升法及均匀设计等方法。

2. 培养工艺优化

动物细胞培养方式，一般分为批次培养（batch culture）、流加培养（fed batch culture）、连续培养（continuous culture）和灌流培养（perfusion culture）。目前在售抗体主要采用流加培养和灌流培养两种方式，其中前者应用更为广泛。

流加培养前期与批次培养相似，但在培养过程中会根据需要连续或间歇补充新鲜培养基或营养物质。流加培养把营养物浓度始终维持在一个合理的范围内，从而提高了营养物质的利用效率，也避免了铵离子和乳酸等有毒代谢物的积累。流加培养能够使细胞的指数增长期和稳定期延长，从而提高表达量，已逐渐成为目前主流的培养模式。

灌流培养与连续培养相似，它们的不同之处在于在灌流培养取出部分条件培养基时，绝大部分细胞均保留在反应器内，而连续培养在取培养物时同时也取出了部分细胞。流加新鲜培养基可以不断带来必需的营养物质；同时不断排出培养基，可带走代谢副产物如乳酸、氨等，使其维持在低浓度水平，而不会抑制细胞的生长表达，此环境下可以获得较高的细胞增长速率及高表达产率。

3. 生产的线性放大

根据治疗性抗体本身的特点（单次注射剂量高达40～100mg），只有大体积的生物反应器才能满足市场和临床治疗的需求。因此抗体表达的线性放大也是抗体产业化的一个重要环节，线性放大过程一般以1∶10～1∶5的比例进行放大。早期（小体积）一般以摇瓶（30mL）方式进行培养，放大至500mL后，在生物反应器中用搅拌混匀的方法进行培养。

对于抗体表达而言，目前主流的生物反应器为搅拌式生物反应器。多种工艺参数需要在细胞培养过程和线性放大过程中进行优化，包括物理、化学及生物等多方面参数。其中，温度、气流流速、搅拌桨形状及搅拌速度属于物理参数；溶解氧浓度、溶解二氧化碳浓度、渗透压、pH、氧化还原电位及代谢物水平（如底物、氨基酸、代谢副产物浓度变化）属于化学参数；而生物参数则包括活细胞密度、细胞活率、还原型烟酰胺腺嘌呤二核苷酸（reduced nicotinamide adenine dinucleotide，NADH）、乳酸脱氢酶（lactate dehydrogenase，LDH）浓度水平、线粒体活性及细胞周期分析等，用以监测与分析细胞的生理状态。在细胞培养过程中，这些参数与细胞增殖、重组蛋白的表达水平及产物的性质息息相关。

三、抗体的纯化

抗体纯化的目的是将抗体与其他杂质进行分离，得到单一、高特异性、高纯度、低潜在危害的抗体药物。抗体药物，特别是用于人体的，其纯化过程需要极高的可靠性及可预测性。在保证一定得率的前提下，抗体纯化需要去除包括宿主细胞蛋白、核酸、培养基成分、内源性病毒、内毒素、抗体聚体及其他非特异性抗体等杂质。此外，在纯化过程中引入的杂质（如脱落的蛋白A、残留缓冲液等）都需要彻底去除。

抗体表达的收获液通过离心过滤，去除细胞及细胞碎片，得到适于进行色谱吸附的培养基上清。此后经过蛋白A亲和色谱纯化得到高纯度的抗体，经低pH及1～2次离子交换色谱（阴离子与阳离子），得到精纯，然后进行病毒过滤，最后将纯化的产物浓缩，换液至最终的制剂缓冲液中。

蛋白A亲和色谱柱被广泛应用于抗体的捕获，它通过蛋白质与特异性配体可逆的相互作用实现目的蛋白的分离。蛋白A是一种从金黄色葡萄球菌细胞壁中分离的蛋白

七

质，能特异性地与人或哺乳动物抗体（主要是IgG）的Fc区域结合。天然的蛋白A由10种氨基酸组成。蛋白A亲和色谱法操作简便，预处理后的细胞上清可直接上样。在pH 6.0～8.0条件下，抗体与介质结合，而其他杂质（如宿主细胞蛋白、细胞培养基组分等）随缓冲液淋洗被去除。随后使用强酸性缓冲液，在pH 2.5～4.0的条件下将蛋白A上结合的抗体洗脱下来。由于具有高特异性、高亲和力、高效率等优点，蛋白A被广泛应用于色谱纯化的第一步。经过蛋白A纯化步骤后，产品可达到较高的纯度，并且纯化过程去除了易导致产物降解的蛋白酶及培养基组分，产品变得更加稳定。

抗体经蛋白A亲和色谱初纯后，还需要进一步精纯，以去除残留的宿主细胞蛋白、核酸、残留培养基组分及脱落的蛋白A，而达到产品要求的纯度。精纯常用的方法有阴离子交换色谱、阳离子交换色谱、疏水作用色谱、羟基磷灰石色谱和分子筛，其中阴离子交换色谱和疏水作用色谱采用流穿模式，阳离子交换色谱和羟基磷灰石色谱采用结合-洗脱模式。

四、抗体药物的质控

治疗性抗体药物作用机制的多样性和复杂性对抗体质量提出了较高的要求，抗体的质量直接影响药物的有效性和安全性。与小分子药物相比，抗体结构的复杂性使其质量控制的项目更加复杂化和多样化。作为蛋白质类药物，生产工艺本身就很复杂，生产中的多个环节都会影响抗体的质量，因此需要采取多种质量控制项目和方法对单抗药物的各种属性进行评价，旨在保证抗体药物的有效性和安全性。

按照《中国药典》（2025年版）及国内外相关抗体的质控标准，抗体的质量控制应包括抗体本身的质控、生产抗体的原材料的质控、抗体生产过程的质控及与销售相关的质控。

第五节 代表性单克隆抗体药物

本节简单介绍3个比较典型的“重磅炸弹”级的治疗性抗体药物产品。

一、阿达木单抗

阿达木单抗（adalimumab）由英国CAT公司与美国雅培（Abbott）公司联合研制开发，于2003年1月在美国上市，2010年在中国获准上市。多年来一直是单抗药物全球市场的领军者。

阿达木单抗是一种与人肿瘤坏死因子α（TNF-α）高效特异性结合的人源化单克隆抗体（D2E7），分子量为148000。TNF-α是一种细胞因子，通常在炎症和免疫应答中出现，作为信号分子在病理性炎症和关节破坏方面起重要作用。例如，在类风湿关节炎患者的滑膜液中，TNF-α 的表达水平升高。阿达木单抗可以特异地与 TNF-α 结合，并阻断其与细胞表面 TNF-α 受体的相关作用，阻断与疾病发生和发展相关的信号通路。而且该抗体具有补体依赖的细胞毒性作用，可以清除表达 TNF-α 的细胞。该产品对 TNF-α 高度特异，不与肿瘤坏死因子 β（TNF-β）（淋巴毒素）结合，其不良反应较小。

阿达木单抗的制备：阿达木单抗是在CHO表达系统中表达的重组全人源化 TNF-α 单克隆抗体，通过噬菌体展示技术筛选获得，由人重链、轻链的可变区和人 IgG1 的 κ 链恒定区组成。制备阿达木单抗的第一步为定向选择法，即以鼠抗人 TNF-α 抗体 MAK195 分离与其中和表位一致的人源化抗体，MAK195 重链和轻链的 V 区可以与人源蛋白配对，以重组人 TNF-α 为抗原进行抗原结合筛选，得到对应的噬菌体抗体文库，最终选择出用以产生全人源抗 TNF-α 抗体的人重链和轻链 V 区基因。再将含目的基因的重组质粒转染到 CHO 宿主细胞中进行表达，以标准化的发酵和分离纯化工艺制备符合质量标准要求的阿达木单抗产品。

目前市售的阿达木单抗成品制剂中主要包含甘露醇、柠檬酸一水合物、柠檬酸钠、磷酸二氢钠二水合物、磷酸氢二钠二水合物、氯化钠、聚山梨酯 80、氢氧化钠和注射用水。主要剂型为预填充于注射器中的注射液，单支注射液的规格为 40mg/0.8mL，一般通过皮下注射给药。

阿达木单抗主要用于类风湿关节炎（RA）、银屑病（Ps）、幼年型特发性关节炎（JIA）、银屑病关节炎（PA）、强直性脊柱炎（AS）、克罗恩病（CD）和炎症性肠病的治疗。用于类风湿关节炎的治疗时，该产品需要与氨甲蝶呤合用。对于患有类风湿关节炎和强直性脊柱炎的成人患者，建议用量为 40mg，每两周皮下注射单剂量给药，通常在治疗 12 周内可获得临床应答。

二、贝伐珠单抗

贝伐珠单抗（Bevacizumab）由罗氏（Roche）和基因泰克（Genentech）开发，于 2004 年 2 月 26 日获得美国 FDA 的批准，是第一个在美国上市的抑制肿瘤血管生成的药物。

贝伐珠单抗的作用靶点为血管内皮生长因子（vascular endothelial growth factor，VEGF）。美国哈佛大学 Folkman 博士提出著名的 Folkman 理论——肿瘤的生长必须依靠新生血管来提供足够的氧气和营养。血管内皮生长因子在血管内皮细胞中特异地与肝素结合，在体内可诱导新血管的生成。过表达的 VEGF 通常作为肿瘤发生和发展的主要标志物之一，目前临床上也将 VEGF 水平的检测作为肿瘤诊断的依据之一。以 VEGF 作为肿瘤治疗的靶点也是众多科学家和制药企业努力的方向。

贝伐珠单抗通过抑制血管生成而发挥抗癌作用，它与血管内皮生长因子结合，抑制血管的新生，阻断血管对肿瘤的血液供应，进而抑制肿瘤细胞在体内的扩散和增殖。

贝伐珠单抗为重组人源化 IgG1 型单克隆抗体，以重组人类 VEGF 的 165-氨基酸异构体为免疫原，可以制备一系列的鼠源性单克隆抗体，从中发现属于 IgG1 型的 A. 4. 6. 1 抗体在中和人 VEGF 方面具有一致且明显的作用（如抑制内皮细胞分裂），因此，在 A. 4. 6. 1 鼠源性单克隆抗体的基础上，通过基因工程手段进行人源化改造，最终开发得到了一种靶向人 VEGF 的人源化单克隆抗体——贝伐珠单抗。贝伐珠单抗与人和鼠的同源性分别为 93%和 7%，是利用 CDR 移植技术重构的人源化抗体，包含了人源抗体的结构区和可结合 VEGF 的鼠源单克隆抗体的互补决定区，在对人 DNA 框架位点定向遗传突变的过程中，将决定 A. 4. 6. 1 结合特异性的 6 个区域转移到了人 DNA 框架内，为保证结合的亲和力，框架内的 7 个氨基酸残基变为了相应的鼠源氨基酸残基。构建好的贝伐珠单抗通过 CHO 表达系统生产，经分离纯化后得到商业化的产品。市售的成品贝伐珠单抗为无色透明 pH 6. 2 的注射液，有 100mg 和 400mg 两种规格，对应的体积为 4mL 和 16mL（即浓度为 25mg/mL）。

贝伐珠单抗主要适用于联合以 5-氟尿嘧啶（5-FU）为基础的化疗方案转移性结直肠癌的一线治疗。主要给药方式为静脉滴注，推荐剂量为 5mg/kg，每 2 周静脉注射 1 次，直至疾病进展。静脉滴注的速度对药效及安全性影响较大，该单抗药物的静脉滴注时间应控制在 90min 以上。

三、曲妥珠单抗

曲妥珠单抗（trastuzumab）由罗氏（Roche）和基因泰克（Genentech）开发，于 1998 年获得美国 FDA 的批准上市，于 2002 年在中国获批上市。曲妥珠单抗主要适用于人类表皮生长因子受体 2（human epidermal growth factor receptor 2，HER2）阳性的转移性乳腺癌的治疗。

乳腺癌是发生在乳腺上皮组织的恶性肿瘤。就全球而言，乳腺癌是女性的第二位致死原因，乳腺癌患者人数占我国妇女癌症患者人数的第二位。HER2 是一种受体酪氨酸激酶，它结合在细胞膜表面，且参与了影响细胞生长和分化的信号转导通路。*HER2* 基因是原癌基因，HER2 在乳腺癌中的高表达往往预示肿瘤细胞繁殖能力强，对化疗也容易有抗药性，患者手术后，癌细胞转移和复发的概率较高。曲妥珠单抗治疗乳腺癌的作用机制主要是通过与 HER2 特异性结合，阻断肿瘤细胞生长信号的传递，抑制肿瘤的发生和发展，并促进 HER2 在机体内降解，且该单抗能通过抗体依赖性细胞介导的细胞毒作用（antibody dependent cell mediated cytotoxicity，ADCC）募集免疫细胞来攻击并杀伤肿瘤细胞。另外，它还可以下调血管内皮生长因子和其他血管生长因子的活性。

目前市售的曲妥珠单抗为人源化 IgG1 型单抗。首先用表达 HER2 的细胞免疫小鼠获得了一种能够特异性和 HER2 结合的单抗 4D5，然后应用一种名为“六包诱变”（6-pack mutagenesis）的方法将该小鼠抗体的轻链和重链都替换成人类抗体的成分，实现抗体的人源化，即为曲妥珠单抗药物的前身。曲妥珠单抗由中国仓鼠卵巢细胞表达，采用蛋白 A 亲和色谱和两轮离子交换法进行纯化。市售药品的剂型为 440mg/支的冻干粉，使用前用稀释剂将冻干粉稀释至 21mg/mL，以静脉滴注的方式给药。稀释剂主要包含 1.1%苯甲醇、20mL 注射用水、L-盐酸组氨酸、L-组氨酸、α,α-海藻糖和聚山梨醇酯 20。为达到较佳的治疗效果，曲妥珠单抗一般作为放疗、化疗及紫杉醇等治疗方式的辅助治疗，静脉滴注的速度对治疗效果和药物的安全性有较大的影响，首次给药一般静脉滴注时间为 90min。

思考题

1. 抗体如何实现其多样性和功能？
2. 基因工程抗体有哪些种类？分别具有什么特点？
3. 什么是人源化抗体？制备全人源抗体的技术有哪些？简述其特点。
4. 简述抗体生产的基本过程与注意事项。

第八章 细胞因子类药物

第一节 干扰素

第二节 白介素

第三节 粒细胞集落刺激因子

第四节 促红细胞生成素

第五节 组织型纤溶酶原激活物

学习要求

1. 掌握：常见细胞因子类药物的种类、生物学特性及临床应用。

2. 熟悉：常见细胞因子类药物的生物活性和作用机制。

3. 了解：各种细胞因子类药物的结构和基因工程、细胞工程制备方法；重组和修饰对细胞因子类药物活性的影响。

细胞因子（cytokine）是由免疫细胞和某些非免疫细胞受到刺激后分泌的具有多种生物活性的多肽或蛋白质，活性包括免疫、抗病毒、抗肿瘤、抗炎、调节细胞增殖分化、调节生理反应等。细胞因子按功能分类包括干扰素、白介素、集落刺激因子、促红细胞生成素、组织型纤溶酶原激活物、肿瘤坏死因子等。

细胞因子是人体自身细胞产生的调节物质，具有作用剂量低、作用效果显著、不良反应小等特点，现已应用于肿瘤、炎症、自身免疫性疾病等多种疾病的治疗。早期用于治疗的细胞因子提取于其分泌细胞，产量低，所需生物样品量大。采用基因工程方法，将细胞因子的编码基因转入大肠埃希菌、酵母菌或动物细胞表达体系进行大量表达后再提取、纯化，产量和纯度都获得了大幅提高，是目前获得治疗用细胞因子的主要手段。此外，还可以通过工程手段对细胞因子的氨基酸序列和结构进行优化，从而改善其性质和疗效。

第一节 干扰素

一、干扰素的产生和种类

干扰素（interferon，IFN）是由单核细胞、淋巴细胞等多种细胞受到病毒等的刺激后产生的、具有抗病毒、抗肿瘤和免疫调节活性的一类低分子量多肽或小蛋白。干扰素基因在正常条件下并不表达，受到某些诱导因素刺激后，则在特定类型的细胞中进行表达。

目前已发现的人天然干扰素有二十余种，根据产生细胞、受体类型和活性等特点，分为三个不同的IFN家族，命名为Ⅰ型、Ⅱ型和Ⅲ型IFN。其中Ⅰ型有16种，包括12种IFN-α，以及IFN-β、IFN-ε、IFN-κ和IFN-ω各1种。1种Ⅱ型即IFN-γ。4种Ⅲ型，即IFN-λ1、IFN-λ2、IFN-λ3和IFN-λ4，是最晚发现的干扰素。

二、干扰素的结构和性质

IFN-α有多种亚型，氨基酸序列的同源性约为90%，所有亚型的基因均位于人9

号染色体上，成串排列，且不含内含子。成熟 IFN-α 的分子质量约为 19kDa，不含糖基。

IFN-β 基因与 *IFN-α* 基因为同源基因。IFN-β 分子有糖基化修饰，分子质量约为 23kDa。

IFN-ω 基因序列与 *IFN-α* 基因序列相似度较高，表达产物存在于几乎所有有核细胞表面，因此作用范围非常广泛。IFN-ω 与 IFN-α、IFN-β 的受体相同。

IFN-γ 表达于多数有核细胞表面，表达产物与Ⅰ型干扰素不具有同源性，受体也与Ⅰ型干扰素受体无关。IFN-γ 多肽链经糖基化修饰，活性形式为两条相同肽链形成的二聚体，分子质量约为 50kDa。IFN-γ 糖基化虽不直接促进成熟蛋白的功能活性，但在保护其免受蛋白酶降解方面发挥作用。IFN-γ 对酸不稳定，在 pH 2.0 时极易被破坏，而多数Ⅰ型干扰素对酸稳定，可利用此特性将 IFN-γ 与Ⅰ型干扰素区分开来。

IFN-λ 四个亚型的编码基因都位于人 19 号染色体上，紧密相连并形成基因簇，表达具有较强的组织特异性，主要表达于肠、肺、生殖道上皮细胞以及肝细胞和部分免疫细胞，受体与Ⅰ、Ⅱ两种类型的受体都不同。

三类干扰素与受体形成复合体的结构见图 8-1。

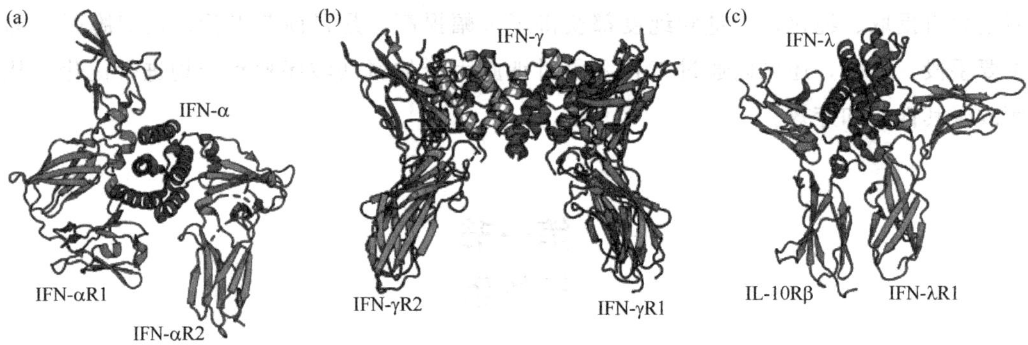

图 8-1

Ⅰ型（a）、Ⅱ型（b）、Ⅲ型（c）干扰素与其受体形成复合体的结构

三、干扰素的生物活性

干扰素的活性具有较严格的种属特异性，某一种属细胞产生的干扰素，只能作用于相同种属的细胞，而对异种细胞无活性。干扰素能通过抑制 DNA 合成减慢细胞的分裂速度，这种抑制作用有明显的选择性，对肿瘤细胞的抑制作用比对正常细胞的抑制作用更强。此外，干扰素还可通过抑制病毒增殖、增强机体免疫力和加强免疫监督功能实现其抗肿瘤和抗病毒效应。目前有多种干扰素制品应用于肝炎和肿瘤的治疗，其对血液系统的恶性肿瘤治疗效果较好，尤其是毛细胞白血病。此外，对肝癌、肺癌、胰腺癌、肾癌、黑色素瘤等也有一定的疗效。除用于抗病毒和抗肿瘤治疗外，干扰素还被用于某些神经系统疾病、呼吸道感染、皮肤病和类风湿关节炎的治疗。

Ⅰ型干扰素具有广谱的抗病毒活性，对多种病毒均有抑制作用，其通过诱导相关细胞合成抗病毒蛋白，或增强某些免疫细胞对病毒的杀伤能力而发挥作用，主要用于乙型肝炎、丙型肝炎、丁型肝炎和艾滋病的治疗。Ⅱ型干扰素则具有较强的抑制肿瘤细胞增殖和免疫调节的作用。

目前，聚乙二醇化 IFN-α2a 已经取代了标准的 IFN-α 治疗。但干扰素对治疗各类肝炎的作用机制仍不完全清楚，已知的抗病毒机制包括：①与受体细胞表面的干扰素受体结合，通过细胞信号转导激活该类细胞中“抗病毒蛋白”基因的表达，表达产物包括双链 RNA 依赖的蛋白激酶、2′,5′-寡腺苷酸合成酶、混合病毒抗性蛋白等，这些蛋白可阻止病毒核酸的转录、翻译，并促进 mRNA 降解，使病毒停止增殖。②提高受体细胞表面主要组织相容性复合体（MHC）的表达水平，促进病毒感染细胞向细胞毒性 T 细胞递呈抗原，引起靶细胞溶解。③增强自然杀伤细胞（NK 细胞）、巨噬细胞和 T 细胞活力，从而提高机体的免疫能力，而不仅限于抗病毒。

除了抗病毒作用外，Ⅰ型干扰素还可调节适应性免疫反应。Ⅰ型 IFN 通过细胞信号转导，可以促进或抑制 T 细胞启动。Ⅰ型 IFN 受体信号转导与 TCR 刺激同时发生，或在 TCR 刺激后发生，可以促进 T 细胞增殖、存活和分化。如果Ⅰ型 IFN 受体信号转导发生于 TCR 刺激之前，或没有 TCR 刺激，则引起负调控作用，抑制增殖并诱导细胞凋亡。

Ⅱ型干扰素仅 IFN-γ 一种，在针对病毒、细菌和肿瘤的先天和获得性免疫反应方面具有关键作用，在促进病理性炎症发展的过程中也具有重要作用。IFN-γ 能够活化巨噬细胞、T 细胞、B 细胞、NK 细胞、抗原呈递细胞等多种免疫细胞，从而增强细胞免疫，但对 Th2 细胞的增殖具有抑制作用，因此能够抑制体液免疫。IFN-γ 在肿瘤发生的各个阶段发挥着不同的作用，影响着肿瘤免疫编辑（tumor immunoediting）的全过程。

目前，IFN-λ 已知的主要功能包括在黏膜屏障处参与抗病毒和抗肿瘤免疫。抗病毒活性包括对严重急性呼吸综合征冠状病毒 2（SARS-CoV-2）的抗性，抗肿瘤活性的研究成果目前主要来源于动物实验。

四、干扰素的生产制备

1. 干扰素的基因工程制备

早期的干扰素以人白细胞为原料，通过提取纯化技术获得，生产成本高，价格昂贵，干扰素产量和纯度均较低，且稳定性差，无法普及和推广。目前，采用基因工程手段大量获取高纯度的干扰素是干扰素药物的主要来源，批量生产的重组人 IFN-α、IFN-β、IFN-γ，已被应用于抗病毒、抗肿瘤治疗和其他疾病的临床治疗。

干扰素的基因工程制备流程详见本书第二章第四节基因工程药物制造实例。

2. 干扰素的重组和修饰

通过基因工程技术不仅可大规模生产特定类型的干扰素，还可以通过基因操作，对干扰素基因进行序列修改，获得活性、亲和力或稳定性均优于天然干扰素的重组干扰素。如通过基因重组，将人*IFN-α2b*基因与人血清白蛋白基因融合，表达出的重组IFN-α2b干扰素分子量增大，稳定性和半衰期也更长。其他用于与干扰素基因重组的蛋白还包括人免疫球蛋白G(IgG)Fc结构域等长半衰期蛋白的特定肽段。

除了通过基因工程方法外，还可以通过其他手段对干扰素进行改造，其中最常用的是将聚乙二醇（PEG）共价连接到干扰素分子上，制备出的PEG-IFN稳定性提高，半衰期显著延长，因此可以降低药物注射频率，使其临床应用更为方便，也减轻了患者的痛苦。

第二节 白介素

一、白介素的产生和种类

白介素（interleukin，IL），最初被认为是一类产生并作用于白细胞的细胞因子，因而得名。现指一类由淋巴细胞、巨噬细胞分泌的，在多种免疫和非免疫细胞之间发挥作用的细胞因子。目前已知的人白介素超过四十种，按照发现顺序依次命名。依据IL的基因组位置、氨基酸序列及受体亚基的不同，可分为不同家族，不同家族成员因其细胞来源及相关信号通路的不同而具有不同的活性。

二、白介素的结构和性质

大多数白介素为分泌型小分子蛋白，少数为膜结合型。从肽链数量看，多为一条肽链形成的单体蛋白，但IL-5、IL-8、IL-10、IL-25、IL-37为同源二聚体，IL-12、IL-23、IL-27、IL-28、IL-35为异源二聚体。不同IL分子的氨基酸序列差异较大，但基因结构中的调节序列相似性较高，表明其基因的表达受相同调节因子的影响。尽管糖链几乎不参与活性调节作用，但绝大多数IL为糖蛋白，糖基化与IL的半衰期密切相关。本部分将研究较为清楚、用于临床的几种白介素及其家族分别介绍如下。

IL-1主要由巨噬细胞产生，但NK细胞、B细胞甚至很多非免疫细胞也可以产生。IL-1有IL-1α和IL-1β两种形式，分别由不同的基因编码，产物的氨基酸数目不同，序列相似性也较低，但可与相同受体结合，并且具有相同的生物活性。IL-1受体几乎存在于各类有核细胞表面，因此IL-1作用范围广泛。IL-1家族有11种细胞因子，除IL-1α和IL-1β外，还包括IL-18、IL-33、IL-36α、IL-36β、IL-36γ、IL-37、IL-38及IL-1Ra（IL-1R antagonist，IL-1受体拮抗剂）和IL-36Ra。

IL-2是一种自分泌型生长因子，由T细胞产生并作用于T细胞，是T细胞增殖和记忆T细胞产生效应物必需的细胞因子，也称T细胞生长因子。IL-2是典型的四α螺旋束型细胞因子（four-αhelix-bundle cytokine），许多细胞因子的肽链都可形成四螺旋束结构，该结构与细胞因子和受体蛋白的相互作用密切相关。IL-2 受体（IL-2R）由三个亚基组成，分别称为 α、β 和 γ 链，其中 γ 链还可参与 IL-4、IL-7、IL-9、IL-15、IL-21 的识别，因此这些白介素共同组成 IL-2 家族，也称共同 γ 链细胞因子家族（common γ chain cytokine family）。

IL-6 也被称为干扰素 β2、B 细胞刺激因子-2 或杂交瘤/浆细胞瘤生长因子。*IL-6* 基因外显子/内含子的边界位置、外显子中半胱氨酸残基的位置以及外显子的长度在不同物种之间是保守的。成熟 IL-6 是单链糖蛋白，有 2 个 N 糖基化位点和 2 个二硫键。IL-6 通过自身、其受体 IL-6R 和糖蛋白 130 组成的六聚体复合物介导生物学作用。这种复合物反过来激活不同的信号转导机制来执行各种生化功能。

IL-11 成熟蛋白含 178 个氨基酸残基，不含二硫键，也无糖基化修饰。其受体和信号转导部分与 IL-6 有部分相同。

三、白介素的生物活性

白介素种类多样，参与调节许多生理和病理状态，诱导的生物效应广泛且复杂，包括抗肿瘤作用、诱导或抑制特定类型细胞的分化和增殖、参与几乎所有免疫应答途径、调节炎症反应等。其异常表达则会导致免疫性疾病，如类风湿关节炎、哮喘、银屑病及癌症等的发生发展。

局部低浓度的 IL-1 主要发挥免疫调节作用，包括与抗原协同作用活化 $CD4^+$ T 细胞、促进 B 细胞生长和分化、促进单核-巨噬细胞等细胞的抗原递呈能力、增强 NK 细胞活性、引起炎症介质释放、刺激多种间质细胞释放蛋白分解酶等。IL-1 大量分泌或注射后可通过血液循环运输至全身，引起全身反应，包括引起发热，促进肾上腺释放糖皮质激素，增强肝细胞摄取氨基酸的能力从而合成和分泌 α2-球蛋白、纤维蛋白原、C-反应蛋白等大量急性期蛋白，促进造血细胞分化等。

IL-2 能够刺激 T 细胞和 B 细胞的生长和分化、促进 B 细胞分泌抗体、诱导多种免疫细胞发挥细胞毒作用、提高巨噬细胞的抗原递呈能力和杀菌能力。

IL-3 又称多集落刺激因子（multi-colony stimulating factor，multi-CSF），主要作用于早期造血祖细胞，促进其增殖分化，此外还能促进 B 细胞的增殖和分化、激活嗜酸性粒细胞的吞噬功能及其细胞毒作用、促进嗜碱性细胞释放组胺等。

IL-4 能够活化细胞毒性 T 细胞，促进 T 细胞、B 细胞、肥大细胞和造血细胞的发育。

IL-5 的主要作用是促进嗜酸性粒细胞的分化、成熟、活化、迁移、存活。

IL-6 是一种多效性促炎细胞因子，作用的靶细胞很多，生物效应也比较复杂，包括促进 T 细胞表面 IL-2 受体表达，增强 IL-1 和 TNF 对辅助性 T 细胞（Th 细胞）有丝分裂的促进作用，刺激肝细胞在急性炎症反应中合成急性期反应蛋白，促进 B 细胞增殖、分化并产生抗体，直接或间接增强 NK 细胞及 T 细胞的抗肿瘤活性，促进糖皮质激素合成，激活破骨细胞活性和刺激角质细胞生长，促进骨髓造血等。IL-6 参与这些复杂疾病的病理生理学使其成为治疗这些疾病的重要靶点。

IL-7 的靶细胞主要为淋巴细胞，对 T 细胞和 B 细胞的生长和分化均有促进作用。

IL-8 的主要活性包括促进中性粒细胞进入炎症组织并促使其脱颗粒、激活炎症细胞、促进急性期蛋白合成、引起发热、参与炎症病理性损害、促进炎症介质释放等，所以在炎症反应中起重要作用。IL-8 还具有刺激血管形成、促有丝分裂、调节宿主免疫功能等作用，同时还与肿瘤、免疫性疾病的发生和发展密切相关。

IL-9 的免疫生物学功能有双向性，既能促进一些疾病的发生发展，又能抑制一些疾病的发展。在超敏反应和自身免疫病中，IL-9 是一种致病因子；而在寄生虫感染和皮肤移植中，IL-9 能促进机体清除病原体以及移植物免疫耐受的形成。

IL-10 也是多效性细胞因子，活性包括调节单核/巨噬细胞功能、促进肥大细胞和胸腺细胞增殖、促进 B 细胞增殖和 MHCⅡ类抗原表达以及免疫球蛋白的分泌、抑制炎症反应和细胞免疫反应等。

IL-11 是一种造血细胞因子，已被用于血小板减少症的治疗。IL-11 由成纤维细胞及间质细胞分泌产生，能促进造血过程中多种前体细胞的分化，促进原始造血前体细胞和巨核细胞形成集落，在巨核细胞生长、成熟中起着重要的调节作用，并能提高血小板数量。

IL-12 是参与细胞免疫的重要细胞因子，主要作用是诱导早期辅助性 T 母细胞分化为 Th1 细胞、促进 Th1 细胞的增殖和发育、促进 T 细胞和 NK 细胞的增殖和杀伤作用并刺激其产生 IFN-γ。

IL-13 的生物活性包括对单核/巨噬细胞、B 淋巴细胞、血管内皮细胞的调节作用，以及促进 NK 细胞产生 IFN-γ。

IL-14 能诱导活化的 B 细胞增殖，但不能诱导抗体的合成和分泌，对静止的 B 细胞也不具有刺激作用。

IL-15 是多种免疫细胞的趋化因子，其活性包括刺激 T 细胞增殖，调节 B 细胞增殖和分化，刺激活化 B 细胞分泌 IgM、IgG1 和 IgA，刺激 NK 细胞分化增殖并提高杀伤活性，通过趋化作用调节炎症反应等。

IL-16 主要由活化的 $CD8^+$ T 细胞产生，受体是 CD4，能诱导人 $CD4^+$ 淋巴细胞、单核细胞和嗜酸性细胞迁移。

IL-17 家族有六个成员（IL-17A 至 IL-17F），IL-17A 和 IL-17E 都具有强烈的致炎性。IL-17A 和 IL-17F 具有最高的氨基酸序列同源性，但功能不同。IL-17A 参与自身免疫、炎症和肿瘤的发展，在宿主抵抗细菌和真菌感染的防御中也发挥重要作用，而 IL-17F 主要参与黏膜宿主防御机制。IL-17E（IL-25）可以放大 Th2 细胞的免疫应答反应。IL-17B 已被证明在黏膜炎症期间通过阻断 IL-25 信号转导发挥抗炎作用。IL-17C 由上皮细胞产生，在上皮损伤时能够通过快速局部自分泌发挥作用。此外，角质形成细胞和皮肤神经元产生的 IL-17C，在单纯疱疹病毒重新激活期间可保护外周感觉神经元，促进其存活和生长以取代受损的神经。IL-17D 在多种健康组织中表达，并已被发现在肿瘤和病毒感染期间表达增加，但对其功能了解较少。

IL-18 的功能无种属特异性。

IL-19 和 IL-20 都是 IL-10 家族的细胞因子，IL-19 主要在单核细胞、B 细胞、T 细胞中大量表达。

IL-20 能够调节皮肤正常生理功能，活化角质细胞中的 STAT3 途径，促进一些细胞因子、趋化因子的大量表达，从而调控皮肤早期炎症的发生。

IL-21 主要由 $CD4^+$ T 细胞产生。在慢性感染和癌症中，$CD4^+$ T 细胞衍生的 IL-21 能够促进 $CD8^+$ T 细胞的效应功能和记忆分化。IL-21 还参与多种自身免疫性疾病的发生。

IL-22 是上皮稳态的重要调节因子，与上皮屏障功能的多个方面有关，包括上皮细胞生长和通透性的调节、黏液和抗菌肽（AMP）的产生以及补体的产生等。

IL-23 能够促进 Th17 细胞相关的免疫反应，在克罗恩病和溃疡性结肠炎的发病机制中发挥关键作用。用乌司奴单克隆抗体（ustekinumab）联合阻断 IL-23 和 IL-12 已被证明在治疗炎症性肠病中是安全有效的。

IL-24 能够促进肿瘤细胞凋亡，在银屑病、关节炎和炎症性肠病等促炎性自身免疫性疾病的发病机制中也起着重要作用，并与过敏性肺病和皮肤病的发病机制有关。

IL-25 即 IL-17E，见本章本节本部分 IL-17 的相关内容。

IL-26 诱导中性粒细胞对细菌和其他炎症刺激的趋化反应。IL-26 是细胞外 DNA 的载体分子，当 DNA 从受损细胞中释放时，IL-26 会与它结合，并进一步促进其与炎症部位的结合。IL-26 还可引起细菌细胞膜上出现孔洞，从而发挥直接的抗菌作用。

IL-27 是 IL-6/IL-12 家族成员，表现出多方面的双重功能。在调节炎症中，IL-27 可以通过诱导 $CD4^+$ T 细胞增殖、Th1 细胞极化、细胞毒性 T 细胞活化、自然杀伤细胞的产生以及巨噬细胞和树突状细胞的活化来引发炎症，通过诱导程序性细胞死亡和抑制效应细胞，IL-27 可以抑制炎症并使免疫反应恢复。此外，IL-27 通过诱导 Th1 细胞和细胞毒性 T 细胞（CTL）反应以及产生 NK 细胞发挥抗肿瘤活性，同时又可以促进肿瘤细胞的增殖、存活和血管生成。

IL-28 和 IL-29 即Ⅲ型干扰素 IFN-λ，IL-29 也称 IFN-λ1，IL-28A、IL-28B、IL-28C 分别为 IFN-λ2、IFN-λ3 和 IFN-λ4，主要功能为在黏膜屏障处参与抗病毒和抗肿瘤免疫。

IL-30 与 Ebi3 一起形成 IL-27 的亚基，也被称为 IL-27p28 或 IL-27A。然而，IL-30 还可与其他蛋白质亚基形成复合物，其本身也可独立发挥免疫调节功能，并且其产生与人类的某些癌症密切相关。此外，IL-30 的表达与疾病的发病阶段和复发有关。

IL-31 为 IL-6 细胞因子家族成员，是一种神经免疫细胞因子，参与过敏性皮炎的发生，在慢性瘙痒性皮肤病中诱导瘙痒、炎症、角质形成细胞分化和成纤维细胞活化。

IL-32 可能同时在胞内和胞外发挥作用，胞内作用包括抵抗细胞内病原体、调控细胞活化和死亡，胞外作用包括抑制血管生成特性，与癌症进展有关。IL-32 有多种同源异构体，每个异构体可能具有不同的表达模式、属性和功能。

IL-33 能够诱导 T 细胞、肥大细胞、嗜碱性粒细胞和嗜酸性粒细胞中的 Th2 应答，其功能包括参与哮喘、肠道免疫反应等。

IL-34 介导器官移植耐受性，参与系统性红斑狼疮等自身免疫性疾病的发生，并且与肿瘤和纤维化的发生有关。

IL-35 属于 IL-12 家族成员，是一种抑制性细胞因子，能有效抑制 T 细胞增殖，并诱导其对应的诱导调节性 T 细胞（Interleukin-35 induced regulatory T cells）以限制炎症反应。IL-35 在控制免疫相关疾病方面具有重要作用，包括自身免疫性疾病、传染病和癌症。

IL-36 是 IL-1 家族成员，包括 IL-36α、IL-36β 和 IL-36γ 及 IL-36 受体拮抗剂。IL-36 细胞因子对免疫和炎症反应至关重要，其表达水平异常与炎症、自身免疫性疾病、过敏和癌症的发病机制有关。

IL-37 也是 IL-1 家族成员，在炎症发生过程中，IL-37 通过调节巨噬细胞极化、脂质代谢、炎症小体功能、胸腺基质淋巴细胞生成素（TSLP）合成和 miRNA 功能，抑制几种促炎细胞因子的表达，有利于抗炎细胞因子的分泌。此外，IL-37 对肿瘤的血管生成、转移和进展具有抑制作用。

IL-38 由多种细胞分泌，可通过与多种受体结合来发挥抗炎作用。

IL-39 可能通过参与或介导炎症反应来发挥抗肿瘤作用。

IL-40 能够刺激抗体 IgA 的产生，维持 B 细胞的稳态和发育。

四、白介素的生产制备

1. 白介素及受体拮抗剂的基因工程制备

白介素种类繁多，作用网络极为复杂，多数类型的作用途径目前仍未完全研究清楚，因此，尽管有大量重组型白介素药物处于不同阶段的研发过程中，目前已经应用于临床的白介素种类并不多，主要为 IL-2 和 IL-11 两类，分别用于肿瘤治疗和促血小板生长。此外，还有部分白介素受体拮抗剂（interleukin receptor antagonist，IL-Ra）。

阿那白滞素（anakinra）和利纳西普（rilonacept）是两种重组人 IL-1 受体拮抗剂。阿那白滞素采用大肠埃希菌表达体系生产，是第一种被批准用于阻断 IL-1 在类风湿关节炎中的促炎作用的生物制剂。利纳西普通过中国仓鼠卵巢细胞（Chinese hamster ovary cell，CHO 细胞）表达体系生产，被用于治疗冷吡啉相关周期性综合征（cryopyrin-associated periodic syndromes，CAPS）。此外，利纳西普可治疗复发性心包炎，已经获批上市，目前效果良好，具有较好的应用前景。

白介素和受体拮抗剂的基因工程制备流程与干扰素相同，在此不再赘述。

2. 白介素分子的重组和修饰

天然 IL-2 分子量小，主要通过肾脏过滤清除，在血清中的半衰期只有几分钟到几十分钟，不利于临床应用。因此，通过基因工程生产的白介素产物主要为重组的突变型或融合蛋白型白介素，以期改善药物活性，延长半衰期。此外，也可以通过与 PEG

偶联提高分子量，从而延长半衰期。

阿地白介素（aldesleukin）是 1992 年美国食品药品管理局（Food and Drug Administration，FDA）批准上市的重组白介素药物，经定点突变技术把 125 位的半胱氨酸替换成丝氨酸，可以避免错误二硫键的形成，并且将半衰期提高到 1h 以上，活性也提高到原来的两倍。奥普瑞白介素（oprelvekin）是 1997 年上市的白介素药物，是通过定点突变去掉了 IL-11 N 端的脯氨酸后获得的重组 IL-11，可以刺激巨核细胞，促进血小板生成，临床用于严重血小板减少症的治疗。

地尼白介素（denileukin）于 1999 年在美国被批准使用，是一种融合蛋白，由 IL-2 与白喉毒素 A 片段和 B 片段结合而成。融合蛋白被有 IL-2 受体的细胞吸收后，白喉毒素的活性片段 A 就会释放到细胞质中，导致受体细胞死亡。

NKTR-214（Bempegaldesleukin，BEMPEG）是目前肿瘤学临床开发中最先进的 IL-2 途径靶向药物之一，旨在改善 IL-2 的半衰期、药代动力学、药效学、有效性和耐受性。BEMPEG 是一种 PEG 化 IL-2，平均每个分子偶联六个可释放的 PEG 分子，在给药时是一种无活性的前药，给药后其生物活性随 PEG 的缓慢释放而逐渐增加，在体内的半衰期为 15.5h，同时还降低了药物毒性，增强了药效。

3. 白介素受体拮抗剂单克隆抗体的制备

目前临床使用的白介素受体拮抗剂中，采用单克隆抗体技术制备的产品包括卡那单抗（canakinumab）、托珠单抗（tocilizumab，TCZ）、奈莫利珠单抗（nemolizumab）、度匹鲁单抗（dupilumab）等多种类型。

卡那单抗是人抗 IL-1β 单克隆抗体，采用小鼠骨髓瘤细胞株表达，其作用是基于 IL-1β 信号的中和，从而抑制自身免疫性疾病患者体内的炎症。目前正在评估该药物在治疗类风湿关节炎、全身性发作的青少年特发性关节炎、慢性阻塞性肺疾病、1 型和 2 型糖尿病以及眼部疾病方面的潜力。卡那单抗在大多数患者中耐受性良好，没有严重不良反应的报告。

托珠单抗是一种重组人源化抗 IL-6 受体（IL-6R）单克隆抗体，主要用于治疗类风湿关节炎、系统性幼年型特发性关节炎和多关节幼年型特发关节炎。TCZ 分子采用 CHO 表达体系生产，可抑制 IL-6 与其受体的结合，从而降低 IL-6 的促炎活性。

第三节 粒细胞集落刺激因子

一、集落刺激因子的产生和种类

集落刺激因子（colony stimulating factor，CSF）是一个小家族细胞因子，由骨髓中的巨噬细胞、基质细胞、内皮细胞等细胞产生，对血液形成、白细胞功能和整体免疫能力至关重要。CSF 成员包括粒细胞集落刺激因子（granulocyte-CSF，G-CSF，也称 CSF-3）、巨噬细胞集落刺激因子（macrophage-CSF，M-CSF，也称 CSF-1）、粒细胞-巨噬细胞集落刺激因子（granulocyte-macrophage-CSF，GM-CSF，也称 CSF-2）和白介素-3（IL-3）。

G-CSF 可由多种类型的细胞表达，包括神经元、免疫细胞和内皮细胞。G-CSF 以自分泌方式释放并与其受体 G-CSFR 结合，后者进一步激活包括 PI3K/AKT、JAK/STAT 和丝裂原激活蛋白激酶（MAP 激酶）在内的许多信号转导途径，从而促进神经元的存活、增殖、分化、造血干细胞和祖细胞的动员。

M-CSF 的表达具有普遍性，在稳态条件下由身体的许多细胞和组织组成型表达，包括内皮细胞、成纤维细胞、成骨细胞、平滑肌细胞和巨噬细胞，并可在血浆中检测到约 10ng/mL 的浓度。在癌症、炎症和自身免疫性疾病等多种疾病中，以及妊娠期间，循环系统中的 M-CSF 水平升高。M-CSF 存在 3 种具有生物活性的亚型：sgCSF-1、spCSF-1 和 csCSF-1。sgCSF-1 和 spCSF-1 由内皮细胞产生，可在远处发挥作用，而 csCSF-1 参与局部调节。对转基因小鼠的研究表明，3 种异构体都具有一些共同的生物活性，但也介导某些特定功能。

GM-CSF 主要由受刺激的成纤维细胞和内皮细胞产生，也可由 T 细胞产生。

IL-3 主要由 T 细胞产生，人角质形成细胞也可以产生。

二、集落刺激因子的结构和性质

G-CSF 基因属于 IL-6 基因超家族成员，转录产物有多种可变剪接形式。G-CSF 为糖基化的同源二聚体蛋白，其与受体形成的复合体结构见图 8-2。

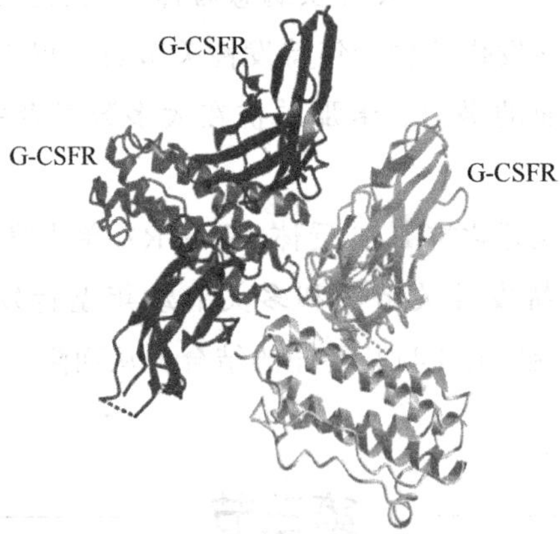

图 8-2

G-CSF 与受体形成的复合体

人 *M-CSF* 基因转录出的 mRNA 通过可变剪接，编码两种 M-CSF 蛋白。所有的 M-CSF 在羧基末端附近都有一个含 32 个氨基酸残基的信号肽和一个含 23 个氨基酸残基的疏水区，类似于跨膜结构域。成熟的 M-CSF 为二硫键连接的糖基化同源二聚体，并被认为由膜结合前体通过蛋白酶解产生，其功能可能是参与胎盘发育。M-CSF 以稳定浓度持续存在于血清等几种体液中，因此可被认为是一种激素。体内浓度主要通过与肝和脾巨噬细胞受体结合、内化和降解来调节。

GM-CSF 分子也是同源二聚体，并且也是四 α 螺旋束型细胞因子，GM-CSF 的活性由核心结构中的四个 α 螺旋束与两亚基受体的结合控制。

IL-3 由 133 个氨基酸残基组成，具有两个保守的半胱氨酸残基和两个潜在的 N 糖基化位点，分子折叠成 4α-2β 的特征性结构，其中的 4α 即形成四 α 螺旋束型结构。IL-3 的高亲和力受体由 α 亚基和 β 亚基组成。IL-3 与粒细胞-巨噬细胞集落刺激因子（GM-CSF）和 IL-5 共享一个共同的 β 亚基。

三、集落刺激因子的生物活性

G-CSF 刺激粒细胞的产生，负责中性粒细胞谱系的增殖、成熟、分化和存活。除了已证明其在治疗化疗相关中性粒细胞减少症方面的临床应用外，最近的临床前研究还强调了 G-CSF 的神经保护作用，即可在神经疾病动物模型中动员造血干细胞、抗凋亡、促进神经元分化、促进血管生成和发挥抗炎作用。

M-CSF 可诱导巨噬细胞前体的动员和分化。当与 G-CSF 联合使用时，它还可以动员内皮细胞前体并对缺血组织进行血运重建。

GM-CSF 刺激诱导粒细胞，包括中性粒细胞、嗜酸性粒细胞和嗜碱性粒细胞以及单核细胞的成熟和分化。M-CSF 和 GM-CSF 都能促进单核细胞分化为巨噬细胞，但它们在巨噬细胞中诱导相反的反应，M-CSF 使巨噬细胞极化为抗炎表型，而 GM-CSF 则引起促炎表型。

IL-3 是多能的，影响所有的造血谱系，详见本章第三节 IL-3 部分。

四、集落刺激因子的生产制备

1. CSF 的基因工程制备

非格司亭（filgrastim）是采用基因工程技术利用大肠埃希菌生产的非糖基化 G-CSF，是 1991 年美国 FDA 批准的第一种 G-CSF 药物，也是第一个用于造血祖细胞动员的重组人粒细胞集落刺激因子，用于治疗各种适应证的中性粒细胞减少症，可缩短急性粒细胞白血病患者的中性粒细胞恢复时间和发热持续时间，也可用于接受骨髓抑制性化疗（MSC）的癌症患者，以降低感染发生率并预防发热性中性粒细胞减少症。几十年来，G-CSF 已成为中性粒细胞减少症的主要治疗选择。

2. CSF 的重组和修饰

由于半衰期短，大多数 G-CSF 需要每天注射。目前已经研究了几种通过结合技术降低 G-CSF 清除率的方法。聚乙二醇化、糖基化、多唾液酸化、与免疫球蛋白或白蛋白结合已成功延长了 G-CSF 的半衰期。

培非格司亭（pegfilgrastim，或称 PEG 非格司亭）已获批并上市用于治疗中性粒细胞减少症。重组 GM-CSF 药物的名称为沙格司亭（sargramostim），被用于治疗与干细胞移植相关的中性粒细胞减少症。由于其能够促进抗原呈递细胞的功能，GM-CSF作为免疫刺激佐剂在许多临床试验中应用。

第四节 促红细胞生成素

一、EPO的产生和种类

促红细胞生成素（erythropoietin，EPO）只有一种，主要由肾脏产生，肝脏也可少量产生，在血浆中发挥作用。

二、EPO的结构和性质

人促红细胞生成素基因位于7号染色体上，保守性高，在缺氧条件下上调表达，进而引起红细胞生成增加和血液携氧能力增强。EPO成熟蛋白质含166个氨基酸残基，有两个二硫键、3个N糖基化位点和1个O糖基化位点。EPO为含有唾液酸的酸性糖蛋白，尽管糖基不影响分子活性，但对半衰期影响较大，无糖基化的EPO体内半衰期只有几分钟，糖基化分子半衰期则为4～6h。

EPO及其受体EPOR形成的复合体结构见图8-3。

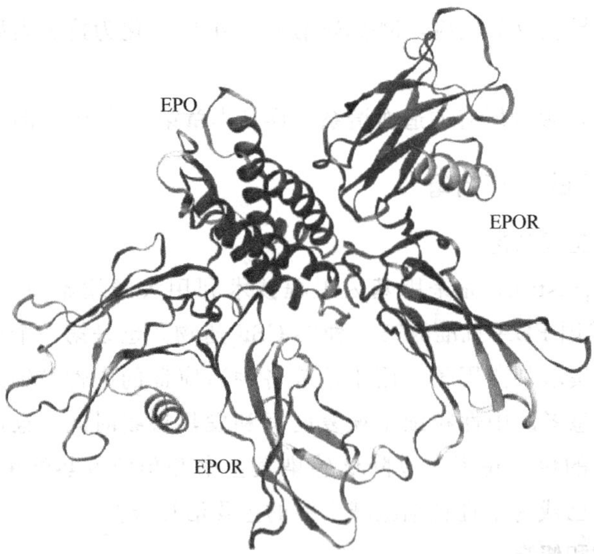

图8-3
EPO与受体形成的复合体

三、EPO的生物活性

顾名思义，促红细胞生成素的作用是刺激和调节红细胞生成，是调节和维持红细胞生理循环的重要激素，主要具有以下生物学活性：①促进红系细胞的生长、分化和增殖；②促进红母细胞的成熟；③稳定红细胞膜，改善膜脂的流动性和蛋白质构象，具有抗氧化作用。EPO作用于红细胞前体细胞，是作用最单一的血细胞生长因子之一。虽然它主要在肾脏和肝脏表达，但在大脑和眼睛中也观察到了该基因的表达，在糖尿病视网膜病变和高眼压症中观察到其表达水平升高。EPO的重组形式对各种潜在的脑损伤具有神经保护活性，并在几种组织类型中发现具有抗凋亡功能，已用于治疗贫血和提高癌症治疗的疗效。

四、EPO药物的生产制备

利用CHO细胞表达得到的重组人EPO（rhEPO）在1989年上市用于临床治疗。目前使用的EPO药物采用中国仓鼠卵巢细胞（CHO）表达体系进行生产，结构与天然EPO近似。

1. 基因构建及表达

首先，以噬菌体载体Charon4A构建人胎肝基因组文库。合成相应的寡核苷酸探针，筛选出人*EPO*基因，酶切出完整*EPO*基因，插入SV40晚期启动子下游构成表达载体，用磷酸钙共沉淀法转染CHO细胞，克隆培养后，用放免法和体内外活性测定法检测培养上清液中EPO的生物学活性，筛选出高效表达的EPO细胞株。

2. 分离纯化

CHO工程细胞表达的EPO分泌至培养上清液中，加热上清液至80℃或者用尿素、乙醇沉淀，可去除大部分杂蛋白。超滤浓缩上清液，经多次凝胶过滤色谱，EPO的纯度可达90%以上。用琼脂糖（sepharose 4B）偶联EPO抗体进行亲和色谱或HPLC进一步纯化，可将EPO纯度提高至99%。

3. 活性测定

标准的EPO体内活性测定是通过检测红细胞增多的小鼠红细胞中^{59}Fe的掺入量进行的。检测EPO体外生物学活性的经典方法是红细胞集落生成单位（CFU-E）克隆形成法，另一种体外检测方法是在大鼠骨髓细胞培养皿中加入EPO后，测定红系母细胞的血红蛋白中^{59}Fe的掺入量，或测定用盐酸苯肼处理过的小鼠脾脏细胞中^{3}H-TdR的掺入量。目前国内外还广泛采用EPO依赖株做活性测定的方法。

第五节 组织型纤溶酶原激活物

一、t-PA的产生和种类

组织型纤溶酶原激活物（tissue-type plasminogen activator，t-PA）可由多种细胞

产生，包括角质形成细胞、内皮细胞、肝细胞、脑细胞以及 T 细胞、单核细胞等免疫细胞，人体内目前已知仅一种。

二、 t-PA 的结构和性质

t-PA 由 527 个氨基酸组成，以单链前体糖蛋白形式分泌，分子质量为 70kDa，纤溶酶原激肽释放酶切割链中 Arg275-Ile276 之间的肽键，形成成熟双链，分为轻链和重链。重链包括四个结构域：与纤连蛋白的一部分同源的指状结构域、与表皮生长因子同源的生长因子结构域和两个不相等的三环（kringle）结构域。指状结构域也称为纤连蛋白结构域，负责纤维蛋白的结合，并与纤溶酶原形成三元配合物。此外，还涉及与脂蛋白受体相关蛋白 1 等多个受体的作用。轻链包括丝氨酸蛋白酶结构域。t-PA 具有低蛋白水解活性，血浆浓度为 5～10μg/L。

t-PA 的活性在转录、mRNA 稳定性、翻译、蛋白质储存和释放、蛋白质与活化因子或抑制因子的相互作用、被清除受体清除等多个水平上受到调节。*t-PA* 基因的转录受到大量激素、生长因子、细胞因子或药物的调节。

三、 t-PA 的生物活性

在血管内，凝血酶将可溶的纤维蛋白原转化为不溶性的纤维蛋白，是血凝块的主要成分，t-PA 通过将纤溶酶原转化为纤溶酶，最终降解纤维蛋白凝块，在纤维蛋白溶解中发挥关键作用。在正常生理条件下，体内通过维持纤溶酶原激活物（t-PA/u-PA）和抑制剂（PAI-1/α2-抗纤溶酶）之间的平衡，维持血管内凝血和纤溶间的平衡。

溶栓药物在多种疾病中发挥着重要作用，包括 ST 段抬高型心肌梗死（ST-segment elevation myocardial infarction，STEMI）、深静脉血栓、肺栓塞、缺血性中风和外周动脉疾病。溶栓治疗已发展成为 STEMI 的替代治疗方法，主要用于无法及时进行经皮冠状动脉介入治疗的患者。

除溶栓作用外，t-PA 还是一种有效的炎症调节剂，可调节缺血性脑损伤和慢性肾脏疾病等多种疾病条件下对组织损伤的炎症反应。t-PA 是美国 FDA 批准的用于缺血性中风的临床治疗药物，它可以快速恢复脑血流量，但可能会产生严重的副作用。由于越来越多的急性中风患者接受 t-PA 治疗，了解 t-PA 对缺血性脑组织的有害作用机制，有助于在急性缺血性中风中更安全地使用 t-PA。

t-PA 可通过胰蛋白酶活性发挥作用，也可以作为细胞因子与细胞表面受体结合，包括脂蛋白受体相关蛋白 1、膜联蛋白 A2（annexin A2）和 *N*-甲基-D-天冬氨酸受体。

四、组织型纤溶酶原激活物的生产制备

1. t-PA 的基因工程制备

最早的 t-PA 基因工程产品采用大肠埃希菌进行表达，产物无糖基化修饰，活性与天然 t-PA 不同，在体内易被降解。后改为酵母细胞表达，产率更高并且工艺得到简

化，产物可被糖基化，但获得的糖基与天然 t-PA 差异很大，在使用中容易产生新的副作用。

鉴于上述缺点，改为采用 CHO 表达体系进行 t-PA 的表达，经过筛选，最终获得了稳定高效表达的细胞株，表达产物活性和半衰期均得到提高，而且副作用更小。

2. t-PA 的重组和修饰

为了获得疗效更好的 t-PA 药物，通过重组技术对 t-PA 进行了重组优化。三种与临床相关的重组溶栓肽分别为阿替普酶（alteplase，即 t-PA）、瑞替普酶（reteplase，r-PA）和替奈普酶（tenecteplase，TNK）。r-PA 和 TNK 是对天然 t-PA 进行结构修饰后获得的，以增加它们的半衰期和增强纤维蛋白特异性。

r-PA 是一种修饰的非糖基化重组 t-PA，用于溶解冠状动脉内栓塞、溶解急性肺栓塞和处理心肌梗死。r-PA 包含磷蛋白-2 结构域和丝氨酸蛋白酶结构域，总分子质量为 39kDa，由于糖基侧链对 r-PA 的功能不是必需的，因此这种蛋白质可以在大肠埃希菌中表达，生产比 t-PA 更经济。

TNK 是第三代溶栓药，是 r-PA 的修饰形式，在三个位点（T、N 和 K 指被修饰的氨基酸位点）进行修饰。这些变化延长了药物的半衰期，并比 r-PA 具有更好的纤维蛋白亲和力。替奈普酶为单次给药，制备更简单，耗时更少。

思考题

1. 细胞因子类药物可通过哪些方式进行生产？

2. 重组和修饰对细胞因子类药物的使用方式和疗效有何影响？

3. 部分细胞因子类药物需要用中国仓鼠卵巢细胞（CHO）表达体系进行生产，有何优势？

4. 细胞因子大致可分为哪几类？每种类型的基本功能是什么？

5. 在人体内，细胞因子主要由哪些细胞产生？

6. 列举三种目前已进入临床应用的细胞因子类药物及其应用。

第九章
重组蛋白激素类药物

第一节　胰岛素
第二节　生长激素
第三节　促性腺激素

学习要求

1. 掌握：常用胰岛素、生长激素、促性腺激素类药物的结构特点、作用机制及重组表达过程。

2. 熟悉：胰岛素、生长激素、促性腺激素的分子结构及生物学功能。

3. 了解：胰岛素受体结构及其信号转导途径、重组胰岛素类似物及重组生长激素的研究现状和促性腺激素的应用。

激素（hormone），亦称荷尔蒙，希腊文原意为“兴奋活动”，是由内分泌腺或具有内分泌功能的细胞分泌产生的，对机体代谢和生理功能具有调节作用的化学信使分子。激素是体液调节的物质基础，激素分子通过体液转运到靶细胞或靶组织，参与调节机体的新陈代谢、生长发育等功能活动。

最初应用于临床的激素类药物来源于动物和人体，但激素的来源受到极大限制。随着重组 DNA 技术的出现，这一情况得到解决。1982 年，美国 Eli Lilly 公司首次利用生物技术合成人胰岛素，这是第一个用于临床的重组激素类药物。重组蛋白激素类药物的合成开辟了治疗和利用激素家族的新领域。

第一节 胰岛素

一、胰岛素的结构与生物学特性

胰岛素是一种蛋白质类激素，是由胰岛 β 细胞受内源性或外源性物质如葡萄糖、乳糖、核糖、精氨酸、胰高血糖素等的刺激而分泌的一种蛋白质激素。胰岛素是机体内唯一降低血糖的激素，也是唯一同时促进糖原、脂肪、蛋白质合成的激素。在临床上，胰岛素主要用于 1 型糖尿病和口服治疗不明显的 2 型糖尿病。

1. 胰岛素的结构

1921 年，首次分离提取出胰岛素，胰岛素成为多肽蛋白类激素家族的第一个成员。1955 年，胰岛素的氨基酸序列首次被报道，从此，胰岛素成为蛋白质分子化学结构研究的里程碑。1969 年，胰岛素的三维结构被确定。1979 年，胰岛素的基因被克隆。1965 年 9 月 17 日，我国科学家首次人工合成了具有全部生物活性的结晶牛胰岛素。1998 年，我国成功研制了拥有自主知识产权的第一支基因重组人胰岛素制剂，成为世界上继美国、丹麦之后第三个能够生产人胰岛素制品的国家。

人胰岛素基因位于第 11 号染色体短臂上，基因表达的产物前胰岛素原由长约 23 个氨基酸残基的前导序列（信号肽）、含 21 个氨基酸残基的 A 链、含 30 个氨基酸残基的B链、含25～38个氨基酸残基的连接序列C链组成。在跨膜转运过程中，经信号肽酶作用前导序列被裂解，生成胰岛素原，胰岛素原随细胞质中的微泡进入高尔基体，经蛋白酶的作用，水解掉C肽，加工为成熟的胰岛素。

成熟的胰岛素由A、B两条多肽链借助两个二硫键连接而成，其中A7（Cys)-B7（Cys)、A20（Cys)-B19（Cys）四个半胱氨酸中的巯基形成两个二硫键，使A、B两链连接起来。此外，A链中A6（Cys）与A11（Cys）之间也存在一个二硫键。人胰岛素A链含21个氨基酸，B链含30个氨基酸，共51个氨基酸（图9-1)。具有生物活性的人胰岛素单体的分子式、分子质量分别为$C_{257}H_{383}N_{65}O_{77}S_6$、58kDa，等电点为5.30～5.35。不同物种的胰岛素基本结构类似，但氨基酸序列略有不同。例如，猪胰岛素A链的第8、9、10位氨基酸残基分别为Thr、Ser和异亮氨酸（Ile)，牛胰岛素的为Ala、Ser、缬氨酸（Val)。人胰岛素和猪胰岛素仅在B链第30位氨基酸有区别。不同来源的胰岛素结构不同，抗原性也不同，最早临床上用与人胰岛素结构差异最小的猪胰岛素作为治疗药物。

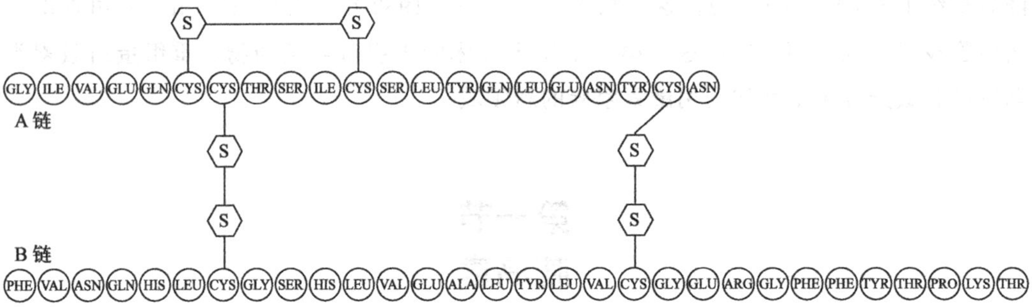

图9-1

人胰岛素的结构

2. 胰岛素的生物学功能

胰岛素具有广泛的生物学功能，它对糖、蛋白质和脂肪的代谢都有明显的作用，同时还有促进细胞生长和分化等作用，是人体维持正常代谢和生存所必需的激素。

（1）调节糖代谢

胰岛素能促进全身组织，尤其是肝脏、肌肉和脂肪组织对葡萄糖的摄取和利用；促进肝糖原和肌糖原的合成；促进葡萄糖在肝细胞内转变成脂肪酸，再转运到脂肪组织贮存；抑制蛋白质和脂肪转化为糖。

胰岛素分泌过多时，血糖下降迅速，脑组织受影响最大，可出现惊厥、昏迷，甚至引起胰岛素休克。胰岛素分泌不足或胰岛素受体缺乏常导致血糖升高，若超过肾糖阈值，则糖从尿中排出，引起糖尿；同时血液中成分的改变（含有过量的葡萄糖)，亦导致高血压、冠心病和视网膜血管瘤等病变。

（2）调节脂代谢

胰岛素能促进脂肪转化成磷酸甘油；促进肝细胞和脂肪细胞合成脂肪酸；促进磷

酸甘油和脂肪酸再合成三磷酸甘油酯，贮存于脂肪细胞内。此外，胰岛素还能抑制脂肪分解氧化。胰岛素缺乏可造成脂肪代谢紊乱，脂肪贮存减少，分解加强，血脂升高，久之可引起动脉硬化，进而导致心脑血管的严重疾患。与此同时，由于脂肪分解加强，生成大量酮体，易出现酮症酸中毒。

（3）调节蛋白质代谢

胰岛素促进细胞对氨基酸的摄取和蛋白质的合成，同时，抑制蛋白质的分解。在机体的生长过程中，胰岛素也是不可缺少的激素，腺垂体激素的促蛋白质的合成作用，必须有胰岛素存在才能表现出来。

（4）其他功能

胰岛素可促进镁离子和钾离子穿过细胞膜进入细胞内；可促进脱氧核糖核酸（DNA）、核糖核酸（RNA）及三磷酸腺苷（ATP）的合成。

二、胰岛素的作用机制

胰岛素受体（insulin receptor，INSR）位于胰岛素起作用的靶细胞的细胞膜上，特异性与胰岛素或含有胰岛素分子的胰岛素原结合。INSR是一种跨膜糖蛋白，为受体酪氨酸激酶家族的成员，是由两个α亚基和两个β亚基通过二硫键连接而成的四聚体结构。两个α亚基位于细胞质膜的外侧，为胰岛素结合结构域，分子质量为130kDa，由723个氨基酸残基构成，其上有胰岛素的结合位点；两个β亚基是跨膜蛋白，为信号转导结构域，分子质量为95kDa，由620个氨基酸残基构成。当无配体时，α亚基对β亚基的酪氨酸激酶具有抑制作用；当胰岛素与α亚基结合时，抑制作用被解除。胰岛素与受体结合后引起α亚单位构象改变，从而使三磷酸腺苷（adenosine triphosphate，ATP）能够结合于β亚单位的胞内结构域。与ATP结合后，β亚单位内的酪氨酸激酶被激活，进而使胰岛素受体发生磷酸化。磷酸化的胰岛素受体从磷酸化胰岛素受体底物（insulin receptor substrate，IRS）开始，依次磷酸化其他蛋白底物。胰岛素信号通过磷酸化网络进行进一步级联传递，并涉及许多其他胞内物质。通过激活上述信号通路，胰岛素可作为代谢功能的调节因子发挥作用。此外，胰岛素还通过胰岛素受体介导激活的丝裂原激活的蛋白激酶（mitogen-activated protein kinase，MAPK）通路在生长和增殖方面发挥作用。

三、重组人胰岛素的制备工艺

胰岛素按制备方法主要分为四种。动物胰岛素：从猪和牛的胰腺中提取，如传统胰岛素、单峰胰岛素、单组分胰岛素和高纯度胰岛素。半合成及合成人胰岛素：将猪胰岛素第30位丙氨酸，置换成与人胰岛素相同的苏氨酸，即为半合成人胰岛素，利用生物工程技术，获得高纯度的生物合成人胰岛素，其氨基酸排列顺序及生物活性与人体本身的胰岛素完全相同。胰岛素类似物：即利用重组DNA技术对人胰岛素的氨基酸序列进行修饰生成的一类胰岛素。加入添加剂处理后的胰岛素混悬液：将蛋白质与胰岛素制成混合物，如精蛋白锌胰岛素和低精蛋白锌胰岛素，对胰岛素粒子大小进行修饰，如各种胰岛素锌混悬液。

1982年以前，应用的胰岛素来源于动物胰腺，1982年世界上第一个重组胰岛素问世，在此之后，动物胰岛素逐渐被基因工程人胰岛素所取代，从此开始了人工生物合成激素的新历程。

1. 重组胰岛素生产的工艺流程

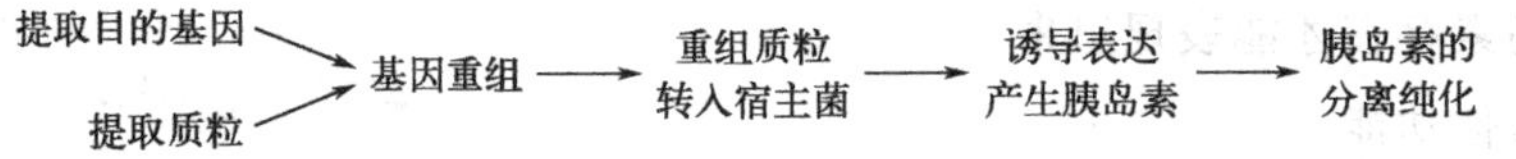

2. 重组胰岛素的制备

(1) 提取与扩增基因

从人的DNA中提取胰岛素基因，可使用限制性内切酶将目的基因从原DNA中分离。获取人胰岛素基因主要有以下方法。

① 鸟枪法：用限制性内切酶对胰岛素A链和B链附近的基因进行剪切，再提取所需要的基因。用DNA分子杂交，即DNA探针等方法进行筛选。

② 人工合成法：根据转录蛋白或者mRNA推导出基因序列，然后人工合成，没有内含子。分离纯化胰岛素原的mRNA，通过反转录得到胰岛素原的cDNA。获取目的基因后，通过PCR技术扩增获得大量目的基因。

(2) 提取质粒

质粒是重组基因的载体，培养含有相应质粒的大肠埃希菌等宿主菌，从含质粒的宿主菌中提取质粒。

(3) 基因重组

取出目的基因与质粒，先利用同种限制性内切酶将质粒切开，再使用DNA连接酶将目的基因与质粒“缝合”，形成一个能表达出胰岛素的DNA质粒。

(4) 重组质粒转入受体菌表达体系

目前，重组人胰岛素的生产中应用的受体菌表达系统主要有两种：大肠埃希菌表达体系和酵母菌表达体系。

以大肠埃希菌作为宿主的表达体系有两个优点：一是表达量高，一般表达产物可以达到大肠埃希菌总蛋白的20%～30%；二是表达产物为不溶性的包涵体，经水洗后表达产物的纯度可以达到90%左右，易于分离纯化。缺点是表达出的胰岛素无生物活性，需要经过复性才能显示其生物活性。1980年，科学家首先在*E. coli*中分别表达A链和B链，通过化学氧化还原作用获得重组人胰岛素，但这种方法效率低、成本高，现已被淘汰。1990年以来，开发出了新的生产方法，首先分离纯化胰岛素原的mRNA，通过反转录得到胰岛素原的cDNA，通过DNA分子操作构建其表达载体，转化大肠埃希菌，表达获得胰岛素原，切除C肽链得到人胰岛素。另一条生产工艺是将胰岛素原与β-半乳糖苷酶通过甲硫氨酸连接形成融合蛋白表达，纯化得到的融合蛋白经溴化腈裂解制备出胰岛素原，再经酶切除去C肽，纯化得到活性胰岛素。

以酵母菌作为宿主的表达系统也具有两个优点：一是表达产物的二硫键结构位置都是正确的；二是不需要复性加工处理。缺点是表达量低，发酵时间长。通过重组酵母细胞表达得到的胰岛素可以直接得到具有正确构象和二硫键结构的胰岛素。诺和诺德公司首先在酵母细胞中表达微小胰岛素原，所谓微小胰岛素原就是由几个氨基酸取代了C肽。细胞内表达微小胰岛素原之后，直接经过转录后修饰形成具有正确二硫键的微小胰岛素原，并能分泌到胞外。再经分离纯化，加工成胰岛素成品。

(5) 胰岛素的诱导表达

胰岛素的表达是可诱导的，表达质粒的不同，诱导物也不同，比如色氨酸操纵子用的诱导物是3-β-吲哚丙烯酸。带有表达质粒的大肠埃希菌在进行高密度发酵的过程中，菌体达到一定密度后，加入3-β-吲哚丙烯酸到发酵液中，诱导胰岛素的表达。

(6) 胰岛素的分离纯化

几种主要的重组人胰岛素的分离纯化的工艺各不相同，但主要的纯化路线存在着不少共同点。

在粗制品的提取上，包括吸附超滤和包涵体的洗涤等；在分离色谱上，一般先用离子交换色谱，后用分子筛色谱，最后选用反相色谱；在重结晶上，并不是作为除去杂蛋白的手段，主要是除去色谱过程中加入的有机溶剂残留物以及其他的有害杂质。

大肠埃希菌表达胰岛素原：纯化后的胰岛素原融合蛋白通过溴化腈裂解去除保护多肽，得到无序胰岛素原，经过亚巯基化和纯化得到胰岛素原纯品。再通过酶切去除胰岛素原的C肽，得到胰岛素粗品，通过离子交换色谱、分子筛色谱、反相色谱和结晶，最终得到活性胰岛素成品。

酵母菌表达胰岛素原：培养液离心去除菌体得到微小胰岛素原溶液，超滤、离子交换吸附、沉淀得到纯化的微小胰岛素原。利用胰蛋白酶和羧肽酶处理微小胰岛素原得到胰岛素粗品，通过离子交换色谱、分子筛色谱、二步反相色谱纯化得到胰岛素纯品，最后通过重结晶得到终产品。

3. 胰岛素的质量控制

鉴别胰岛素一般选用反相HPLC，通过分析胰岛素供试品和对照品，观察保留时间是否一致来鉴别。另外一种方法是利用肽图谱法结合紫外检测鉴别。胰岛素的效价测定目前国际通用的方法是反相HPLC，该方法与之前的生物活性测定法相比，结果一致，且专属性更高。

四、生物技术与重组人胰岛素类似物案例

现代生物技术的发展可以根据人们的设计来改造胰岛素肽链的个别氨基酸或序列使其产生某种功能，用重组DNA技术可制备治疗糖尿病的高效人胰岛素类似物，克服胰岛素在使用过程中出现的问题。目前已有300多种胰岛素类似物在实验室制备出来，

并且有些已进入市场。

1. 速效胰岛素

速效胰岛素为于1996年在美国和欧盟上市的第一种速效胰岛素，是由Eli Lilly公司生产的，根据蛋白质工程原理，利用定点突变方法，将正常胰岛素氨基酸序列的B28位脯氨酸和B29位赖氨酸进行位置交换，这种产品称为赖脯胰岛素。Novo Nordisk公司将B28位的脯氨酸替换为天冬氨酸，从而创造出另一种速效胰岛素，称为门冬胰岛素。2004年在美国和欧盟上市的赖谷胰岛素，是将胰岛素B3位和B29位氨基酸分别替换为赖氨酸和谷氨酸得到的。这三种胰岛素变体产品在人体内均以单体形式存在，它们能够产生更符合生理需要的胰岛素，起效时间短（10～20min），患者可以在注射速效胰岛素后立即进餐，达峰时间早（作用高峰30～90min），持续时间为3～5h，低血糖发生的概率大大降低，临床上用于餐后血糖的控制，能较好地控制血糖。

2. 长效胰岛素

长效胰岛素类似物主要是通过改变胰岛素等电点或使用可溶性脂肪酸酰化胰岛素改变其动力学特征达到长效。上市的药物有甘精胰岛素、地特胰岛素和德谷胰岛素。甘精胰岛素采用甘氨酸取代胰岛素A21位的天冬氨酸，并在胰岛素B链的C末端增加2个精氨酸残基，使胰岛素等电点由5.4转为7.2，皮下注射后可在生理pH下形成沉淀，达到缓释的目的。它的起效时间为2～3h，持续时间为20～30h。地特胰岛素是去除B30位的苏氨酸，在B29位赖氨酸ε位上共价连接一个肉豆蔻酸侧链的胰岛素类似物。地特胰岛素作用持续时间长达24h。德谷胰岛素是将B30位的苏氨酸去除，在B29位赖氨酸上通过一个L-γ-Glu与游离脂肪酸连接的胰岛素类似物。德谷胰岛素半衰期约为25h，作用持续时间大于42h。相较于重组人胰岛素，长效胰岛素类似物吸收和扩散缓慢稳定，药动学曲线平稳，药效平稳，无明显峰效应，且作用时间长，能模拟正常人生理性基础胰岛素分泌。临床应用可更好地控制血糖，减小个体差异，降低低血糖发生率，缓解体重增加。

除了在胰岛素本身结构上的改进之外，目前另一研究热点是胰岛素分泌基因工程，又称为糖尿病的“细胞治疗”：运用基因转染技术使本来不分泌胰岛素的细胞表达产生胰岛素，再将该人工胰岛素分泌细胞植入人体内，替代和恢复衰竭了的胰岛β细胞的功能。而且通过这种方法，已能使胰腺导管细胞，甚至其他不相关细胞，例如脑垂体细胞、肝细胞等分化成为分泌胰岛素的细胞。而研究最多的是将胚胎或成人的多能干细胞诱导分化为能分泌胰岛素的细胞。

第二节 生长激素

人生长激素（human growth hormone，hGH）是人垂体前叶嗜酸细胞分泌的一种非糖基化单一肽链的蛋白质类激素，是一种能够促进正常机体的生长、激活蛋白质生物合成、影响脂肪和矿物质的代谢、在机体发育过程中起着关键作用的激素。临床上生长激素主要用于治疗由脑垂体生长素分泌不足而导致的垂体性侏儒症，除此之外还可用于烧伤、骨折、创伤、出血性溃疡、组织坏死、肌肉萎缩及骨质疏松等疾病的辅助治疗。

20 世纪 50 年代，从尸体垂体中分离和提纯生长激素（GH），随着生物技术的发展，体外重组人生长激素（rhGH）合成成功，使 rhGH 的大量临床应用成为可能。

一、人生长激素的结构与生物学特性

1. 人生长激素的结构

人生长激素基因位于人体内第 17 号染色体上，人生长激素是由基因翻译为前体蛋白，然后经过酶解，将 217 个氨基酸的生长素前体切去 26 个氨基酸的前肽转变而成。大多数成熟的人生长激素为具有 191 个氨基酸的亲水性单链球蛋白，分子质量为 22kDa 左右，等电点是 4.9，这一部分生长激素的占比为 75%。分子结构中含有两个二硫键，链内含有四个半胱氨酸，组成两对二硫键（C54-C165、C182-C189）（图 9-2）。人生长激素的空间结构中包含 4 个核心 α 螺旋，每个螺旋具有 20～31 个氨基酸（图 9-3）。在螺旋间的连接区还有 3 个短螺旋，螺旋Ⅳ和Ⅰ是与人生长激素受体结合的主要位点，两个短螺旋也参与了人生长激素与受体的结合。人体内的生长激素主要有两种分泌形式，有 75%是以 22kDa 的形式分泌，还有 5%～10%是以 20kDa 的形式分泌。人体脑垂体和血清中除了这两种主要形式的分子外，还有单体、二聚体、多聚体及翻译后修饰分子，说明 *hGH* 基因的表达产物构成了一个蛋白质家族，而不仅仅是单一激素。

2. 生长激素的生物学功能

（1）促细胞生长

hGH 通过作用于肝细胞膜上生长激素受体（GHR）产生胰岛素样生长因子（IGFs），如 IGF-1 可促进全身组织细胞的生长和增殖。比如促进骨细胞、生殖细胞、肾细胞、肿瘤细胞、成纤维细胞等细胞中蛋白质、糖类、脂肪的代谢，促进脑组织、免疫组织、造血系统等的生长。

（2）物质代谢调理作用

hGH 能够促进三大营养物质的代谢，hGH 可增强脂肪氧化分解作用；促进蛋白质合成，减少蛋白质分解，维持氮平衡；增强糖异生作用，提高糖利用率；提高营养物质转换率，能提高体内维生素 D_3 水平，增加肠道对钙和磷的吸收。

（3）免疫调节作用

hGH 对免疫系统的细胞增殖、生长以及免疫功能的修复与维持发挥整合作用。通过促进骨髓细胞成熟刺激吞噬细胞迁移，触发吞噬细胞产生超氧阴离子和细胞因子以及提高调理素的活力，在刺激 B 细胞产生免疫球蛋白等方面起重要作用，从而增强免疫防御功能。

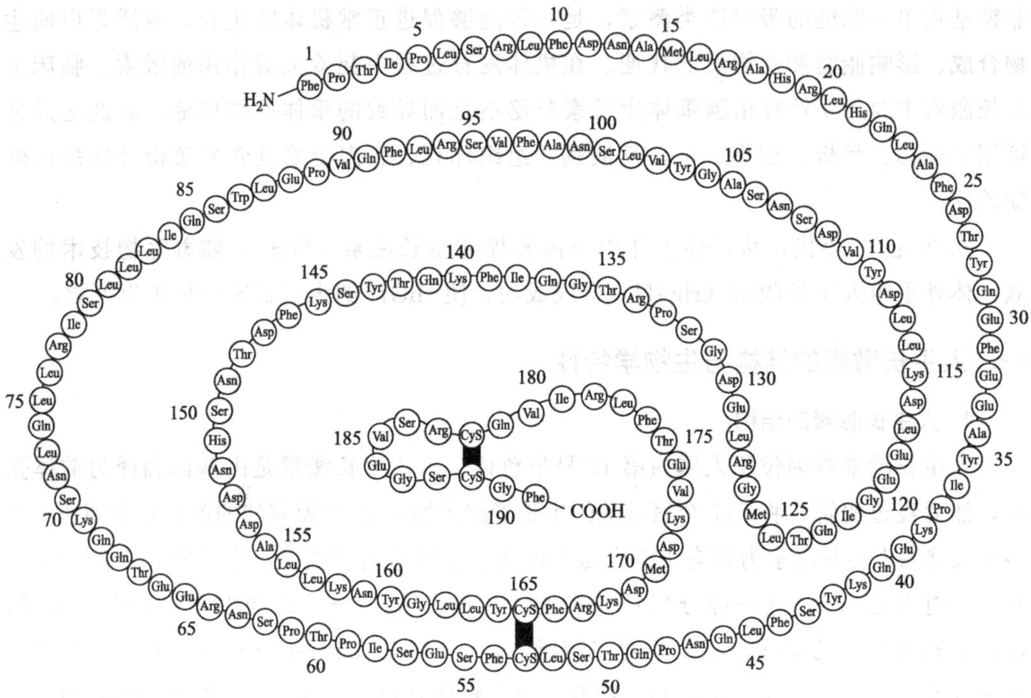

图 9-2

人生长激素的一级结构

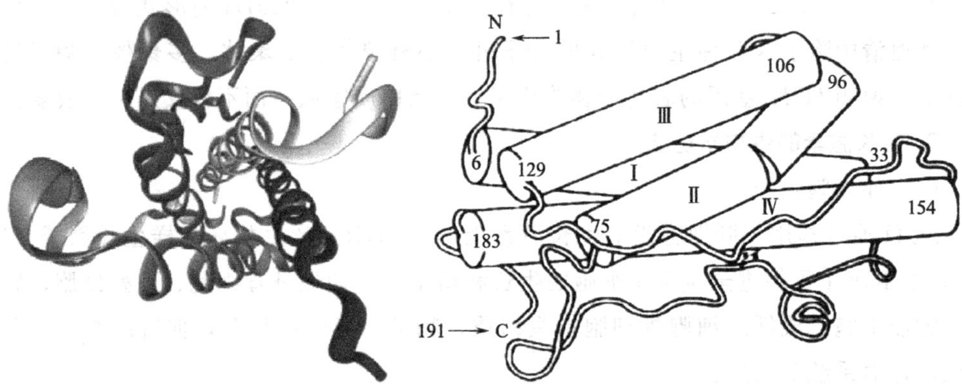

图 9-3

人生长激素的空间结构

（4）内分泌作用

hGH 与促甲状腺激素、促肾上腺皮质激素、促性腺激素共同注射时，生长激素可作为一种增效剂，能明显增强各种促激素的特异效应。

二、人生长激素的作用机制

hGH 的分泌与释放受到生长激素释放激素（GHRH）和生长抑素（SST、SRIF）的双向调控，其绝大多数的生理学作用是通过生长激素-胰岛素样生长因子（GH-IGF）

轴来实现的（图 9-4）。下丘脑-垂体在 GHRH 的作用下释放 hGH，hGH 与肝脏或其他组织器官上的生长激素受体（GHR）结合，通过 GHR-JAK-STAT 信号通路启动细胞核内的应答基因表达胰岛素样生长因子（IGFs）、胰岛素样生长因子结合蛋白-3（IGFBP3）和 ALS，三者结合组成的三元络合物进入到血管，然后被输送到各个靶器官，再由蛋白酶降解去除 IGFBP3 和 ALS，释放出 IGFs，实现生长激素的生物学作用。

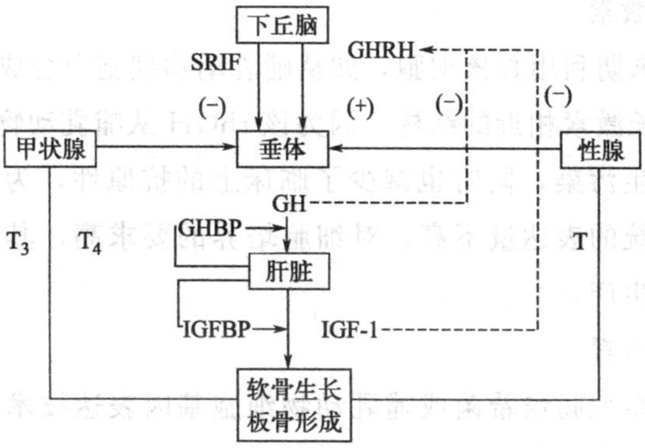

图 9-4

人生长激素的作用机制

GHBP—生长激素结合蛋白；T_3—三碘甲状腺原氨酸；T_4—甲状腺素；
T—睾酮；IGFBP—胰岛素样生长因子结合蛋白

三、重组人生长激素的制备工艺

1. 重组人生长激素的发展历程

生长激素最初来源于人垂体中，随着生物工程的发展，在 20 世纪 80 年代开始出现重组人生长激素，随后经历了快速发展和迭代，从第二代发展到第五代（表 9-1）。

（1）第一代生长激素

最初的生长激素是从人垂体中提取——人垂体源生长激素，临床上将其用于治疗儿童生长障碍，具有显著的治疗效果，无其他毒副作用。但第一代生长激素主要有以下缺点：①来源受限，产量稀少；②受提取技术限制，纯度相对较低，临床应用容易产生抗体；③容易受到供体病毒的污染。曾因提取不纯等原因，临床应用后，患者出现神经系统疾病，如克罗伊茨费尔特-雅各布病等致命性不良反应，因此人垂体源生长激素在 1985 年被美国 FDA 禁止使用而退市。

（2）第二代生长激素

采用基因重组技术生产重组人生长激素，即 rhGH。1981 年，利用原核系统大肠埃希菌（*E. coli*）包涵体技术表达出含 192 个氨基酸的基因重组人生长激素，该重组生长激素相比于人垂体提取的 GH 在 N 端多了一个甲硫氨酸。该重组生长激素以包涵体形式表达，在蛋白提取和包涵体复性方面需要经过复杂的工艺操作，不仅容易受到污染、纯度低、活性不高，而且多了一个甲硫氨酸，使人体易产生抗体，因此该技术已被淘汰。

(3) 第三代生长激素

美国 Eli Lilly 等公司用原核大肠埃希菌基因表达技术合成了重组人生长激素，含有 191 个氨基酸，但所得到的 rhGH 的结构仍然与人生长激素天然结构具有差异，容易产生抗体。另外该 rhGH 具有较为复杂的分泌和提取过程，容易因含有杂质或易被污染而发生过敏反应，从而受限于临床应用。

(4) 第四代生长激素

20 世纪 80 年代末期利用真核细胞，如从哺乳动物细胞中合成重组人生长激素，该 rhGH 具有与天然生长激素相近的结构，因为该 rhGH 从哺乳动物细胞合成，而不是大肠埃希菌，故不会发生污染，同时也减少了临床上的抗原性，为临床大量应用奠定了基础。但此类表达系统的表达量不高，对细胞培养的要求高，其工艺复杂，繁殖速度慢，难以进行工业化生产。

(5) 第五代生长激素

用原核细胞分泌型大肠埃希菌或哺乳动物细胞基因表达技术合成的重组人生长激素，产物直接分泌于菌体之外，其氨基酸含量、序列和蛋白质二级、三级结构与人垂体生长激素完全一致，具有较高的生物活性、纯度、效价和吸收率，降低了治疗成本，同时，确保了产品的安全性、稳定性和有效性，是目前最为理想的产品之一，广泛用于临床治疗。

表 9-1　重组人生长激素的发展历程

分代	时间	生产技术	优点	缺点
第一代	20 世纪 50 年代早期	人类垂体提取	无须复性	来源受限，纯度低，易污染
第二代	20 世纪 80 年代早期	大肠埃希菌包涵体表达	成本低，产量大	易产生抗体，纯度低，活性低
第三代	20 世纪 80 年代中期	大肠埃希菌可溶性表达	不含甲酰甲硫氨酸(fMet)	抗体产生率较高，易污染
第四代	20 世纪 80 年代末期	哺乳动物表达	分子结构接近天然生长激素	成本高，得率低，易污染
第五代	20 世纪 90 年代早期	大肠埃希菌分泌表达	抗体产生率低，活性高，纯度高	需要每日注射

2. 重组人生长激素的制备工艺

(1) 基因构建及表达

随着 DNA 重组技术的发展，各种生物物种的生长激素 cDNA 得以在大肠埃希菌、芽孢杆菌、酵母、昆虫和哺乳动物等系统中表达。

第一代的 rhGH 直接在大肠埃希菌中表达，分离人生长激素的 mRNA，以合成的双链 cDNA 为模板，以质粒为载体在大肠埃希菌中重组表达 GH。这类 rhGH 蛋白的 N 末端比天然 hGH 多一个甲硫氨酸，一般用 Met-hGH 来表示。

第二代重组人生长激素是分泌型表达，信号肽在分泌过程中自动切除，产生与天然蛋白质完全一致的序列，即重组 Phe-hGH。重组 Phe-hGH 工程菌构建的原理是利用大肠埃希菌受体菌内膜上的特异性信号肽剪切酶切除 N 端多余的 Met 残基。

（2）分离纯化重组

Met-hGH 是从细菌提取物中获取 Met-hGH，而重组 Phe-hGH 则是从细胞周质中获取释放累积的 hGH，一般通过对外膜进行低渗透压处理即可获得。后续分离纯化工作，主要包括进行等电点沉淀、硫酸铵盐析、离子交换色谱和凝胶过滤等步骤，最终获得纯品 rhGH。

（3）活性测定

世界卫生组织制定了 rhGH 的国际标准，规定 rhGH 的活性测定方法选用去垂体大鼠体重增加或者胫骨骨骺宽度增加的生物检测法，检测活性应为 3.0U/mg（含 191 个氨基酸的单体活性＞97%）。

四、重组人生长激素适应证

目前临床上可以使用 rhGH 治疗的身材矮小的疾病主要包括：生长激素缺乏症（GHD）、慢性肾功能不全肾移植前（chronic renal insufficiency pretransplantation）、特纳氏（Turner）综合征、普拉德-威利综合征（Prader-Willi syndrome）、小于胎龄儿（SGA）、特发性矮身材（idiopathic short stature，ISS）、短肠综合征、努南综合征（Noonan syndrome）和 *SHOX* 基因缺失等。

第三节 促性腺激素

促性腺激素（gonadotropin）是在促性腺激素释放激素的调控下由垂体的促性腺激素细胞产生和分泌的肽类激素。促性腺激素作用于卵巢和睾丸，刺激释放生殖腺激素和负责生殖腺的生长和发育。促性腺激素有多种，目前临床上用于促排卵及疾病治疗的促性腺激素主要有促卵泡激素（follicle-stimulating hormone，FSH）和促黄体生成激素（luteinizing hormone，LH）以及人绒毛膜促性腺激素（human chorionic gonadotrophin，HCG）。

一、促卵泡激素（FSH）的结构与性质

FSH 是由垂体前叶嗜碱性细胞分泌的一种糖蛋白促性腺激素，属于糖蛋白激素家族。促卵泡激素调控人体的生长、发育、青春期的性成熟及与生殖相关的一系列生理过程，特别是刺激生殖细胞的成熟。

人促卵泡激素由两个非共价结合的可解离的 α 亚基和 β 亚基组成。α 亚基由 92 个

氨基酸组成；β 亚基由 111 个氨基酸组成。糖基是以 *N*-糖苷键的方式连接在 α 和 β 两个亚基各自的区域上。

促卵泡激素（FSH）按时间和来源不同可分为三大类：第一类垂体 FSH，最早的 FSH 是 20 世纪 50 年代从人尸体脑垂体提取的垂体-FSH（p-FSH），但因垂体 FSH 来源有限并且伴有病毒感染的风险而未获广泛应用。第二类尿源 FSH，20 世纪 60 年代，人们开始从绝经后妇女的尿液中提取促卵泡激素（u-FSH），即绝经尿促性腺激素（human menopausal gonadotrophin，HMG），早期尿源提取的 FSH 活性较低，并且其中含有大量的促黄体生成素（LH）。第三类重组人促卵泡激素（rhFSH），20 世纪 90 年代，随着基因工程技术的发展，可将重组促卵泡激素的基因质粒共转染 dhf-缺陷型的中国仓鼠卵巢细胞（CHO），经过细胞培养、分离和纯化后而得 rhFSH，通过真核细胞表达的 rhFSH，可保证产品质量的均一稳定，并且不含 LH 等其他尿源杂质，其副作用更小，安全性更高，成为促卵泡激素药物开发的趋势，现已高效表达，实现大规模生产。

二、重组促卵泡激素的制备工艺

1996 年，瑞士 Serono 公司开发了全球第 1 个 rhFSH 上市产品（商品名：Gonal-F）。其主要制备工艺为：①从基因文库筛选目的基因，获得目的基因片段；②用双质粒共转染 CHO 细胞；③用甲氨蝶呤筛选，获得高产细胞株；④采用含 1%血清的培养基微载体灌流培养。体内外活性测试及药代动力学研究均显示出 Gonal-F 与尿源 FSH 的等效性。在安全性方面，Gonal-F 与尿源 FSH 的安全性是类似的。

荷兰 Organon 公司生产的 rhFSH 产品（商品名：Puregon）的构建策略为：①从基因文库中筛选获取含有部分内含子的目的基因序列；②将两个亚基的基因构建在同一载体中；③转染 CHO 细胞；④用氯化镉法筛选到一株高产细胞株，基因拷贝数为 150～450；⑤生产时也采用微载体悬浮培养，但在生产期采用了无血清灌流培养的模式。Puregon 也与天然 FSH 具有相同的氨基酸序列及糖基化位点。

在我国，长春金赛药业有限公司生产的金赛 rhFSH 与 Gonal-F 拥有一致的疗效与安全性。

这几种 rhFSH 可以用于治疗无排卵性不孕，在药用辅助生殖技术中，用于刺激多卵泡的发育，达到多排卵的目的。另外，可以用于治疗男性低促性腺激素引起的低促性腺激素性性腺功能减退症，刺激精子的产生，还可用于月经量少或闭经的下丘脑垂体功能异常的妇女。

三、 rhFSH 突变体的研究进展

不论是尿源 FSH 还是 rhFSH，在临床应用时均存在着明显的缺点：它们的体内半衰期较短，每个疗程中患者每天至少需要注射 1 次，连续注射 8～12d，患者的依从性较差。因此，尝试长效、高活性 FSH 突变体的研究开发具有重要意义。

1. 增加 *O*-连接糖基化位点

HCG 的 β 亚基 C 末端有一段含有 4 个 *O*-糖链的序列，被称为 CTP（carboxyl-terminal peptide）序列。CTP 序列可以延长蛋白质在体内的半衰期，从而提高蛋白质的体内活性。将 CTP 序列融合至 FSH β 亚基的 C 末端，转染 CHO 细胞后获得一种新型 FSH 突变体 FSH-CTP，该突变体体内生物活性以及半衰期均获得了较大提高。

2. 增加 *N*-连接糖基化位点

用含两个 *N*-连接糖基化位点的序列将 FSH 两个亚基的 cDNA 连接起来，经 CHO 细胞表达后获得了一个单链 FSH 突变体——rhFSH-N_2，rhFSH-N_2 比普通 rhFSH 具有更长的半衰期和更高的生物活性。或者在 FSH-CTP 的基础上，通过在 β 亚基 CTP 羧基末端添加 *ANITVNITV* 基因编码序列，再添加 2 个 *N*-连接糖基化位点，构成 FSH-CTPN 突变体。对 FSH-CTP 突变体的 α、β 亚基通过位点突变增加 3 个 *N*-连接糖基化位点，命名为 FSH-CTPM 突变体。新型突变体的生物活性明显高于 FSH-CTP 突变体和野生型 FSH。另外，通过定点突变技术改变 FSH α、β 亚基上的某些氨基酸，也可以引入额外的 *N*-连接糖基化位点，从而使 FSH 突变体的半衰期延长、活性提高。

3. 其他突变体形式

将 FSH 的 α、β 亚基分别直接或通过特定连接子与免疫球蛋白的 Fc 片段融合形成两个融合亚基，这两个亚基结合形成的异源二聚体融合蛋白 FSH-Fc 比普通 rhFSH 具有更长的半衰期与更高的生物活性。

常用的长效 FSH 突变体药物为默克公司开发的 Corifollitropin alfa，其商品名为 Elonva，其在 FSH β 亚基 C 末端添加 CTP 序列而开发的长效 rhFSH，在卵泡刺激的第 1 周注射 1 次此 rhFSH 突变体药物，即可代替普通 rhFSH 连续 7d 的注射。

思考题

1. 简述胰岛素分子的结构及其生物学功能。
2. 简述两种临床应用的胰岛素类似物。
3. 简述生长激素的治疗应用。
4. 试述重组人生长激素的研制过程及临床应用。
5. 试述促性腺激素的种类和功能。
6. 简述常用的 rhFSH 的制备工艺。

第十章
生长因子类药物

第一节　生长因子概述
第二节　生长因子的生物学功能与剂型
第三节　重组人成纤维细胞生长因子
第四节　生长因子的剂型与应用

学习要求

1. 掌握：常见生长因子类药物的种类、生物学特性及临床应用。

2. 熟悉：生长因子受体类型、常见生长因子类药物的结构特征。

3. 了解：生长因子类药物的剂型分类及特点。

第一节 生长因子概述

一、细胞生长因子

生长因子定义：其通过质膜上的特异性受体，将信号传递至细胞内，作用于与细胞增殖有关的基因，以影响细胞的生长或分化。几乎所有生长因子都有促进靶细胞有丝分裂的能力，其中有些只能作用于几类细胞，但大多数生长因子可以刺激的靶细胞类型是广泛的。20 世纪 40 年代，人们真正从科学上认识了生长因子，并开始对其进行研究。

20 世纪 60 年代和 70 年代，碱性成纤维细胞生长因子（bFGF）、血小板源性生长因子（PDGF）、胰岛素样生长因子（IGF）和肿瘤坏死因子（TNF）等 20 多种生长因子陆续被发现，并证实它们与组织修复密切相关。20 世纪 80 年代，基因工程技术的发展和应用使生长因子的生物学基础和临床研究与应用成为可能。这些研究不仅导致人们对血液系统疾病、肿瘤、创伤等相关疾病的治疗观念发生了深刻转变，而且为这些疾病的治疗带来了革命性的突破，并由此带动了现代基因工程制药业的迅猛发展。

二、细胞生长因子药物受体

生长因子是与细胞表面特异性受体相结合而发挥作用的，它对哺乳动物的生殖有着重要而独特的影响。所有具有酪氨酸激酶活性的生长因子受体都有结构上的同源性。其结构都包括细胞外的糖基化结合区、疏水性跨膜区和内部酪氨酸激酶区。

常见的生长因子受体分为如下几类。

（1）表皮生长因子受体（EGFR）

EGFR 家族包括 EGFR（ErbB-1/HER1）、HER2/c-neu（ErbB-2）、HER3（ErbB-3）和 HER4（ErbB-4）四个成员，均定位于细胞膜上。ErbB-1 广泛分布于除血管组织外的上皮细胞膜上；ErbB-2 在正常人体腔上皮、腺上皮及胚胎中均有普遍的微弱表达；ErbB-3 在除造血系统外的多数部位有表达；ErbB-4 在除肾小球及周围神经外的所有成年组织中均可检测到。EGFR 本身具有酪氨酸激酶活性，一旦与表皮生长因子（EGF）结合可启动细胞核内的有关基因，从而促进细胞分裂增殖。胃癌、乳腺癌、膀胱癌和头颈部鳞癌的 EGFR 表达增高。

(2) 胰岛素样生长因子受体（IGFR）

它是一种四聚体结构（$\alpha_2\beta_2$），分子由表露于细胞外的配体结合部位（α 亚单位）及细胞内酪氨酸激酶区域（β 亚单位）构成。当 IGF-1 与 α 亚单位中的配体结合部位结合后，激活位于细胞内的酪氨酸激酶，引起细胞内信号转导。IGF-1R 广泛表达于多种类型的细胞表面，它介导 IGF-1 和大部分 IGF-2 的生物学活性，可促进机体的蛋白质和核酸的合成及碳水化合物的代谢，与细胞的生长分化、胚胎的发育密切相关，当其过度表达时，细胞向恶性表型转化。

(3) 成纤维细胞生长因子受体（FGFR）

FGFR 共有四种受体亚型，在氨基酸序列上的同源性为 55%～72%。不同的细胞表达不同的受体亚型，而每一种受体被激活的程度都是多样的，分为高度、中度、轻度和未激活状态。这种信号转导的复杂性决定了 FGFR 生理反应的多样性。配体-受体结合后会触发受体二聚体化，使关键酪氨酸残基磷酸化，进而招募含 Src 同源结构域 2（SH2）的胞质信号分子。后续信号转导至少包含四条途径：PLC-γ 途径、Ras/Raf/MEK/ERK 途径、JAK/STAT 途径和 PI3K/AKT 途径。这些信号都可以促进有丝分裂，调节细胞周期进程。

第二节 生长因子的生物学功能与剂型

一、表皮生长因子

1962 年，意大利女科学家 Montalcini 教授和美国 Cohen 博士在实验中发现，在小老鼠的皮下腺内有一种可以促使新生小鼠眼睑早开、牙齿早萌的活性成分，而将这活性成分加入培养皮肤表皮细胞的基质后，发现可以促进皮肤表皮细胞的生长，因此将此活性成分命名为表皮生长因子（epidermal growth factor，EGF），并证实这种活性蛋白具有免疫和自我调节的能力，能加速表皮组织的新陈代谢，更新受损及老死的细胞，并因而获得了 1986 年诺贝尔生理学或医学奖。1975 年，从人尿中提取出的人表皮生长因子（human EGF，hEGF），可抑制胃酸分泌，又称抑胃素。

1. EGF 的分子结构（图 10-1）

EGF 是最早确立结构的生长因子，是由 53 个氨基酸残基组成的单链多肽，含 3 个链内二硫键。EGF 分子中不含丙酸、丙氨酸和赖氨酸，第 53 位精氨酸和第 52 位亮氨酸常被蛋白酶去除，因此 EGF 氨基端 40 多个氨基酸即具有该因子的全部活性。在功能上，hEGF 分子的 N 端结构域可能对受体的结合是重要的，而 C 端结构域可能对促细胞生长的活性是重要的。

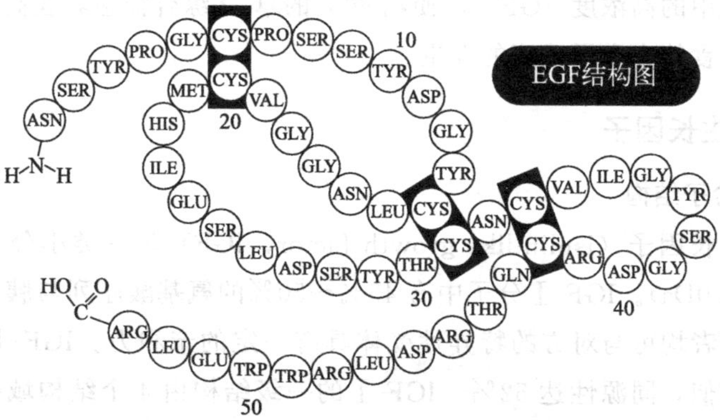

图 10-1
EGF 的分子结构

2. EGF 的生物学特性

EGF 与 EGFR 结合后，可激活多条信号通路，因此具有促增殖、促转移、抗凋亡等多种生物学特性，具体作用有如下几点。

① 上皮细胞：EGF 可以促进细胞有丝分裂及糖、蛋白质、DNA、RNA 的合成，因此有着广泛的促进上皮细胞分裂增殖的作用。

② 血管生成：与肿瘤生长、关节炎等许多疾病相关的血管生成是由包括 EGF 在内的一些血管生成因子介导的。

③ 肿瘤发生：EGF 及 EGFR 的过度表达与多种肿瘤的发生、高移除率、低分化、深浸润、淋巴结转移及高增殖有关。

④ 呼吸功能：EGF 可经自分泌或旁分泌方式对气道上皮细胞的功能进行调控。作为一种肺内调节器，具有抗氧化保护作用。

⑤ 生殖系统：a. 影响睾丸发育和精子产生；b. 调节卵巢的发育与生殖功能；c. 促进合子发育，作为胚胎营养因子调节早期胚胎发育。

⑥ 消化系统：EGF 可防止溃疡发生和促进溃疡愈合，保护肠黏膜屏障。

案例 10-1：2000 年，PalominoA 等应用 rhEGF 治疗大样本的十二指肠溃疡的随机双盲实验，充分肯定了 EGF 对消化道溃疡的治疗作用。在消化性溃疡外缘正常胃黏膜内注射 EGF，每周 1 次直到溃疡愈合，治愈时间短，幽门螺杆菌（HP）根治率高，1 年内溃疡复发率低。

问题：

Ⅰ. 什么是 EGF？生物学活性有哪些？

Ⅱ. EGF 为何可以用于消化性溃疡的治疗？

案例 10-1 分析：a. EGF 即表皮生长因子，其生物学活性有促进上皮细胞分裂增殖，促进血管及肿瘤生成，提高细胞抗氧化能力，影响生殖功能及促进消化性溃疡愈合等作用。b. EGF 对治疗消化道溃疡有显著疗效。EGF 能抑制胃酸分泌，促进组织修复，在保护胃黏膜免受损伤因子破坏、维持胃黏膜完整性方面起着非常重要的作用。

唾液和基础胃液中的高浓度 EGF，可使约 60％的卓-艾综合征患者在高分泌胃酸和蛋白酶的基础上免于食管炎和胃溃疡的发生。

二、胰岛素样生长因子

1. IGFs 的分子结构

胰岛素样生长因子（isulin-like growth factor，IGF）是一类小分子单链多聚物质（分子质量约 7500Da）。IGF-Ⅰ分子中有 45％～50％的氨基酸序列与胰岛素原相同，这一结构特性使两者均可与对方的特异性受体具有一定的亲和力。IGF-Ⅰ和 IGF-Ⅱ的结构与功能非常相似，同源性达 52％。IGF-Ⅰ的一级结构由 4 个结构域构成，与胰岛素原不同的是，IGF-Ⅰ的羧基末端比胰岛素原多一个 D 区域，IGF-Ⅰ的氨基酸序列在不同的哺乳动物中相当保守，从低等到高等的哺乳动物中都已发现了 IGFs。现在许多动物的 IGFs 的一级结构已被阐明。

2. IGFs 的生物学特性

① 糖代谢：对胰岛素的靶组织，IGF 具有胰岛素样的生理功能。它对糖代谢的主要细胞内代谢途径的调控与胰岛素相似。此外，IGF-Ⅰ还可与胰岛素受体结合而达到降糖目的。IGF-Ⅰ能抑制 GH 和胰岛素分泌，降低高胰岛素血症的发生率。

② 脂肪代谢：IGF 可促进葡萄糖的转运，促进脂肪、糖原和蛋白质的合成，抑制脂质水解，增强低 K_m 磷酸二酯羧酶的活性，抑制钙 ATP 酶的活性。这些作用是通过胰岛素受体实现的。

③ 心肌细胞：IGF-Ⅰ可以刺激心肌细胞生长，影响心脏离子通道，增加心排血量，提高射血功能。IGF-Ⅰ还参与胚胎和出生后早期心脏的生长发育。

④ 骨髓生长：IGF 可改变自主神经活性，增加骨骼肌血流量，提高胰岛素或胰岛素受体后敏感性。IGF-Ⅰ水平与骨密度呈正相关。生长发育过程需要 IGF-Ⅰ和 IGF-Ⅱ的参与。

⑤ 其他：IGF-Ⅰ的表达变化与肌纤维数目的多态性紧密相关；IGF-Ⅱ调节肿瘤细胞的黏附分子表达，与许多肿瘤的发生发展密切相关。

三、成纤维细胞生长因子

1. FGFs 的分子结构

成纤维细胞生长因子（fibroblast growth factor，FGF）家族约有 20 个成员（FGF-1～FGF-20），分子质量在 18～28kDa，都有促有丝分裂、趋化和促进血管生成的作用。所有 FGFs 成员具有一段高度同源的含 140 个氨基酸的核心序列，可以同肝素或胞外基质中的肝素样糖胺聚糖结合，这一特性已被用于通过肝素亲和色谱来纯化 FGFs。需注意的是，该家族早先发现的成员确实能够刺激成纤维细胞的生长和发育，但是一些新近发现的 FGFs 对成纤维细胞的生长和发育并无多大作用。

2. FGFs 的生物学特性

FGFs 具有广泛的生物学作用，FGFs 与受体结合后，能激活多条信号通路，从而影响如间充质细胞、内分泌细胞、神经细胞等多种细胞的生长、分化及功能。FGFs 是重要的有丝分裂促进因子，也是形态发生和分化的诱导因子，在正常生理和病理过程中参与生长发育和组织损伤的修复过程。目前这方面的研究集中在以下几点。

① 网状内皮组织的修复：FGFs 是很强的促血管壁细胞增殖因子，对内皮细胞具有趋化作用和促有丝分裂作用，并可加强其分化功能。碱性成纤维细胞生长因子（bFGF）还具有促血管平滑肌有丝分裂的作用。

② 结缔组织的修复：FGFs 对多种类型的细胞（成纤维细胞、角化细胞等）有促有丝分裂的作用。FGF 不仅可促进其增殖，而且可增强其分化。FGF 对内皮组织和结缔组织的上述作用，提示其在组织修复中的生理作用和在疾病治疗应用中的前景。

③ 对神经系统的作用：在组织培养中，bFGF 对来自大脑皮质、海马、小脑等处的神经元有营养作用，并对胚胎神经母细胞有促有丝分裂作用。bFGF 同时还可以促进神经胶质细胞的增殖，如使星状胶质细胞增殖并形成纤维状外形等。目前，人们正试图用 bFGF 促进脑干的损伤后修复。

④ 在胚胎发育中的作用：实验证明，bFGF 有促进细胞增殖和分化的功能。

FGFs 也是治疗激光视网膜损伤的首选药物。外源性 FGF 对骨折的修复有重要意义，用于手术外伤、烧伤，加快皮肤和黏膜创面愈合，并减少瘢痕收缩和皮肤畸形增生，改善缺血心肌血流灌注和功能，为晚期冠心病的治疗提供了新的途径，并有助于缺血再灌注后脏器组织的损伤修复。

第三节 重组人成纤维细胞生长因子

1974 年，Gospodarowicz 等从牛脑垂体中分离纯化出一种对成纤维细胞系 Balb/c3T3 的分裂增殖具有促进效应的多肽，将其命名为成纤维细胞生长因子，其等电点为 9.16。后来发现脑组织中尚有另外一种与其同源性较强、功能相似但等电点为 5.16 的 FGF，故将前者命名为碱性成纤维细胞生长因子（bFGF），后者命名为酸性成纤维细胞生长因子（aFGF）。人酸性成纤维细胞生长因子（haFGF）由 154 个氨基酸残基组成，分子质量为 16kDa，它与 FGF 家族中其他 22 个因子的蛋白质序列有 30%～70% 的同源性。已发现 aFGF 有 5 种受体，主要通过激活酪氨酸激酶受体并与其结合，激活多种信号途径，从而发挥多种生物学活性。研究表明，重组人成纤维细胞生长因子（huFGF）有着广泛的生物学活性，在治疗烧伤、机体缺血损伤、溃疡、神经退行性变性疾病及房水分泌减少的眼科疾病等方面有着广阔的临床应用前景。

一、aFGF 及 FGFR 的结构和功能

1. aFGF 及 FGFR 的结构

研究表明，人类 aFGF 由 154 个氨基酸组成，aFGF 的二级结构包括 12 条不平行 B

链组成的三叶草结构，组成亚结构折叠单位的4条链，二者连接为稳定的统一体。aFGF刺激其受体的生化过程由aFGF酪氨酸激酶受体（aFGFR）介导。

2. aFGFR的活性和信号转导

aFGFR的活性和信号转导依赖于aFGF诱导的二聚化作用，这个过程需要肝素的作用。aFGF发挥作用需通过信号转导级联反应和核转位两条途径。aFGF的生物学特性与多个功能区域密切相关，主要的功能区包括受体结合区、肝素结合区和核转位区。

（1）受体结合区

FGF诱导的促进细胞有丝分裂活动是其在细胞表面与特异性跨膜酪氨酸激酶受体结合引起的。aFGF与其高亲和力受体结合成二聚体，激活了受体的胞内酪氨酸激酶区，活化的激酶使磷脂酶C磷酸化，后者可使磷脂酰肌醇-4,5-二磷酸分解为二酰甘油和肌醇三磷酸等物质。

（2）肝素结合区

aFGF对其受体的激活需要肝素与aFGF的结合。aFGF所需的肝素结构是由特定的aFGF-aFGFR复合体形式决定的。肝素精细结构的变化和严格调控不但可以影响其与aFGF的正向及反向作用，而且可以改变FGF家族成员活性增强的特异性。人类aFGF结合低分子量肝素后，其三级结构的构象发生变化，使蛋白质的溶解温度升高，结构更加稳定。此外，肝素还可抑制蛋白酶对aFGF的水解，从而延长aFGF的生物半衰期。

（3）核转位区

aFGF的促有丝分裂作用除了通过其受体上的酪氨酸激酶活化而产生的信号转导级联反应外，还需要aFGF本身通过跨膜转运进入细胞核内发挥作用，通过影响RNA聚合酶加强核蛋白体基因的转录，以加速细胞G0-G1和G1-S期的转换，促进细胞的分裂与增殖。这种核转位的过程对于有丝分裂的完成是必需的。aFGF通过受体酪氨酸激酶的活化产生了信号转导级联反应，引起即早期基因*c-fos*的活化，并促使DNA的合成，但是并不能引起细胞的分裂。aFGF转位至细胞核后能够刺激DNA合成、细胞分化和增殖，其作用与aFGF的磷酸化状态有关。aFGF蛋白结构上存在蛋白激酶C的磷酸化位点，该位点的磷酸化可能是FGF的活化形式，能够使FGF与胞质和胞核内的物质相互作用，而肝素与aFGF的结合是导致aFGF活化的主要原因。也有人认为，外源FGF向胞质和胞核的转位与磷脂酰肌醇3-激酶的活化有关。转位除上述过程外，还包括aFGF从胞核进入胞质进而转位到胞外，这个过程涉及细胞的旁分泌作用。aFGF没有常规的分泌信号前导序列，使很多合成它们的细胞存在较低的释放水平。资料表明，有一种结合蛋白（HBp17）能够与aFGF结合，一同由细胞内转位到细胞表面的受体上，进一步分泌到细胞外。对于转位过程中确切的分子机制还有待进一步探索。aFGF没有信号肽，目前推断aFGF分泌途径主要是自分泌和旁分泌。在雌激素作用下，无论是在体内还是在体外，aFGF的自分泌都会促进MCF7乳腺癌细胞增长，同样在雌激素或他莫昔芬治疗时，旁分泌也会促进肿瘤生长。aFGF促胃液分泌也是通过旁分泌途径，但是其具体机制有待进一步的研究。aFGF 与细胞的作用通过与 aFGFR（酪氨酸激酶受体家族）及硫酸乙酰肝素蛋白聚糖（HSPG）的结合完成。首先，aFGF 与肝素结合，在 HSPG 的协助下，再与 aFGFR 结合。aFGFR、FGF、HSPG 形成的明显的三重复合结构对促细胞有丝分裂起着重要的作用。

（4）FGF 的功能区

目前的大多数研究认为，aFGF 的功能区主要包括肝素结合区、酪氨酸受体结合区和核转位区，其中核转位区对于促有丝分裂作用极为重要，并认为 N 端 23～27 位氨基酸是控制核转位的关键氨基酸，切去此段虽然同样可以激活酪氨酸激酶但并不影响上游信号分子的表达，但是并不能引起 DNA 的合成和细胞的增殖和分化。但 Kiyota 等认为，aFGF 作用部位由 1 个线性段 99～108 位氨基酸（肽段 1）和类似环形的片段（肽段 2）组成。肽段 1 在成纤维细胞中并不活跃，而肽段 2 具有促有丝分裂的作用，可引起细胞的增殖效应。只有抑制肽段 2 才能抑制细胞的活性，表明肽段 2 的结构与 aFGF 引起的一系列的生化级联反应有着密切的关系。

（5）FGFR 的结构

FGFR 属于具有自我磷酸化活性的酪氨酸蛋白激酶（TPK）受体，过去发现的 aFGF 受体有 4 种（FGFR1～FGFR4），4 种受体氨基酸序列之间有 55%～72% 的同源性。FGFR 由胞内区、跨膜区和胞外区组成，N 端带有 18～24 个氨基酸残基的信号肽和 6～9 个氨基酸的糖基化位点。FGFR 的胞外区有 3 个免疫球蛋白结构域（Ig1～Ig3），第 1 个结构域（D1）高度变异，对于与 FGF 的结合是非必需的，但可调节 FGFR 和 FGF 的亲和力。第 2 个结构域（D2）在 FGFR 中高度保守，尤其是其近膜端完全一致，是与硫酸乙酰肝素蛋白聚糖（HSPG）的结合部位。王丽颖等采用 I-QFGF 技术自合成文库中筛选到 1 个 5 肽序列，其序列及立体结构和 FGFR-1 细胞胞外段第 2 个免疫球蛋白功能区上的 WTSPEKM 基序相似，推论 FGFR 上的这一基序可能是 aFGF 配体与之结合的重要结构。第 3 个结构域（D3）是与 FGF 结合的部位，各种 FGFR 构象上的高度特异性，决定着配体的结合特异性。FGFR 的跨膜段高度保守，长约 21 个氨基酸。胞内区长约 410～425 个氨基酸，包括高度变异的近膜区和酪氨酸激酶活性区，酪氨酸激酶活性区被一段 14 个氨基酸的插入序列分为两个完整的高度保守的 TPK 结构域。C 端有 59～69 个氨基酸是负责信号整合的区域。FGFR 胞内段中有 7 个氨基酸的磷酸化位点，这 7 个位点分别与不同的信号蛋白结合，是 FGF 发挥生物学功能的基础。体内合成的 FGFR 具有信号肽，表明 FGFR 是可以分泌的。目前发现被分泌出胞外的 FGFR 仅有 FGFR-1 一种，且 aFGF 主要和 FGFR-1 结合并激活该受体发挥生物学效应。游离的 FGFR 仅有胞外段，而且常有一个免疫球蛋白结构的缺失，但仍然保持与 FGF 结合的能力。2001 年，Kim 等用聚合酶链反应（PCR）的方法从人体胚胎 cDNA 文库中分离出含有 504 个氨基酸的蛋白，确认其是 FGFR 家族中的一员，命名为 FGFR-5。FGFR-5 与其他 FGFR 也有很高的同源性。FGFR-5 存在于胰腺组织中，包括胞外段、1 个跨膜区，没有胞内激酶区，它不能与 aFGF 和 bFGF 结合。FGFR-5

的结构包含3种典型的免疫球蛋白样结构域、6个半胱氨酸和1个由酸性氨基酸构成的酸性盒（acid box），N端含有1个分泌信号肽。目前关于FGFR-5结构和功能的关系的报道还比较少，估计可能参与胰腺组织的功能。

二、生物学功能

aFGF具有广泛的生物学功能，能影响血管内皮细胞、平滑肌细胞、心肌细胞、成纤维细胞、角化细胞、内分泌细胞（卵泡粒层细胞、肾上腺皮质细胞等）、神经细胞（星形胶质细胞、少突胶质细胞、神经元等）的生长、分化及功能。FGF由于具有促进损伤修复、营养和保护神经元、促血管生成等许多方面的作用而成为研究的热点。随着生物工程技术的发展，已能大批量克隆与表达、生产重组人haFGF，重组人aFGF（haFGF）能为临床治疗提供帮助。

1. 损伤修复作用

有研究表明，aFGF对小型猪背部全层皮肤缺损创面有明显的促愈合作用。aFGF能够促进创面肉芽组织生长，诱导毛细血管胚芽形成与再上皮化，对创面修复有明显的促进作用。持续转染能够分泌aFGF的真核细胞可以保证创伤组织和修复组织的细胞生长。aFGF在促进损伤修复方面的作用已经得到了大量实验研究的证实，这对其进一步的研究及临床应用有非常重要的推动作用。

2. 促血管内皮细胞生长作用

许多研究表明，aFGF有非常明显的促进血管内皮细胞生长的作用。Pandit等研究发现，aFGF等生长因子具有显著诱导血管生成，促进体表、缺血性内脏以及脊髓神经与大脑等修复的作用。这可能对缺血性心脏病的促血管形成治疗有较大的帮助。在与其他心血管疾病的比较研究中，不稳定型心绞痛患者的血aFGF水平是显著升高的。提示在冠状动脉粥样硬化性心脏病中，aFGF在冠状动脉侧支生长中发挥着重要的作用。

3. 促神经营养作用

aFGF对多种体外培养的神经元有神经营养作用，表现为促进神经元的存活和突起生长。aFGF通过作用于海马，在注射葡萄糖后对于改善记忆功能方面有促进作用。aFGF的神经营养作用还表现在促进中枢和周围神经损伤后的修复，能够促进切断脊神经根的功能性再生，这更加拓宽了aFGF的应用范围，如在抗各种原因导致的遗忘方面，对于促进外周神经损伤的修复以促进肢体正常的功能康复方面等，aFGF将发挥更加重要的作用。对于糖尿病足患者，aFGF的这种作用可望成为治疗进程中的新方法。

4. 损伤脏器修复作用

在肠缺血、再灌注损伤导致的多脏器功能损伤方面，野生型aFGF和改构型aFGF对脏器功能有明显的保护作用。

5. 修复消化性溃疡

aFGF的作用也已经受到了广泛的重视。有实验研究表明，aFGF可通过促进血管生成及内皮细胞、成纤维细胞、平滑肌细胞、胶原等增生而加速消化性溃疡的愈合。这些作用使得 aFGF 的作用更加广泛。

6. 促进骨骼生长

aFGF 可刺激成骨细胞增生和毛细血管生成。在活体实验中，aFGF 可促进骨长入多孔羟基磷灰石，使脱钙骨基质种植后新形成的骨量明显增加。实验表明，aFGF 对引导性骨再生有明显促进作用，种植 aFGF 可促使大鼠颅骨缺损出现骨愈合。

三、基因工程表达 aFGF 现状

由于各实验室所用的表达载体不同，诱导表达方式各异，表达水平差异很大。1992 年之前，在大肠埃希菌中表达完整的 aFGF，只能得到用免疫印迹（Western blot）才能检测到的微量的 aFGF。直到 1992 年，M. Zazo 设计的表达系统，不形成影响翻译起始位点稳定的发夹环结构，才首次在大肠埃希菌中表达了完整的 aFGF。为了进一步改善 aFGF 的生物学活性、提高产物的表达效率及增强表达产物的稳定性，一些实验室构建了许多改良的重组表达系统，在酵母、哺乳动物表达系统中也成功地表达了分泌型和非分泌型的 aFGF，但产量很低，仅限于研究。在国内，1993 年，中国人民解放军军事医学科学院曾报道了人的 aFGF 在大肠埃希菌中的克隆和表达，表达量为 5mg/L 发酵液；1997 年，原白求恩医科大学基础医学院也成功地在大肠埃希菌中表达了人的 aFGF；1999 年，成都倍菲生物工程有限责任公司与原华西医科大学附属第一医院联合报道了人的 aFGF 基因在大肠埃希菌中的表达，尽管获得重组人 haFGF 活性蛋白的难度较大，但随着高效表达系统的构建，分离纯化方法的改进，人们还是成功广泛地将其应用于临床。随着对 aFGF 研究的深入，相信在更多的医学专科中，aFGF 将得到更加有效的运用并且发挥更好的作用。

第四节 生长因子的剂型与应用

一、生长因子的剂型

生长因子的剂型稳定性对其临床应用具有重要意义，相关研究还在不断完善中，现将常见生长因子的剂型简要介绍如下。

1. 水剂

水剂能够使生长因子与修复组织快速而均匀地结合发挥作用，但是溶液易流失和蒸发，在一定程度上限制了生长因子与修复细胞的结合。

2. 凝胶制剂

以亲水性基质制备的乳膏剂又名凝胶剂，是一种传统的剂型。通常采用的亲水性基质包括甘油明胶、淀粉甘油、纤维素衍生物、海藻酸钠、卡波姆、聚乙二醇等。与水剂相比，其具有生物黏附性，铺展性良好，可在受损表面形成保护膜，有效保持创面的湿润度，并可有效地激活上皮组织，使处于休眠状态的上皮细胞增殖，满足了组织修复的需求。但是凝胶剂维持剂型状态的时间毕竟有限，而且凝胶剂仍然处于开放的水性环境中，可能会影响药物的稳定性。

3. 疏水性基质制备的乳膏剂

疏水性基质制备的乳膏剂可以大大提高其保湿性，延长药物使用后的持效时间，另一方面使生长因子在制剂状态下处于封闭的内相中，而外面有完整的油相体系包围，可以隔离外界因素对生长因子稳定性的影响，从而提高制剂稳定状态。

4. 冻干粉剂

稳定性较高，但是应用时需加以溶解，使用不方便。

5. 微球制剂

细胞因子稳定性不好，体内半衰期短，生物膜透过性差，应用微球系统控制释放多酚类化合物是解决缓释问题的方法之一。药物制成微球可提高药物的稳定性，延长药物作用时间，避免反复用药，实现药物缓释或控释，在多肽类药物给药系统研究上显示出独特的优越性。

6. 脂质体制剂

脂质体作为一种高效的药物载体，可弥补生长因子稳定性差的这一缺陷。脂质体是磷脂分散在水中时形成的多层囊泡，具有缓释和靶向作用，双层结构使其适于在生物体内降解，且无毒性和无免疫原性。生长因子脂质体作为一种新型药物载体系统，可显著延长生长因子在体内循环系统中的时间，提高药物的靶向性和疗效。目前，EGF、FGF和神经生长因子（NGF）等生长因子脂质体已经进入了临床应用阶段，并已在治疗癌症、溃疡和促进角膜内皮细胞分解等方面取得了明显效果。

二、生长因子的临床应用

随着基因工程制药技术的飞速发展，越来越多的重组生长因子被应用到临床各个领域，参见表10-1。

表10-1 重组生长因子的临床应用

生长因子	作用	治疗疾病类型
转化生长因子(TGF)	调节多种细胞生长	器官移植、烧伤、心肌梗死、糖尿病
NGF	调节多种细胞生长	多发性硬化症、脑及神经损伤、角膜溃疡
EGF	促表皮、黏膜生长，促血管增殖	创伤、溃疡病、肝炎、角膜和鼓膜损伤
hFGF	促进神经元存活	神经损伤、阿尔茨海默病、帕金森综合征、视神经萎缩
PDGF	促血小板聚集、血栓形成	创伤、溃疡
干细胞生长因子(SCF)	促进干细胞生长和骨髓造血	白血病

续表

生长因子	作用	治疗疾病类型
肝细胞生长因子(HGF)	刺激肝细胞分化、再生	肝炎、肝硬化、肝肾衰竭
IGF	促肌肉、软骨生长,促进人体生长	糖尿病、脑损伤、肾衰竭、骨质疏松
hGH	促进人体生长	侏儒症、骨质疏松、烧伤、肌肉萎缩和肥胖症

思考题

1. EGF 的生物学活性有哪些?
2. aFGF 的分子结构和生理功能是什么?
3. 列举常见的 3 种生长因子及其临床应用。

第十一章 核酸类药物

第一节　核酸药物概述
第二节　反义寡核苷酸药物的功能及应用
第三节　siRNA 药物的功能及应用
第四节　miRNA 药物的功能及应用

学习要求

1. 掌握：反义寡核苷酸药物、RNAi及miRNA药物的作用机制。

2. 熟悉：反义寡核苷酸和siRNA药物的作用特点、siRNA和miRNA的异同、miRNA治疗疾病的策略。

3. 了解：核酸药物的分类、基本性质；反义寡核苷酸、siRNA和miRNA药物的临床应用与发展趋势。

第一节 核酸药物概述

核酸是生命体最基本的组成物质之一，在19世纪末至20世纪初，德国生化学家Kossel等阐明了核酸的组成，并将核酸分为核糖核酸（RNA）和脱氧核糖核酸（DNA）。随后，美国细菌学家Avery等证实了DNA是遗传物质。1953年，Watson和Crick划时代地提出了DNA双螺旋结构模型，使遗传信息的研究深入到了分子层次。20世纪末，人类基因组计划的全面开展揭开了核酸功能研究的新篇章。目前，国内外有关核酸的研究和应用依然活跃，应用于临床的核酸及其衍生物类药物越来越多，并已形成核酸生产工业。

核酸类药物是具有药用价值的核酸、核苷酸、核苷或者碱基的统称，其主要通过调节靶基因表达水平发挥防治疾病的作用。由于其靶向的基因具有专一性，因此核酸制备的技术关键在于根据分子生物学原理和目标基因的碱基序列对药物进行设计。在药物生产方面，大分子核酸类药物主要通过发酵工程生产，而小分子寡核苷酸（通常小于20bp）主要通过化学合成法进行生产。

核酸类药物主要包括反义寡核苷酸（ASO）、干扰小RNA（siRNA）、微RNA（miRNA）、小激活RNA（saRNA）、信使RNA（mRNA）、适配体（aptamer）等。

哈佛大学科学家Zamecnik等于1978年首次提出了反义寡核苷酸（antisense oligonucleotide，ASO）的概念。反义寡核苷酸是指与mRNA互补后，能抑制与疾病相关基因表达的RNA，可通过不同机制安全用于人体。

干扰小RNA（small interfering RNA，siRNA），亦称为短干扰RNA（short interfering RNA）或沉默RNA（silencing RNA），是一个双链RNA，其长约20～25个核苷酸。

微RNA（microRNA，miRNA）是真核生物及某些大型病毒中长度为20～24个核苷酸的一类内源性的具有调控功能的非编码单链小分子RNA。

小激活RNA（small activating RNA，saRNA）是一种由小分子RNA介导的基因表达上调机制，是由小分子双链RNA（double-stranded RNA，dsRNA）靶向作用于基因启动子区域，在转录水平诱导基因表达的基因调节现象，具有激活功能的小 dsRNA 即称之 saRNA。

适配体（aptamer）是一小段经体外筛选得到的寡核苷酸序列，其以独特的空间结构与相应的配体进行高亲和力和强特异性的结合。和其他核酸类药物不同，适配体不是通过碱基配对来发挥作用，而是类似于抗体，依靠自身的三维结构与配体结合。与抗体相比，适配体的获得难度和成本更低，免疫原性更低，组织穿透性更好，靶标更广泛。

基因治疗的概念是将外源正常基因或者有治疗作用的基因导入靶细胞，以纠正缺陷或异常所引起的疾病。由于基因的化学本质是核酸，因此很多使用核酸作为治疗手段的基因治疗药物也可归于核酸类药物，如我国于 2003 年批准上市的世界上第一个用于治疗癌症的基因治疗药物——今又生（重组人 p53 腺病毒注射液）。

第二节 反义寡核苷酸药物的功能及应用

反义技术是根据碱基互补原理，采用特定 DNA 或 RNA 片段抑制某些基因表达的技术。反义寡核苷酸是基于反义技术研制的核酸类物质，包括反义 DNA、反义 RNA、核酶等。与传统药物作用于蛋白靶点相比，反义寡核苷酸药物（antisense oligonucleotide drug，ASO）是作用于编码蛋白质的基因，因此在理论上其应用范围更加广阔。目前全球有多款 ASO 药物获批上市，有多个 ASO 药物处于临床研究阶段。

一、作用机制与特点

1. 作用机制

（1）反义 DNA

反义 DNA 指能够与基因 DNA 分子中正义链互补的 DNA 片段。在进入细胞后，能与靶 mRNA 杂交形成双链，可阻止核糖体与 mRNA 结合，同时形成的 RNA/DNA 双链可激活核糖核酸酶 H（RNase H），后者将切除双链中的 RNA 部分，从而阻止翻译过程。此外，反义 DNA 还可与双链 DNA 分子中某些序列结合而形成三链结构，从而阻止靶基因的复制及转录。

（2）反义 RNA

反义 RNA 指能与 mRNA 互补的 RNA 分子，其作用机制主要为：①作用于靶 mRNA 中与核糖体结合的 SD 序列或部分编码区，直接抑制翻译，或与靶 mRNA 结合形成双链 RNA，使其易被 RNA 酶降解，从而抑制翻译；②与靶 mRNA 中 SD 序列的上游非编码区结合，引起 mRNA 构象变化，从而抑制翻译；③抑制靶 mRNA 的转录。

(3) 核酶

核酶广泛存在于各种生物的细胞中，是一类具有核酸内切酶活性的 RNA 分子，可分为大分子核酶和小分子核酶。大分子核酶包括核糖核酸酶 P、Ⅰ型内含子和Ⅱ型内含子，长度均大于 250nt。小分子核酶主要有锤头形、发夹形和 VS 核酶，长度为 30～80nt。核酶可与靶 mRNA 互补序列结合，通过水解磷酸二酯键或使磷酸基酯化来切割或剪接 mRNA。在切断 RNA 后，核酶可从杂交链上脱离下来，又能够重新结合和切割其他 mRNA 分子。

2. 作用特点

(1) 高度特异性和高效性

反义寡核苷酸药物是以表达疾病蛋白的基因为靶点，直接阻止特定基因的转录和翻译，对其他蛋白靶点无影响，因此其作用精确且高效。

(2) 缩短药物研发的周期和降低成本

反义寡核苷酸药物是针对特定疾病蛋白的基因而设计的互补序列，可以避免传统药物筛选的盲目性和不确定性。

(3) 相对安全性

反义寡核苷酸药物具有明确的针对性，而且其在生物体内可被降解消除，相比于转基因疗法更为安全。

(4) 应用的局限性

反义寡核苷酸药物在生物体内容易被核酸酶迅速降解，使其在未到达作用靶点前就失效。此外，反义寡核苷酸通常带负电荷，细胞膜通透性较差。针对这些缺陷，可以对反义寡核苷酸进行化学修饰以增强其稳定性，或是选择合适的药物传递系统以提高其透过率。

二、结构修饰

为了改善反义寡核苷酸的某些性质，可对其进行化学修饰，方法主要有碱基修饰、核糖修饰和磷酸二酯键修饰等。

1. 第一代反义寡核苷酸

磷酸二酯键是核酸酶水解的主要位点，因此将磷酸基进行修饰，如硫代、甲基化、氨化等，可以增强反义寡核苷酸对核酸酶的抵抗。硫代磷酸酯寡脱氧核苷酸是此类修饰物中的重要代表，也是迄今研究最多和应用最广的反义寡核苷酸之一。它具有良好的核酸酶水解抗性和水溶性，但由于其阴离子性质及硫原子能与某些蛋白质结合，会引起一些非特异性作用和毒副作用。

2. 第二代反义寡核苷酸

第二代反义寡核苷酸主要包括嵌合寡核苷酸、杂合寡核苷酸等，是以硫代寡核苷酸为核心，对两侧序列上核糖 2 位羟基进行修饰，比如甲基化修饰，从而提高生物活性和特异性，并减少毒副作用。

3. 第三代反义寡核苷酸

反义寡核苷酸发挥作用依赖于碱基排列顺序，与易被降解的核糖磷酸骨架无关，因此可以对该骨架进行修饰。典型的代表药物为肽核酸，其脱氧核糖磷酸骨架被肽键连接所取代。肽核酸具有较好的杂交性和生物稳定性，呈电中性，而且不与血浆蛋白作用，故不良反应较少。

三、反义寡核苷酸药物的制备

反义寡核苷酸药物主要通过化学合成法或基因工程法进行制备。化学合成法主要利用亚磷酰胺化学合成法，即基于N取代的2,4-二羟基丁酰胺的固相载体和亚磷酰胺通用试剂合成寡核苷酸，通过脱二甲氧基三苯甲基、偶联、封闭和氧化/硫化四步进行循环反应，最后从固相载体上切割下来并进行脱保护和纯化处理。目前多采用自动合成仪进行合成。基因工程法制备反义寡核苷酸药物类似于一般基因克隆的表达方式，即由cDNA的制备、反义RNA表达载体的构建和表达细胞的转染3个步骤构成，最后在细胞内转录出反义RNA。

在反义寡核苷酸药物中，以反义寡脱氧核苷酸（antisense oligo-deoxynucleotide，ASODN）药物最为常见。ASODN药物的合成主要涉及自动合成仪、载体、硫代试剂以及脱保护试剂4个方面。

1. 自动合成仪

目前，ASODN药物广泛使用DNA自动合成仪合成。由于使用DNA自动合成仪能进行有效和快速的偶联以及起始原料稳定，自动合成仪合成已成为多数药厂的首选方法。同时核酸化学的快速发展，包括磷酸骨架的修饰、非标准碱基的合成以及在3′或5′进行非放射性标记等技术，也极大地促进了包括ASODN药物在内的反义寡核苷酸药物的发展。

2. 载体

目前应用最广泛的载体之一是控孔玻璃（controlled pore glass，CPG）和聚苯乙烯。CPG由于价廉易得、刚性及粒度较好而受到欢迎。一种具有2-羟甲基-6-硝基苯甲酰（HMNB）保护基团的CPG可用于合成3′-氨基烷基化的寡核苷酸，在55℃浓氨水中氨解2h，可从载体上完全切除带有游离3′-氨基基团的寡核苷酸。但CPG很难达到高载量（100μmol/g以上）。但聚苯乙烯则可以制得高载量的载体，为反义寡核苷酸药物的大规模制备开辟了道路。新制的高效反义寡核苷酸固相合成载体Primer Support 200，是以30mm的均一聚苯乙烯为基质的反义寡核苷酸合成载体，也是专门用于研究及生产高纯度药用级反义寡核苷酸的载体，它具有高载（200μmol/g）、高合成效率、低合成失败片段、低试剂消耗和高重复性等优点。

3. 硫代试剂

在ASODN药物中，研究开展较早、了解比较深入的是硫代寡核苷酸。硫代寡苷酸是核苷磷酸键中硫原子取代一个非桥联的氧原子的产物。它的合成工艺成熟，已有临床产品上市。高效的硫转移步骤所需的硫代试剂是硫代寡核苷酸合成的关键。目前常用的硫代试剂包括苯甲酰甲基二硫化物（Ph-CO-S-S-CH_3）、二苯甲酰四硫化物（Ph-CO-S_4-CO-Ph）、3H-1,2-苯并二硫醇-3-酮-1,1-二氧化物（Beaucage 试剂）、四乙基秋兰姆二硫化物（TETD）、双(*O*,*O*-二异丙基)硫代磷酰硫化物（s-Tetral）等，其中后 3 种试剂较为常用。Beaucage 试剂是一种极其快速的硫代试剂，大规模使用时其合成过程和稳定性均存在问题。TETD 比较经济，可以大规模制备且质量相对稳定，但其硫代速率慢、效率较低。s-Tetral 是一种相对价廉、易于处理和高效的硫制剂，但不适用于大规模合成。有研究报道，苯乙酰二硫化物（PADS）可作为硫代试剂，其在室温下放置 1 个月也不影响硫代效果，具有较好的稳定性。

4. 脱保护试剂

二氯乙酸/三氯乙酸溶于二氯甲烷，常作为标准的脱保护试剂。实验中使用二氯乙酸/三氯乙酸溶于甲苯作为脱保护试剂进行合成时，能得到和二氯甲烷作为溶剂一样的产率和纯度，还避免了高挥发性、高毒性和高致癌性的二氯甲烷的使用。

总之，反义寡核苷酸药物（包括 ASODN 药物），以及其他一些新型 RNA 药物，如 siRNA、miRNA 等的合成方法都较为类似，都是通过亚磷酰胺或者修饰的亚磷酰胺化学合成。优化的试剂、干燥的合成环境是得到高偶联效率和高纯度产品的关键。

四、药物传递系统和药动学特征

1. 药物传递系统

除了结构修饰和改造，新型药物传递系统也可以改善反义寡核苷酸的稳定性、识靶能力和与细胞膜的亲和性，如以下几种药物载体。

（1）脂质体

脂质体可以增加细胞对反义寡核苷酸的摄取率，还能通过包封药物避免被核酸酶的识别和降解。此外，在脂质体上共价连接特异的配体或受体可使反义寡核苷酸药物具有更加准确的靶向性，并能降低药物的免疫原性。

（2）纳米球和微球载体

纳米球和微球载体可以减少反义寡核苷酸在转运过程中的降解，可在靶位缓慢释放，从而达到增加药效、降低毒性的目的。

（3）其他载体阳离子高聚物

可通过自身的正电荷与反义寡核苷酸形成稳定的复合物。水凝胶体系可使反义寡核苷酸获得良好的经皮吸收效果。

2. 药动学特征

反义寡核苷酸的吸收代谢与其序列长度、荷电量、水/脂溶性、剂型、给药方式及浓度等因素有关。目前以硫代反义寡核苷酸的研究最为深入，由于口服吸收较少，其给药方式以注射为主，但是吸入剂型对一些呼吸系统疾病也具有较好的疗效。药物的消除表现为二房室模型特征，分布相半衰期一般小于 1h，消除相半衰期从几十分钟到几十小时不等。硫代反义寡核苷酸可广泛分布在体内除中枢神经系统以外的大多数组织，尤其是肝脏、肾脏、脾脏和骨髓等组织。如果采用脑室内快速给药，也可使其在脑脊液中达到理想浓度。它主要通过核酸酶消除，在血浆中的代谢速度较快，代谢物多经肾脏排出体外。

五、反义寡核苷酸药物的药理作用与临床应用

1. 反义寡核苷酸药物

迄今为止，医学上的绝大多数疑难杂症均与体内某些基因的改变有关，包括肿瘤、类风湿关节炎、重症肌无力、多发性硬化症、银屑病、糖尿病、视网膜黄斑退化症、克罗恩病、严重急性呼吸综合征（SARS）、血管炎以及艾滋病引起的并发症（如巨细胞病毒性视网膜炎）等，而反义寡核苷酸药物的作用靶点正是这些关键的致病基因，因此治疗效果显著。目前，国内外研发的已进入临床试验阶段的反义寡核苷酸药物已多达几百种。

第一个反义寡核苷酸药物——福米韦生（fomivirsen）于 1998 年由美国 FDA 批准上市，它由 21 个硫代脱氧核糖核酸组成，序列为 5′-GCGTTTGCTCTTCTTCTT-GCG-3′，主要通过玻璃体内注射，治疗艾滋病并发的巨细胞病毒性视网膜炎。其不良反应最常见的是眼内压升高，轻至中度的眼前、后房炎症反应，多数不需处理或局部使用皮质激素治疗。

随着 RNA 化学的发展，第二代反义寡核苷酸药物也已上市。如以 ApoC-Ⅲ为靶点的反义寡核苷酸药物 ISIS-301012 可用于降血脂，Volanesorsen（ISIS 301012）也成功上市（限于欧盟）。

美国研发的以 Bcl-2 为靶点的反义寡核苷酸药物 Genasense（吉奈生）属于第三代反义寡核苷酸药物，是第一个直接针对凋亡系统的抗肿瘤药物，用于治疗复发性慢性淋巴细胞白血病、转移性黑色素瘤等，2011 年其因疗效不足、安全性差、公司破产等原因药物终止；但 Venetoclax（维奈托克）（一种小分子 Bcl-2 抑制剂）已成功上市，用于慢性淋巴细胞白血病（CLL）和急性髓系白血病（AML），取代了 Genasense 的临床定位。美国研发的口服反义寡核苷酸药物 NEUGENE，可抑制细胞转录因子的生成和癌基因 *c-myc* 的活性，用于心血管术后再狭窄、肿瘤及多囊肾的治疗，因口服 ASO 的生物利用度低、靶向性差，未进入关键临床Ⅱ/Ⅲ期试验。2019 年，FDA 批准反义寡核苷酸（ASO）药物 Vyondys 53（golodirsen），用于治疗外显子 53 跳跃（exon 53 skipping）的杜氏肌营养不良症（DMD）。

以 Ionis/Biogen 共同研发的 Nusinersen（商品名：SPINRAZA）为例，它是全球首个用于治疗脊髓性肌萎缩（SMA）的 ASO 类药物。Nusinersen 于 2016 年 12 月被 FDA 批准用于治疗脊髓性肌萎缩症。

Ionis 的另一款 ASO 药物——Qalsody，于 2023 年 4 月获美国 FDA 批准上市，也是全球第四款“渐冻症”治疗新药。其作用机制是与靶基因 mRNA 的 3′端非转录区结合形

成双链结构，通过 RNaseH1 降解靶基因的 mRNA，从而抑制/减少 SOD1 蛋白表达。

随着第二代、第三代反义寡核苷酸药物的问世，各种新型的反义寡核苷酸药物在治疗神经胶质瘤、慢性淋巴细胞白血病、类风湿关节炎、多发性硬化症、慢性结肠炎、银屑病以及心血管狭窄等很多传统小分子药物难以见效的疑难杂症中发挥着重要作用，其市场前景十分广阔。

2. 反义寡核苷酸药物的药理作用与临床应用

(1) 抗病毒作用

DNA 病毒和 RNA 病毒在复制和表达过程中都必须经过 mRNA 生物合成阶段，这是应用防疫技术治疗病毒性感染疾病的重要基础。反义寡核苷酸药物通过载体进入细胞后，反义寡核苷酸可以针对病毒的吸附、转录、反转录、mRNA 翻译、包装等过程，抑制相关基因的复制和表达，从而阻止病毒增殖，目前已在艾滋病、巨细胞病毒感染、肝炎等相关疾病的临床试验中取得了良好效果。

以福米韦生（fomivirsen）为例，人巨细胞病毒基因表达分为即早期、早期和晚期三个时期，其中即早期基因的表达在病毒基因和宿主细胞基因的表达和调控方面有重要作用。福米韦生就是依据该病毒的主要基因即早期蛋白 mRNA 中特异序列而设计的一种硫代磷酸酯反义寡核苷酸，可与该 mRNA 互补结合形成杂合体，然后被 RNase H 识别，导致 mRNA 降解，使巨细胞病毒复制所需的蛋白质合成受阻，从而有效抑制病毒复制。此外，除了抑制病毒 mRNA 的翻译，还可以针对病毒的吸附、基因转录、反转录和包装等阶段设计反义寡核苷酸，也能达到抑制病毒感染的目的。

(2) 抗肿瘤作用

反义寡核苷酸可通过多种途径发挥抗肿瘤作用。比如，与调控细胞生长的原癌基因（如生长因子及其受体）的 mRNA 互补结合，抑制其过度表达，从而抑制肿瘤生长；抑制细胞周期调控基因的表达，引起细胞周期阻滞，使细胞增殖变慢；抑制与 DNA 合成和复制相关酶的表达，如 DNA 拓扑异构酶、DNA 聚合酶、端粒酶等，从而干扰 DNA 复制，抑制细胞增殖；与抗凋亡基因（如 *bcl*-2）的 mRNA 互补，减弱其抗凋亡作用；抑制多药耐药基因的表达，从而增强化疗效果；抑制肿瘤细胞侵袭转移相关基因的表达。

(3) 治疗心血管疾病

反义寡核苷酸能够拮抗心血管疾病发病机制中关键靶基因的表达，在治疗性研究中表现出良好的效果。例如，针对肾素-血管紧张素系统中的重要蛋白和受体而设计的反义寡核苷酸，可有效缓解动物模型的高血压症状。在冠心病的介入治疗中，动脉壁中膜血管平滑肌细胞的增殖和迁移入内膜可导致血管再狭窄，反义寡核苷酸可抑制细胞周期相关基因的表达，进而缓解血管成形术后的血管内膜增生症状。

(4) 治疗眼科疾病

福米韦生是首个用于治疗巨细胞病毒性视网膜炎的反义寡核苷酸药物。目前还有多种治疗眼科疾病的反义寡核苷酸药物处于研发阶段。如反义寡核苷酸可抑制角膜基

十一

质成纤维细胞、青光眼滤过性术后结膜囊成纤维细胞、晶状体上皮细胞及视网膜色素上皮细胞等的增殖，有望用于角膜损伤、白内障、青光眼、增生性玻璃体视网膜病变等眼科疾病的治疗。

第三节 siRNA药物的功能及应用

siRNA是带负电荷的生物活性大分子，不具备对组织或细胞的靶向能力，穿透细胞膜的能力极差，在生理环境中也极不稳定，但是siRNA药物在细胞内的转运过程可直接影响其生理功能。因此，siRNA的递送系统是制约siRNA药物发展的最关键因素。

一、作用机制

RNA干扰（RNA interference，RNAi）是指将与mRNA对应的正义RNA和反义RNA组成的小分子双链RNA（dsRNA）导入细胞，可以使mRNA发生特异性的降解，导致其相应的基因沉默的现象。RNAi的概念始于1998年，并很快就发展成为生物医药领域发展的热点，2001年，RNAi技术被*Science*杂志评为年度十大科学进展之一，卡内基科学研究所的Andrew Fire和马萨诸塞大学的Craig Mello因发现RNAi机制而获得了2006年诺贝尔生理学或医学奖。2018年，经过20年等待，美国FDA批准了首个基于此诺贝尔奖技术的新疗法——Alnylam公司研发的帕提西兰。

RNAi技术可以分为siRNA和miRNA两种机制。该现象在进化上高度保守，在真核细胞的生长调整、抵抗胁迫、修复损伤等生命过程中发挥着重要作用。诱发RNAi的dsRNA可以有多种来源，如基因组中由于插入某个序列的多拷贝而转录产生的dsRNA、外源基因以反向重复的形式插入基因组后转录产生的dsRNA、经依赖于RNA的RNA聚合酶（RNA-dependent RNA polymerase，RdRP）作用产生的dsRNA、病毒来源的dsRNA等，dsRNA的长度、与靶基因的同源性、浓度及碱基的修饰都对RNAi的效率有所影响。RNAi的作用机制（a）～（f）如图11-1所示，主要分为三个阶段。

1. 启动阶段

不同来源的dsRNA进入宿主细胞后，在RDE-1、AGO-1和RDE-4等蛋白的介导下，被胞质中的核酸内切酶Dicer（RNaseⅢ家族中特异识别dsRNA的酶）识别并切割，产生多个具有特定长度的小片段RNA（21～23nt），即干扰小RNA（small interfering RNA，siRNA）。切割过程需要ATP的参与，产生的siRNA具有3′羟基末端和5′磷酸基团的双链形式。

2. 效应阶段

siRNA与细胞内的一些酶［包括Dicer酶、核酸外切酶、Argonaute蛋白（AGO

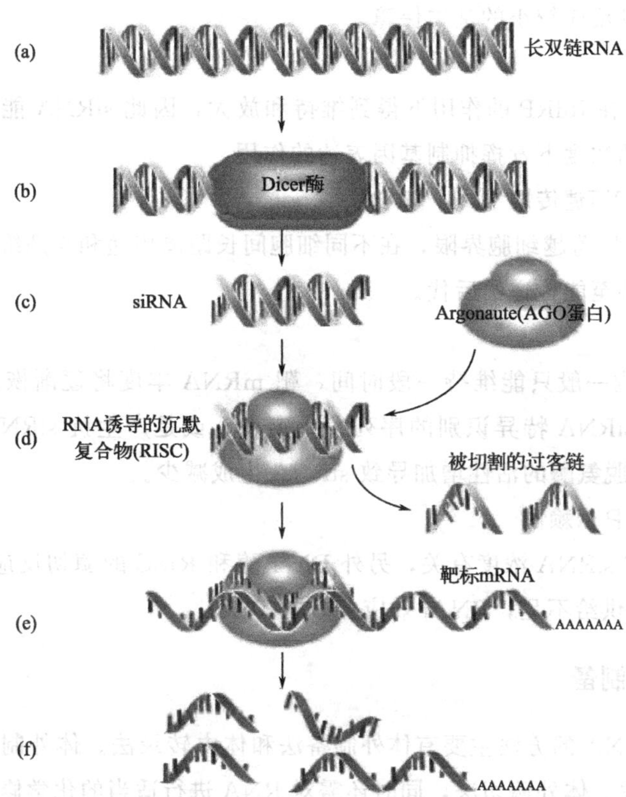

图 11-1
siRNA 介导的 RNAi 作用机制

蛋白)、RNA 解旋酶等］结合形成 RNA 诱导的沉默复合物（RNA-induced silencing complex，RISC)，在 ATP 的作用下，RNA 解旋酶使 siRNA 解链成正义链和反义链。随后在反义链的引导下，激活的 RISC 与 mRNA 结合，并在与反义链互补结合的两端切割 mRNA。切割产生的 mRNA 由于没有 poly（A）尾巴和 5′帽结构的保护，可被细胞内的核酸酶快速降解，从而达到抑制基因表达的作用。

3. 扩增阶段

细胞内存在 siRNA 的扩增系统，其中 RdRP 发挥着关键作用。RdRP 是以 RNA 为模板指导合成 RNA 的一种聚合酶，该酶能将 siRNA 作为引物，以靶 mRNA 作为模板合成新的 dsRNA，然后被 Dicer 酶切割形成新的 siRNA。这种级联反应可以产生大量的 siRNA，从而达到高效的基因表达抑制目的。

二、作用特点

1. 特异性

siRNA 是严格按照碱基配对的法则与靶 mRNA 结合，只要有几个碱基错配就会大幅度降低对靶 mRNA 的降解效果，因此 RNAi 只引起与 dsRNA 同源的 mRNA 降解，不影响其他基因的表达。这是 siRNA 用于基因功能研究的前提，也是其治疗疾病时发

十一

挥专一药效且不良反应较小的基本保障。

2. 高效性

RNAi 效应可在 RdRP 的作用下得到维持和放大，因此 siRNA 能在低于反义寡核苷酸几个数量级的浓度下发挥抑制基因表达的作用。

3. 可传播性和可遗传性

RNAi 信号可以跨越细胞界限，在不同细胞间长距离传递和长期维持，引发系统性应答，干扰效应甚至能传递给后代。

4. 时间效应

siRNA 在体内一般只能维持一段时间，靶 mRNA 丰度将逐渐恢复到感染前的水平，这可能是由 siRNA 特异识别的序列发生突变，或是产生抗 siRNA 的抗体，或是 RNA 依赖的腺苷脱氨酶的活性增加导致 siRNA 生成减少。

5. 浓度和 ATP 依赖性

RNAi 效应与 siRNA 浓度有关，另外 Dicer 酶和 RISC 的酶切反应均需要 ATP 提供能量，若 ATP 供给不足，RNAi 效应会减弱。

三、 siRNA 的制备

目前制备 siRNA 的方法主要有体外制备法和体内转录法。体外制备法包括化学合成法、体外转录法、体外酶切法，同时还需对 RNA 进行适当的化学修饰以增强其稳定性；体内转录法则是用表达 siRNA 或 miRNA 的质粒或病毒，或者 PCR 产物转染细胞，在细胞内产生所需的 siRNA。

1. 化学合成法

以核苷酸单体为原料，通过化学合成的方法合成正义链和反义链，然后退火形成双链 siRNA。这是 siRNA 合成的经典方法，合成成本高，但获得的序列最为准确。

2. 体外转录法

在体外通过 T7 RNA 聚合酶进行体外转录获得正义链和反义链，经过退火纯化后得到双链 siRNA。此方法应用简便，相对化学合成法价格低廉，现已广泛用于 RNAi 实验，适合用于 siRNA 设计序列的筛选。

3. 体外酶切法

按照体外转录法合成 200～1000bp 长度的 dsDNA，然后在大肠埃希菌核酸酶Ⅲ的作用下进行切割，纯化后获得混合的 siRNA 群，可有效抑制靶基因的表达。此方法无须设计和筛选有效的 siRNA 序列，适用于大规模 RNAi 实验。

4. 体内转录法

通过携带 RNA 聚合酶Ⅲ启动子 U6 或 H1 及其下游设计的靶 siRNA 序列特殊结构的质粒或病毒载体或 PCR 片段，转染细胞后可转录出短发夹 RNA（short hairpin RNA，shRNA），shRNA 在 Dicer 酶的作用下被剪切成 siRNA，从而发挥作用。利用稳定表达系统可实现长时间的基因沉默。

四、 siRNA药物的递送系统

siRNA进入体内后必须跨越多重障碍，比如核酸酶的降解、免疫系统的识别、病灶组织的富集、高效的细胞摄取以及从内吞体释放等，才能取得预期的治疗效果。化学修饰可以提升核酸在体内的稳定性，但是核酸药物的递送是另外一个需要解决的难题。siRNA因为含有多个磷酸酯键而带有大量的负电荷。这样的极性分子很难自行穿过细胞膜，但又很容易被肾小球过滤，富集在尿液中。因此，小核酸一旦离开血液，就富集在膀胱，几分钟或者半小时内就被排出体外，导致小核酸无法在病灶组织富集。将小核酸药物用载体（如脂质纳米粒）包裹或者和特定配体［如*N*-乙酰-D-半乳糖胺（GalNac）衍生的配体］连接能有效避免肾消除，而且还能靶向性地富集在特定的组织中。

不同的递送系统，如脂质纳米粒（LNP）、GalNac-siRNA复合体和多肽纳米粒子等已经被深入地探索，并得到实际应用。在此，重点介绍一下脂质纳米粒。

脂质体和脂质纳米粒（LNP）最开始是为DNA相关药物而开发的递送载体。后来，脂质纳米粒扩展到siRNA递送的应用，因为这些递送载体能包裹小核酸，避免其被核酸酶分解和肾脏快速消除，而且能够将包裹的小核酸靶向性地运送到目标组织和细胞。LNP-siRNA递送系统一般包含可离子化的脂质纳米粒、聚乙二醇和胆固醇等，包埋的复合物通过注射给药后主要富集在肝、脾、肾等部位。

脂质纳米粒（LNP）可分为可离子化的脂质纳米粒、阳离子的脂质纳米粒和电中性的脂质纳米粒。可离子化的脂质纳米粒在血液循环中不带电荷，但是在较低的pH环境下可被质子化，比如在内涵体和溶酶体中。这些分子和载脂蛋白（ApoE3）相互作用，被转移至肝脏。阳离子脂质纳米粒在血液循环、内涵体和溶酶体中均带正电荷，主要富集在肝脏。与可离子化的脂质纳米粒比较，静电诱导的同血浆蛋白非特异性结合和较高的免疫反应使得阳离子的脂质纳米粒体内效能较低，并且毒性相对较大。这也促使制药企业投入更多精力去开发可离子化的脂质纳米粒，以增加效能、降低副作用。Arbutus、Alnylam和MIT都建立了脂质纳米粒相关的递送系统，比如DLin-MC3-DMA、DLin-DMA、C12-200等。过去10年中，科学家们总结出了一些开发脂质纳米粒的理论。Manoharan等发现，脂质纳米粒的pK_a是影响递送的关键参数。另外，聚乙二醇-碳14（PEG-C14）比聚乙二醇-碳16（PEG-C16）和聚乙二醇-碳18（PEG-C18）的递送效率要高。聚乙二醇的含量在1.5%左右时展现出最高的效率。

五、 siRNA药物的药理作用与临床应用

2018年，美国FDA批准了全球第一款siRNA药物帕提西兰（Onpattro），帕提西兰是一种脂质复合物注射液，将siRNA包裹在脂质纳米粒（LNP）中，静脉输注后药物可直接递送至肝脏细胞内，沉默hATTR mRNA的表达，减少hTTR蛋白的产生，逐渐减少周围神经中淀粉样沉积物的积累，用于治疗成人患者因甲状腺素转运蛋白淀

十一

粉样变性引起的神经损伤，也是第一个用于治疗 hATTR 的药物。

2019 年，美国 FDA 批准了全球第二款 siRNA 药物吉佛西兰（Givlaari），用于治疗急性肝卟啉病（AHP）。这是 GalNAc 偶联 siRNA 疗法的全球首次批准，标志着精密基因药物开发的一个重大里程碑。该药通过皮下注射给药，靶向氨基乙酰丙酸合成酶 1（ALAS1），可持续显著降低诱导的肝脏 ALAS1 水平，从而将神经毒性血红素中间产物氨基乙酰丙酸（ALA）和胆色素原（PBG）降低至正常水平，用于治疗年龄在 12 岁及以上的急性肝卟啉病（AHP）患者。该药物被授予突破性药物资格和孤儿药资格。该药每月给药一次。

小核酸药物领域经过几十年的发展，领域内的技术难题，如小核酸的稳定性、递送系统等，取得了很大突破，使得小核酸药物成为治疗各种疾病的新途径。就目前的研究进展来看，小核酸药物的应用主要集中于肝脏发生的疾病。随着科研、新的递送系统的深入研究，有望将小核酸药物递送至其他器官，届时将会扩大小核酸药物的治疗领域。核酸药物将会成为未来疾病治疗的主要的方式之一。

尽管 siRNA 药物在肿瘤、病毒感染性疾病等临床治疗中展现出了巨大的应用潜力，但是也存在着与反义寡核苷酸药物类似的问题，如细胞导入效率和靶向性较低、易被核酸酶降解、存在干扰素反应等，因此需要不断完善 siRNA 的序列设计、结构修饰和药物传递系统。

第四节 miRNA 药物的功能及应用

MicroRNA（miRNA）是一类内源性非编码单链 RNA 分子，也具有转录后基因沉默的功能。其基因沉默的机制是通过与目标分子的 mRNA 特异性结合，从而抑制目标基因的翻译过程。1993 年，Lee 等在秀丽隐杆线虫（*Caenorhabditis elegans*）中发现了第一个可时序调控胚胎后期发育的非编码基因 *lin*-4。2002 年，Reinhart 等又在秀丽隐杆线虫中发现了第二个异时性开关基因 *let*-7。2001 年 10 月，*Science* 杂志报道了三个实验室从线虫、果蝇和人体克隆的几十个类似线虫 *lin*-4 的非编码小 RNA 基因，这些基因被命名为 microRNA。之后科学家陆续从各种生物体包括病毒、昆虫以及灵长类动物中发现了数以万计的 miRNAs。目前，这些 miRNAs 的相关信息可在 miRBase 网站中查询。大量研究证实，miRNA 参与生命过程中的各种重要进程，包括胚胎发育、免疫调节、代谢以及调控细胞周期、分化、凋亡等过程。miRNA 还与包括肿瘤在内的各种疾病有密切关系，开发以 miRNA 为基础的核酸类药物已成为基因治疗等疗法的重要手段。

一、 miRNA 药物的种类

越来越多的研究显示 miRNA 在肿瘤、糖尿病、心血管疾病等多种疾病的发生和发展中发挥着重要的作用，据此而研发新的 miRNA 药物（如导入外源 miRNA 模拟物从而抑制靶基因的表达，或抑制内源 miRNA 的基因沉默作用从而促进靶基因的翻译）成为核酸类药物研究的重要组成部分。目前针对 miRNA 的药物包括 miRNA 模拟物、miRNA 的反义寡核苷酸（anti-miRNA oligonucleotide，AMO）、miRNA 海绵（miRNA sponge）以及 miRNA 屏障（miRNA masking）等。

1. miRNA 替代治疗

miRNA 替代治疗主要通过导入人工合成的外源 miRNA 模拟物以达到治疗疾病的目的，效果提高了 100～1000 倍。目前有研究显示，导入外源双链 miRNA 模拟物沉默目的基因的效果较单链 miRNA 模拟物更好。

2. miRNA 的反义寡核苷酸（AMO）

miRNA 的反义寡核苷酸是目前最常用的 miRNA 药物之一。利用人工合成反义寡核苷酸的沉默作用，实现对基因功能的调控。将反义寡核苷酸导入细胞内，与内源 miRNA 特异性结合形成异源双链，抑制 miRNA 对靶基因的沉默作用。

3. miRNA 海绵（miRNA sponge）

该技术是在 2007 年由麻省理工学院的 Phillip Sharp 开发出的一种长期抑制 miRNA 基因的高效方法。miRNA 海绵是一条 mRNA，其 3′非翻译区（3′UTR）包含若干个 miRNA 靶定位点。更重要的是，这些靶定位点与 RISC 切割位点有一些错配。目前只用于体外试验。miRNA 海绵就不会被降解而与 RISC 稳定结合，让它远离天然的 mRNA 靶点。

4. miRNA 屏障（miRNA masking）

miRNA 屏障是与靶分子 mRNA 的 3′UTR 上 RISC 结合位点互补的特异性寡核苷酸，与靶 mRNA 形成局部双链以阻止 AMO 的结合。因此，miRNA 屏障具有较好的特异性，同时避免了 AMO 可能导致 mRNA 降解的不良反应。

二、 miRNA 的生物合成

miRNA 是一类由内源基因编码的长度约为 22 个核苷酸的非编码单链 RNA 分子。miRNA 的形成，首先是在基因组中由 RNA 聚合酶Ⅱ转录出其初级产物，即初始 miRNA（pri-miRNA）。后者在细胞核内 Drosha（含有核糖核酸酶Ⅲ结构域）等酶的作用下被剪切成大小为 60～70nt 的含茎环结构的初始 miRNA。随后，初始 miRNA 通过 Ran-GTP 依赖性核浆转运子输出蛋白 5（exportin5）从核内转移至细胞质中，再在 Dicer 等酶的作用下对茎环结构进行剪切和修饰，形成具有 18～25nt 的双链 RNA，即成熟 miRNA 与其互补链的二聚体。该双链结构存在 2 个 3′端的不匹配突起，导致对应链 5′端序列具有相对不稳定性。二聚体解聚后，成熟 miRNA 通常来源于此不稳定序列。除了上述形成过程外，也有少部分 miRNA 是从内含子 RNA 和不具有蛋白质编码能力的外显子中加工而来。

三、 miRNA的基因沉默机制

miRNA参与转录后基因沉默的过程见图11-2。成熟miRNA因5′端较低的稳定性而被核糖核蛋白识别，并装配整合入RISC中形成miRISC。此复合物通过miRNA特异性地识别同源的miRNA，进而抑制靶mRNA的翻译或引起靶mRNA的切割降解。这两种途径的选择主要取决于miRNA与靶mRNA序列的互补程度。若miRNA与mRNA的3′非翻译区不完全互补配对，可导致mRNA翻译受到抑制，这是大多数动物体内的作用方式。若两者完全或几乎互补配对，则可引起互补区的特异性断裂，从而导致基因沉默，这种方式主要存在于植物和病毒中。

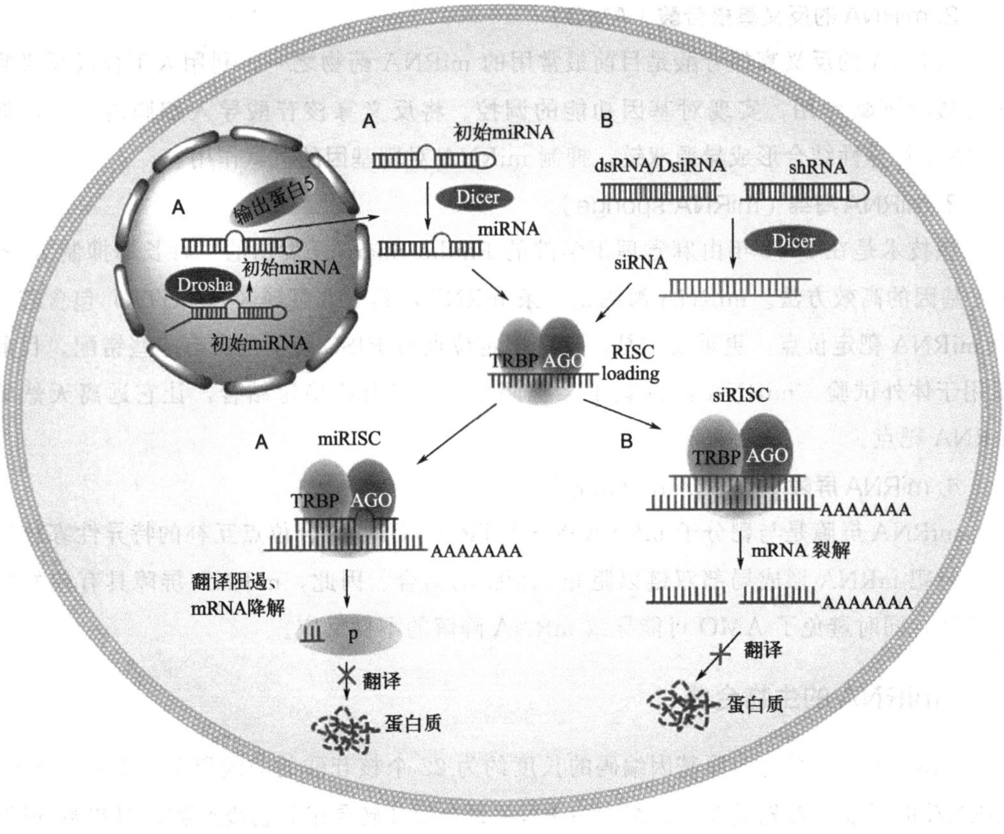

图 11-2

siRNA 和 miRNA 相关的基因沉默作用机制

TRBP—TRA结合蛋白；A、B分别表示miRNA、siRNA的基因沉默作用机制途径

miRNA与siRNA之间有许多相同之处。

（1）二者的长度都约为22nt。

（2）二者都依赖Dicer酶的加工，是Dicer的产物，所以具有Dicer产物的特点。

（3）二者的生成都需要Argonaute家族蛋白的存在。

（4）二者都是RISC组分，所以其功能界限变得不清晰，如二者在介导沉默机制上有重叠。

(5) miRNA 和 siRNA 的合成都是由双链 RNA 或 RNA 前体形成的。

miRNA 与 siRNA 亦有许多不同点。

(1) 根本区别是 miRNA 是内源性的，是生物体的固有因素；而 siRNA 是人工体外合成的，通过转染进入人体内，是 RNA 干涉的中间产物。

(2) 结构上，miRNA 是单链 RNA，而 siRNA 是双链 RNA。

(3) Dicer 酶对二者的加工过程不同，miRNA 是不对称加工，miRNA 仅是剪切初始 miRNA 的一个侧臂，其他部分降解；而 siRNA 对称地来源于双链 RNA 前体的两侧臂。

(4) 在作用位置上，miRNA 主要作用于靶标基因 3′UTR 区，而 siRNA 可作用于 mRNA 的任何部位。

(5) 在作用方式上，miRNA 可抑制靶标基因的翻译，也可以导致靶标基因降解，即在转录水平后和翻译水平起作用，而 siRNA 只能导致靶标基因的降解，即为转录水平后调控。

(6) miRNA 主要在发育过程中起作用，调节内源基因的表达，而 siRNA 不参与生物生长，是 RNAi 的产物，原始作用是抑制转座子活性和病毒感染。

四、 miRNA 药物的药理作用与临床应用

由于 miRNA 在癌症、糖尿病、心脏病等多种疾病的发生和发展中发挥关键作用，针对致病性 miRNA 或者导入替代性治疗 miRNA 已成为生物医药研究领域的焦点。许多生物医药研究机构致力于研究这些具有较高成药性的分子，miRNA 药物主要包括两种形式：miRNA 模拟物（miRNA mimics）和靶向 miRNA 药物（antimiRs），该领域的药物正从实验室研究到临床应用进行转化。目前已有多种 miRNA 药物进入临床试验阶段，其主要针对的疾病包括丙型肝炎、肿瘤以及其他一些疾病。

1. 丙型肝炎

2008 年，丹麦开展了治疗丙型肝炎的首个 miRNA 药物 SPC3649 的 Ⅰ 期临床试验。该药物靶点 miR-122 是肝特异性 miRNA，能够调节丙型肝炎病毒的复制，抑制 miR-122，可治疗丙型肝炎病毒感染。Ⅰ 期临床试验显示该药耐受性很好，未发现肝毒性 Ⅱ 期（2010—2013 年）疗效可持续至停药后数周，且未发现病毒耐药性。尽管 SPC3649 未上市，但其作为首个进入临床的 miRNA 药物，为后续 RNA 靶向治疗（如 siRNA、ASO 药物）的开发奠定了基础。RG-101 是用于丙型肝炎治疗的 miRNA 药物，拟将 RG-101 结合其他治疗方式，以及提高其临床用药剂量，以提高慢性丙型肝炎患者体内对该药物的持续性应答。

2. 肿瘤

首个 miRNA 抗肿瘤药物 MRX34 于 2013 年进入 Ⅰ 期临床试验阶段，用于治疗原发性肝癌或转移性肝肿瘤。MRX34 是基于肿瘤抑制剂 miR-34 的 miRNA 双链模拟药

物。临床前研究显示其治疗效果优于索拉非尼。但因安全性问题及商业策略调整等原因，无进一步临床开发计划，未进入临床Ⅱ期或上市阶段，其他用于肿瘤治疗的 miRNA 药物目前大部分仍处于临床前研究阶段。

3. 其他疾病

其他的 miRNA 药物研究还包括 miR-208 药物，用于治疗高血压引起的心力衰竭；miR-195 药物用于治疗心肌梗死；miR-103、miR-107 药物可改善葡萄糖稳态和胰岛素敏感性。

miRNA 药物在临床前研究以及临床试验中已经取得一定进展，表现出潜在的应用前景。然而 miRNA 药物目前也存在不少问题，如稳定性不佳、缺乏靶向性等，这些问题影响了其临床应用。可以预见，研发稳定性更高、靶向性更好的 miRNA 模拟物和抑制物，以及高效低毒的递送系统是未来 miRNA 药物研究的热点方向，分子药理学以及靶向制剂等方面的进步与突破也将极大地推动 miRNA 药物的临床应用。

思考题

1. 简述反义寡核苷酸药物的作用机制和制备要点。
2. 简述 siRNA 药物的作用机制。
3. 简述 miRNA 抑制基因表达的过程。
4. 简述 miRNA 和 siRNA 在作用方式和效应上的异同。
5. 核酸类药物的递送系统有哪些种类？各自具有什么特点？

第十二章
疫　苗

第一节　概述

第二节　疫苗的组成和类型

第三节　疫苗举例

学习要求

1. 掌握：传统疫苗的分类及优缺点；基因工程疫苗的类型及优点；核酸疫苗的概念；以新冠疫苗为例的不同类型疫苗的生产流程。

2. 熟悉：疫苗技术的发展简史及未来发展趋势；新型艾滋病疫苗与肿瘤疫苗的种类。

3. 了解：疫苗的组成。

疫苗是人类对抗各种疾病尤其是传染性疾病的有力武器。天花疫苗的广泛使用使得人类在历史上首次得以根除这种危害极为严重的传染病。当今，随着生物技术的不断发展，现代疫苗的种类和应用范围日新月异。

第一节 概 述

一、疫苗的概念

18 世纪末，英国医生 Jenner 发现接种牛痘能预防天花，首次提出了疫苗（vaccine）的概念。传统的定义是指用人工变异或自然界筛选获得的减毒或无毒的活的病原微生物制成的制剂，或者用理化方法将病原微生物杀死制备的生物制剂，用于人工自动免疫，以使人或动物产生免疫力，这些制剂被称为疫苗。随着免疫学经验、理论和生物技术的共同发展，疫苗的概念也在完善和发展，疫苗的现代定义为：一切通过注射或黏膜途径接种，可以诱导机体产生针对特定致病原的特异性抗体或细胞免疫，从而使机体获得保护或消灭该致病原能力的生物制品，包括蛋白质、多糖、核酸、活载体或感染因子等。

二、疫苗技术的发展简史

自人痘、牛痘的发明到今天，疫苗的研发已经经历了数百年，经过不断地研发和改进，目前主要有以下几种类型的疫苗：传统疫苗（第一代疫苗）以减毒或灭活微生物或清除病原体的亚基如毒素、多糖或蛋白质为特点；基因工程疫苗（第二代疫苗）是利用基因工程技术或蛋白质化学技术合成的重组疫苗，主要包括基因工程亚单位疫苗、合成肽疫苗、病毒或细菌活载体疫苗等；核酸疫苗（第三代疫苗）是将基因工程处理的编码某种抗原的外源基因直接导入动物机体内表达，诱导机体产生免疫应答。在疫苗发展的这段历史长河当中，经历了数次具有重大意义的阶段。

1. 疫苗的历史萌芽

在历史上最早有关疫苗的记载来自中国，在我国宋代已有人痘法预防天花的记载。英国医生爱德华·詹纳（Edward Jenner）于 1796 年发现了以牛痘代替人痘预防天花的方法。该发现启动了人们对天花疫苗的不断研发，单词 vaccine（疫苗）也由此而来，“vacca”源于拉丁语，意思是“奶牛”，以此为开端，此后疫苗研究经历了 3 个重要阶段。

2. 第 1 次疫苗革命——传统疫苗的发现

传统疫苗主要指减毒或灭活疫苗以及传统亚单位疫苗。1870 年，巴斯德发现，鸡霍乱弧菌连续培养几代后，其毒力可降低，这种减毒菌接种到鸡身上后，鸡非但不致病，还获得了对霍乱弧菌的免疫力，从而发明了首个细菌减毒活疫苗。据此原理，巴斯德于 1881 年制备了炭疽杆菌减毒活疫苗，1884 年研制了首个病毒减毒活疫苗——狂犬病疫苗。巴斯德由于在疫苗研制方面的巨大贡献，被誉为“疫苗之父”。1907—1920 年，Albert Calmette 与 Camille Guerin 制备出结核分枝杆菌减毒活疫苗，将其命名为卡介菌。在减毒活疫苗的基础之上，德国科学家柯利（Kolle）于 1896 年制成了灭活霍乱疫苗。此后，德国科学家、英国科学家又分别研制出了灭活伤寒疫苗。

除了减毒活疫苗和灭活疫苗之外，这一时期还出现了类毒素疫苗，即传统亚单位疫苗的代表——破伤风和白喉类毒素。传统亚单位疫苗是通过化学分解或蛋白质水解等手段，筛选出的具有免疫活性的物质（由病原体的一个或多个肽/蛋白或多糖组成）而制备的疫苗制剂。法国科学家 Ramon 用甲醛处理白喉毒素获得了类毒素。目前，应用于临床作为传染病防治的疫苗仍主要是传统疫苗。

3. 第 2 次疫苗革命——基因工程疫苗的出现

随着分子生物学、生物化学、遗传学和免疫学的发展，以基因重组技术和蛋白质化学技术为基础研发新疫苗开创了疫苗研制的第 2 次革命。

（1）基因工程亚单位疫苗

1982 年，美国研究者将乙型肝炎病毒 *S* 基因一个长 835bp 的片段克隆在酿酒酵母中，以天然糖基化的免疫原性形式产生 HBsAg，提取合成的抗原分离纯化后制成新型乙肝疫苗，具有更好的免疫原性和安全性。该疫苗于 1986 年成为世界首个被批准的基因工程亚单位疫苗。

（2）基因工程载体疫苗

此类疫苗是将目的基因克隆到已在临床上使用的安全细菌或病毒活疫苗上，经过表达纯化后得到的活载体疫苗。通过基因工程造成病原体中毒力基因缺失制成的基因缺失疫苗也属于此类疫苗。20 世纪 80 年代，Bernard Moss 等将乙型肝炎病毒表面抗原的编码基因插入牛痘病毒，制备成重组牛痘疫苗，这是研究比较早的基因工程活载体疫苗。根据载体的类型不同，基因工程活载体疫苗分为病毒载体疫苗与细菌载体疫苗两种类型。

（3）合成肽疫苗

根据病毒基因的核苷酸序列推导出病毒蛋白的氨基酸序列，再利用蛋白质化学技术，人工合成病毒抗原相应的多肽，制备出合成肽疫苗。1982 年，美国学者按照 O 型口蹄疫病毒 VP1 的核苷酸序列合成 7 种寡肽，将其与钥孔戚血蓝蛋白偶联，制备成第一种合成肽疫苗。

4. 第3次疫苗革命——核酸疫苗的发展

核酸疫苗是将编码某种抗原的外源基因连接到DNA质粒上或直接接入RNA载体，接种到动物机体内，经动物细胞摄取并合成抗原，诱导机体产生对该抗原的免疫应答的疫苗技术。核酸疫苗是20世纪90年代发展起来的一种新型疫苗，它的发展被称为“第3次疫苗革命”。1993年，Robkson等将可表达禽流感病毒（AIV）保护性抗原血凝素（*HA*）基因的质粒DNA注射到鸡体内，发现可对致死性AIV的攻击产生有效保护。

目前核酸疫苗主要分为DNA疫苗和RNA疫苗两大类，其中RNA疫苗主要指mRNA疫苗。DNA疫苗具有产量高、成本低、保存时间长、免疫应答持久、不易过敏等优点。DNA疫苗具有良好的应用前景，已有多种疫苗进入Ⅰ期临床试验阶段。但DNA疫苗也有着免疫原性较低的缺点，目前正通过引入新兴技术如密码子优化、翻译后修饰、佐剂配伍等来提高疫苗的免疫原性。mRNA疫苗灵活性强，生产过程简单，具有编码不同种类疾病的蛋白质的能力，用途十分广泛。

5. 未来疫苗的发展趋势

(1) 结合疫苗

结合疫苗是指采用化学方法将多糖与蛋白质载体共价结合在一起制备的多糖-蛋白结合疫苗，用于提高多糖抗原的免疫原性。例如脑膜炎球菌结合疫苗、肺炎球菌结合疫苗等。

(2) 治疗性疫苗

治疗性疫苗主要是将大剂量高纯化的微生物抗原和能够提高免疫功能的其他成分组合在一起，抗原性强，免疫原性强，对免疫系统有更强的刺激作用，能更有效地引起免疫应答。Vitiello等发现，用乙型肝炎CTL多肽与破伤风类毒素多肽、软脂酸分子结合制成的疫苗能诱发初次乙型肝炎特异性CTL应答。此外，肿瘤疫苗也是治疗性疫苗研究领域的一大热点。

(3) 通过食物摄取的疫苗

转基因植物制成的口服疫苗是通过将提取的免疫原基因和能够促使该基因转录的启动子一同植入植物的基因组中，以便在植物的可食部位稳定地表达外源蛋白，使免疫接种直接通过摄食得以实现。目前，在转基因植物中表达的有乙型肝炎表面抗原、大肠埃希菌不耐热肠毒素B亚单位、口蹄疫病毒、狂犬病病毒糖蛋白等10多种疫苗，转基因植物疫苗具有廉价、安全、有效等优点，因而成为疫苗研究领域的一大热点。

第二节 疫苗的组成和类型

一、疫苗的组成

疫苗通常包括抗原、佐剂、防腐剂、稳定剂、灭活剂、缓冲液等成分。

1. 抗原

抗原是疫苗最主要的有效活性成分，是刺激机体产生抗体的成分，具有免疫原性和免疫反应性。免疫原性（immunogenicity）是指能刺激机体特异性免疫细胞活化、增殖、分化并产生免疫效应物的特性。免疫反应性（immunoreactivity）是指与免疫效应物发生特异性结合而产生免疫反应的特性。常见的抗原成分为灭活病毒或细菌、活病毒或细菌（减毒株）、病毒或菌体提纯物、有效蛋白成分、类毒素、细菌多糖、合成多肽、核酸。

2. 佐剂（adjuvant）

佐剂为非特异性增强抗原免疫应答或改变免疫应答类型的物质。要求其安全无毒，在非冷藏条件下稳定。作用机制：改变抗原的物理形状，延长抗原在机体内的保留时间，刺激单核巨噬细胞对抗原的递呈能力，刺激淋巴细胞分化，增强免疫应答能力。常用的佐剂有铝佐剂、MF59（水包油的乳剂）等。

3. 防腐剂

为防止外来微生物的污染，大多数灭活疫苗都使用防腐剂。常用的防腐剂有0.01%～0.02%硫柳汞、2-苯氧乙醇。但有时防腐剂具有接触性皮炎、变应性结膜炎、耳毒性等副作用。

4. 稳定剂

为保证作为抗原的病毒或其他微生物存活，并保持免疫原性，常在疫苗中加入稳定剂，冻干疫苗中常用的稳定剂有乳糖、明胶、山梨醇等。

5. 灭活剂

用于灭活病毒或细菌抗原的方法有物理和化学两种方法，物理方法通常采用加热、紫外线照射等方法灭活抗原；化学方法通常采用丙酮、酚、甲醛等有机物质灭活抗原。灭活剂对人体有一定的毒害作用，因此在灭活抗原后必须及时将其从疫苗中除去，并经严格检定以保证疫苗的安全性。

6. 缓冲液

缓冲液的种类、盐类的含量都可影响疫苗的效力、纯度和安全性，因此都有严格的质量标准。

二、疫苗的分类

疫苗有不同的分类标准，根据不同的分类标准，可分为不同类型的疫苗。

按所用抗原的材料分类。疫苗可分为细菌性疫苗、病毒性疫苗、类毒素疫苗。卡介苗、伤寒减毒疫苗等是常见的细菌性疫苗；乙肝疫苗、流感疫苗、狂犬病疫苗等是常见的病毒性疫苗；破伤风类毒素疫苗、白喉类毒素疫苗是常见的类毒素疫苗。

按研制技术疫苗可分为传统疫苗、基因工程疫苗、核酸疫苗。在日常疫苗制备中通常利用研制技术进行分类。

1. 传统疫苗

大多数传统疫苗分为减毒活疫苗、灭活疫苗、亚单位疫苗（类毒素疫苗）。减毒活疫苗是指用弱毒、但免疫原性强的病原微生物及代谢产物，经培养繁殖或接种于动物鸡胚、组织、细胞生长繁殖后制成的疫苗。减毒活疫苗既能感染宿主也能在体内复制。它接种于人体后，能在适当的组织系统中产生一定的或短暂的增殖，类似一次轻型的人工感染过程，从而引起与疾病相类似的免疫应答，但不会发病。它在体内作用时间长，往往只需接种一次，即可产生较牢固的免疫。最著名的减毒活疫苗的例子是天花病毒疫苗，由爱德华·詹纳首先制成，更多的减毒活疫苗如狂犬病疫苗、卡介苗、黄热病疫苗、脊髓灰质炎疫苗（口服）、麻疹疫苗、腮腺炎疫苗、风疹疫苗、腺病毒疫苗、伤寒疫苗、水痘疫苗、轮状病毒疫苗等，国内外常使用的减毒活疫苗见表 12-1。

表 12-1 国内外常使用的减毒活疫苗

分类	名称	接种途径	国内使用	国外使用
病毒疫苗	甲型肝炎减毒活疫苗	皮下注射	+	−
	麻疹减毒活疫苗	皮下注射	+	−
	脊髓灰质炎减毒活疫苗	口服	+	−
	黄热减毒活疫苗	皮下注射	+	+
	乙型脑炎减毒活疫苗	皮下注射	+	−
	风疹减毒活疫苗	皮下注射	+	+
	水痘减毒活疫苗	皮下注射	−	+
	登革热减毒活疫苗	皮下注射	−	+
	流感减毒活疫苗	喷雾	+	+
	腮腺炎减毒活疫苗	皮下注射	+	−
	腺病毒减毒活疫苗	肌内注射	−	+
细菌疫苗	布氏菌减毒活疫苗	皮上划痕	−	+
	卡介苗	皮内注射	+	−
	炭疽杆菌活疫苗	皮上划痕	+	+
	伤寒减毒活疫苗	口服	−	+
	霍乱减毒活疫苗	口服	−	−
	鼠疫减毒活疫苗	皮上划痕	+	+

注：“+”代表使用，“−”代表未使用。

灭活疫苗是指用免疫原性强的病原微生物或其代谢产物，经培养繁殖或接种于动物、鸡胚组织、细胞生长繁殖后，采取物理（如加热、紫外线或γ辐射）和化学（如甲醛、醚）的方法使病原微生物失去致病能力，但仍保留其免疫原性，或应用提纯抗原和人工合成有效抗原的方法而制成的疫苗。通常皮下接种，它进入人体后可直接引起免疫应答，但不能生长繁殖，相对比较安全、稳定，但常需多次注射，才能产生比较牢固的免疫力，如伤寒、霍乱、鼠疫、百日咳、上呼吸道感染（流感）、脊髓灰质炎（注射）、乙脑、甲型肝炎、森林脑炎和用病毒某些成分制成的亚单位疫苗等。

亚单位疫苗（subunit vaccine）是利用微生物的某种表面结构成分制成的能诱发机体产生抗体的疫苗制品。传统的亚单位疫苗主要指微生物的蛋白质、多糖等抗原成分，随着疫苗技术的发展，亚单位疫苗还包括合成肽亚单位疫苗、基因工程亚单位疫苗。常用的亚单位疫苗有白喉疫苗、破伤风类毒素疫苗、A群脑膜炎球菌多价疫苗。减毒活疫苗、灭活疫苗以及亚单位疫苗的主要区别见表12-2。

表12-2 减毒活疫苗、灭活疫苗以及亚单位疫苗的主要区别

项目	减毒活疫苗	灭活疫苗	亚单位疫苗
抗原	用减毒或无毒的病原体作为抗原	用化学或物理方法将病原体杀死	以化学方法获得病原体的某些具有免疫原性的成分
免疫机理	接种后病原体在体内有一定的生长繁殖能力，类似隐性感染，产生细胞、体液和局部免疫	病原体失去毒力但保持免疫原性，接种后产生特异性抗体或致敏淋巴细胞	接种后能刺激机体产生特异性免疫效果
优缺点	接种次数少，反应小，免疫效果持久。稳定性较差，并应考虑减毒株毒力返祖问题	一般要接种2～3次，反应较大，维持时间较短。稳定性好，较安全	制品纯度较高，副反应少，需多次接种

2. 基因工程疫苗

基因工程疫苗是运用基因工程方法或分子克隆技术分离出病原体的保护性抗原基因，将其转入原核或真核系统使其表达出该病原体的保护性抗原，制成疫苗，或者将病原体的毒力相关基因删除掉，使之成为不带毒力相关基因的基因缺失疫苗。它主要有以下几种类型。

（1）基因工程亚单位疫苗（gene engineering subunit vaccine）

基因工程亚单位疫苗主要是指将基因工程表达的蛋白抗原纯化后制成的疫苗。具有产量高、纯度高、安全性高、可用于病原体难于培养或有潜在致癌性或有免疫病理作用的疫苗研究的优点。但与传统亚单位疫苗相比，具有免疫效果较差的缺点。

（2）基因工程载体疫苗（gene engineering vector vaccine）

基因工程载体疫苗是指利用微生物做载体，将保护性抗原基因重组到微生物体中，使用能表达保护性抗原基因的重组微生物制成的疫苗。这类疫苗多为活疫苗，具有重组体用量少、抗原不需纯化、载体本身可发挥佐剂效应增强免疫效果的优点。缺点是曾感染过腺病毒或者接种过天花疫苗的人，对载体微生物已具有免疫力，使之接种后不易繁殖，因而影响免疫效果。

（3）蛋白工程疫苗（protein engineering vaccine）

蛋白工程疫苗是指将抗原基因加以改造，使之发生点突变、插入、缺失、构型改变甚至进行不同基因或部分结构域的人工组合，以期达到增强其产物的免疫原性，扩

十二

大反应谱，去除有害作用或副反应目的的一类疫苗。

（4）基因缺失活疫苗（gene deleted live vaccine）

基因缺失活疫苗是指使用分子生物学技术去除与毒力有关的基因获得的缺失突变毒株制成的疫苗。优点为突变性状明确、稳定，不易返祖，使毒力恢复，是研究安全有效的新型疫苗的重要途径。

（5）遗传重组疫苗（genetic recombinant vaccine）

遗传重组疫苗是指使用经遗传重组方法获得的重组微生物制成的疫苗。通常是将对人体无致病性的弱毒株与强毒株（野毒株）混合感染，弱毒株与野毒株间发生基因组片段交换造成重组，然后使用特异方法筛选出对人体不致病但又含有野毒株强免疫原性基因片段的重组毒株。

（6）合成肽疫苗（synthetic peptide vaccine）

合成肽疫苗是指使用化学方法合成能够诱发机体产生免疫保护的多肽制成的疫苗。优点：纯度和安全性高；副作用小；可长期在常温下保存。缺点：抗原性单一；免疫原性弱，因此需用几种合成肽抗原联合使用，还需用多种方法提高合成肽的免疫原性。

3. 核酸疫苗（nucleic acid vaccine）

也称基因疫苗（gene vaccine），包括 DNA 疫苗和 RNA 疫苗。核酸疫苗是将外源基因连接到 DNA 质粒上或直接接入 RNA 载体中，然后将载体接种至动物体内的一种新型疫苗。

核酸疫苗与传统的减毒活疫苗、灭活疫苗及亚单位疫苗相比，有以下优点：①可稳定表达，具有天然构象的抗原蛋白；②可构建表达多种蛋白抗原的多价基因疫苗；③将抗原基因与免疫调节基因构建于同一载体，可增强基因疫苗的免疫效果。

第三节 疫苗举例

一、新冠疫苗

新型冠状病毒（SARS-CoV-2）曾在全球范围内迅速传播并发展成全球大流行疾病（COVID-19），接种新型冠状病毒疫苗（简称新冠疫苗）是降低新冠病毒对人群危害的最经济有效的措施，多国相关机构研究和制备了多种疫苗，截至 2025 年 1 月，已有 40 多种新冠疫苗获批上市或紧急使用。主要包括以下四类：灭活疫苗、重组蛋白疫苗、核酸疫苗、病毒载体疫苗。

1. 新冠灭活疫苗

灭活疫苗属于第一代疫苗，疫苗制备技术较为成熟。新冠灭活疫苗的生产操作流程见图 12-1。新冠灭活疫苗生产主要分为 7 个步骤：细胞培养、病毒培养、灭活、原液纯化、配比（半成品）、灌装、包装。采用 Vero 细胞培养新冠病毒，首先培养 Vero 细胞，将新冠病毒加入细胞和培养基中，病毒感染细胞后繁殖扩增再从细胞内释放出来，在 70%～85%以上细胞病变时收获，通过过滤、离心等方法处理病毒混合液，获得新冠病毒疫苗的原液，对原液进行无菌检测和毒素检测后进入灭活阶段。灭活阶段（在 P3 车间进行），在新冠病毒离心液中加入 β-丙内酯等灭活剂，在 2～8℃条件下混合，使新冠病毒失去感染能力。纯化阶段，将灭活后的病毒原液进行微滤超滤和浓缩纯化，最大程度去除培养基、灭活剂以及来自 Vero 细胞的一些细胞成分等非目标成分，得到高纯度的灭活病原体。成品配制阶段，浓缩纯化液加入佐剂、稀释液等进行配比制成半成品，将半成品放入冷库检验，然后再进入灌装区，分装为疫苗成品预充针或西林瓶，单支装量为 0.5mL，为 1 人次接种剂量，灌装后进行灯检，观察是否含有颗粒、异物等。将检验合格的产品贴标签后包装。同时，对原液、半成品、成品等各个环节的产品进行质控检测，以保证产品的质量和安全。

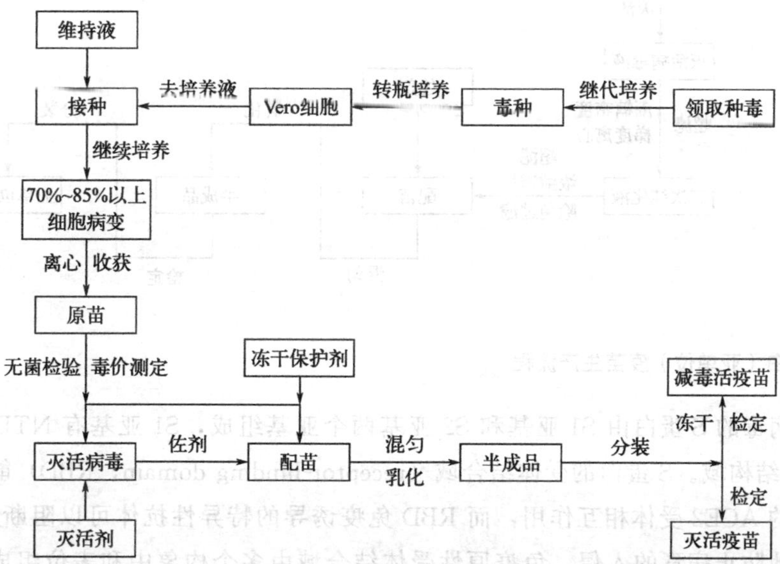

图 12-1
新冠灭活疫苗生产流程

灭活疫苗具有技术成熟、研发速度快、生产简单、便于保存和运输等优点。但新冠灭活疫苗仍然存在不足之处：毒株的分离和培养以及生产过程都存在一定的生物安全风险，对实验室或者生产车间的生物安全级别要求高，一般要求为生物安全三级；生产过程需要进行细胞和病毒培养，建立毒株以及作为基质的细胞株的多级种子库，因此在生产阶段实现产能迅速放大（每年数千万剂）存在一定难度；灭活疫苗免疫原性易被破坏，接种剂量大，维持作用时间短，需多次接种才能产生有足够保护力的抗体。

2. 重组蛋白疫苗（重组亚单位疫苗）

重组蛋白疫苗即从微生物中将所需蛋白质剥离出来，经筛选鉴别和处理后得到的疫苗。大多数冠状病毒重组蛋白主要针对 S 蛋白设计，因此也叫亚单位疫苗。新冠病毒表面抗原 S 蛋白具有天然三聚体结构，利用重组蛋白技术得到与新冠病毒天然表面抗原 S 蛋白构象高度相似的共价三聚体融合蛋白（亚单位）——“S-三聚体”，生产流程见图 12-2。

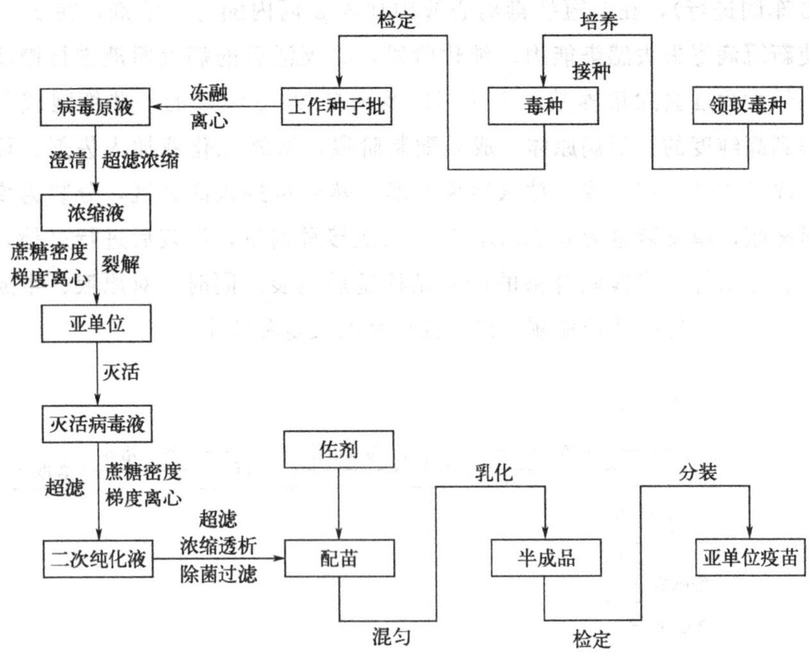

图 12-2

新冠重组蛋白（亚单位）疫苗生产流程

冠状病毒的 S 蛋白由 S1 亚基和 S2 亚基两个亚基组成，S1 亚基有 NTD、RBD 和 RBM 三个结构域。S 蛋白的受体结合域（receptor-binding domain，RBD）能直接与宿主细胞上的 ACE2 受体相互作用，而 RBD 免疫诱导的特异性抗体可以阻断这种识别，从而有效地防止病毒的入侵。免疫原性受体结合域由多个构象中和表位组成，可诱导高滴度的 SARS-CoV 中和抗体。新冠病毒重组亚单位蛋白疫苗的原理就是将 *RBD* 基因与中国仓鼠卵巢细胞基因进行重组，从而形成重组蛋白疫苗。该疫苗的生物安全实验室与生产车间需求较低、安全性高，生产技术可靠稳定，生产成本较低，能够实现大规模生产。蛋白质亚单位疫苗的局限性在于其免疫原性低，需要 3 次接种增强免疫效果，同时，用氢氧化铝为佐剂可提高免疫应答的效果。

3. 核酸疫苗（DNA 疫苗和 mRNA 疫苗）

新冠病毒的核酸疫苗包括 DNA 疫苗和 mRNA 疫苗。病毒核酸疫苗的基本生产流程见图 12-3。mRNA 疫苗是将含有编码新冠病毒病原体靶蛋白的 mRNA 直接注射到人体内，这一段 mRNA 在宿主细胞内表达靶蛋白，刺激机体产生体液免疫和细胞免疫。绝大多数使用及研发中的新冠 mRNA 疫苗在宿主体内表达刺突蛋白，由脂质纳米粒递送。DNA 疫苗是将编码外源性抗原的基因插入到含真核表达元件的质粒上，然后将质粒直接导入人或动物体内，让其在宿主细胞中表达抗原蛋白，诱导机体产生免疫应答，以预防疾病。

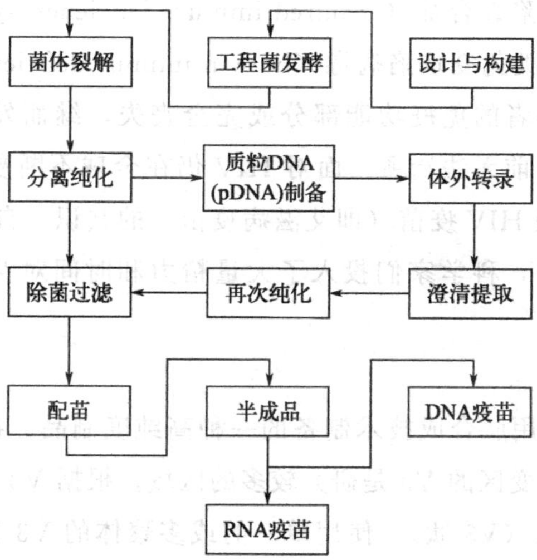

图 12-3

新冠核酸疫苗生产流程

4. 病毒载体疫苗

病毒载体疫苗是将编码新冠病毒刺突蛋白的基因导入载体病毒基因组中，该病毒载体进入人体细胞后，导入的基因在人体内表达，诱导机体产生强烈的特异性免疫反应，其生产流程见图 12-4。

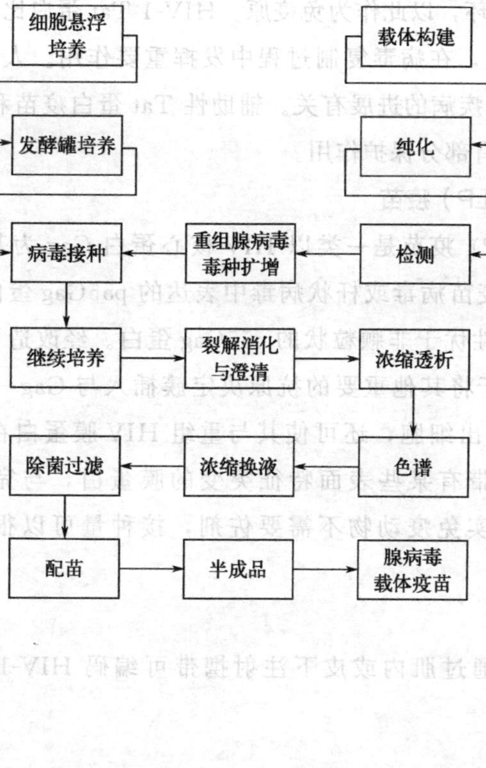

图 12-4

新冠病毒载体疫苗生产流程

二、艾滋病疫苗

人类获得性免疫缺陷综合征（acquired immunedeficiency syndrome，AIDS）简称艾滋病。这是一种由人类免疫缺陷病毒（human immunodeficiency virus，HIV）引起的全身性传染病，感染者的免疫功能部分或完全丧失，继而发生机会性感染、肿瘤等。该病病死率高，目前无法治愈。面对 HIV 仍在全球不断蔓延的严峻形势，国际社会已达成需优先发展 HIV 疫苗（即艾滋病疫苗）的共识。自 1987 年第 1 批艾滋病疫苗进入临床试验以来，科学家们投入了大量精力和时间对艾滋病疫苗做了广泛深入的研究。

1. 合成多肽疫苗

合成多肽疫苗是运用肽合成技术制备的一种高纯度制品。在艾滋病各种多肽抗原中，位于 gp120 第 3 可变区的 V3 是研究较多的区域。根据 V3 序列，用化学方法合成 25～35 个氨基酸的多肽（V3 肽）。使用单一的或多聚体的 V3 进行免疫，诱导出相应的中和抗体，这种疫苗是较早进入人体试验的艾滋病疫苗。

2. 外膜糖蛋白疫苗和其他外膜成分疫苗

外膜糖蛋白的聚合体反应对从内质网中转运和通过 env 聚合物与 CD4 受体的结合而促进病毒进入细胞是必需的。HIV-1 的 gp160、gp140 和 gp120 在灵长类动物中，即使有很强的佐剂也仅能诱导暂时的免疫反应，而且 gp120 疫苗有效性试验不能使人体抵抗 HIV 的侵袭。目前的研究者针对上述不足设计了可溶性 gp120 和 gp140 三聚体疫苗，并移除一部分表面糖基暴露中和表位，并修饰 gp120-CD4 受体复合物，或者删除 gp120 第一、第二易变环，以此作为免疫原。HIV-1 Tat 蛋白比外膜糖蛋白保守，在病毒进入细胞早期即表达，在病毒复制过程中发挥重要作用。人体研究发现，针对 Tat 的体液细胞免疫与延缓疾病的进展有关。辅助性 Tat 蛋白疫苗和 gp120 nef/tat 重组疫苗已证实对 HIV 感染有部分保护作用。

3. 病毒样颗粒（VLP）疫苗

病毒样颗粒（VLP）疫苗是一类以 HIV 核心蛋白 Gag 为基础的复合疫苗。HIV *gag* 基因在重组天花疫苗病毒或杆状病毒中表达的 p55Gag 蛋白可形成成熟的病毒样颗粒，VLP 的免疫原性优于非颗粒状的 p55Gag 蛋白。经改造可在 Gag 的非必需区内嵌入重组位点，以便于将其他重要的抗原决定簇插入与 Gag 一同表达。后者在细胞内装配为 VLP 后芽生出细胞，还可使其与重组 HIV 膜蛋白在同一细胞内表达，这样芽生的颗粒表面还带有某些表面特征突变的膜蛋白，与完整病毒非常相像。这种复合疫苗的试验证实免疫动物不需要佐剂，接种量可以很小，但尚无临床试验验证。

4. DNA 疫苗

这种免疫方法是通过肌内或皮下注射携带可编码 HIV-1 抗原目的基因的质粒

DNA，诱导体液和细胞介导的免疫应答，主要是与 Th1 型应答相关的超敏反应。在啮齿类或兔子中接种一种编码 HIV-1 gp160 外膜糖蛋白和 v-tax 区的质粒表达载体，可产生细胞和体液两种免疫反应，但是在灵长类动物和人体中只能诱导较弱的免疫反应。

5. 重组病毒载体疫苗

重组病毒载体疫苗是以减毒活病毒为载体，构建含有 HIV 目的基因的重组载体疫苗，诱导机体产生体液和细胞免疫。以减毒的牛痘病毒为载体构建 NYVAC HIV-1 C 亚型重组疫苗免疫机体后，可显著增加 $CD4^+$、$CD8^+$ T 细胞的数量。研究发现，腺病毒 5 型和 HIV-1 Gag 构建的重组疫苗可诱导恒河猴的细胞免疫应答，并延缓疾病的进展，并且在志愿者中发现也可诱导较强的细胞免疫反应。

虽然疫苗是消灭艾滋病的有效途径，但是至今没有完全有效、安全、经济的 HIV 疫苗。随着不断积累的病毒学、免疫学以及结构生物学理论成果，未来一定可以帮助人类成功地研制出可以遏制 HIV-1 流行的艾滋病疫苗。

三、肿瘤疫苗

恶性肿瘤是造成死亡的主要原因之一，对人类健康产生严重影响，各国都在探索攻克肿瘤的新途径。随着对肿瘤发生、发展分子机制的深入研究和生物技术的迅速发展，肿瘤的免疫治疗已经成为肿瘤综合治疗的新模式。肿瘤疫苗能帮助机体产生针对肿瘤抗原的特异性免疫应答和长期的免疫记忆，从而治疗肿瘤，是肿瘤免疫治疗领域重要的研究方向。

肿瘤疫苗主要通过以下机制达到免疫治疗的目的。

肿瘤疫苗主要通过增强 T 细胞介导的抗肿瘤免疫反应来发挥作用。注射携带外源性抗原的肿瘤疫苗，能够帮助引起机体内对肿瘤抗原产生特异性 T 细胞免疫反应，强化免疫系统对肿瘤细胞的识别与杀伤作用，从而促进长期的抗肿瘤免疫记忆的产生。

根据肿瘤抗原的表达方式和制剂形式，肿瘤疫苗主要分为四类：细胞类疫苗、病毒类疫苗、多肽类疫苗和核酸类疫苗。

1. 肿瘤细胞疫苗

肿瘤细胞疫苗分为两类，一类是患者自体癌细胞或肿瘤细胞系的全肿瘤细胞疫苗，另一类是负载肿瘤抗原的树突状细胞疫苗（DCs 疫苗）。全肿瘤细胞疫苗是一种相对简单的肿瘤免疫治疗方法，直接在灭活的肿瘤细胞或肿瘤细胞提取物中加入佐剂（如弗氏完全佐剂、新城鸡瘟病毒、卡介苗、明矾和短小棒状杆菌）制备成疫苗，包含所有的肿瘤相关抗原，对抑制肿瘤进程有着一定的治疗效果。比如，应用于结肠癌、肾癌、乳腺癌、卵巢癌、胃癌、肝癌、恶性黑色素瘤等实体瘤的临床研究结果表明，应用这种肿瘤疫苗能明显增强患者机体的抗肿瘤免疫功能。基于树突状细胞具备的抗原递呈能力，DCs疫苗是直接将肿瘤相关抗原导入树突状细胞再回输到患者体内，使其在体内递呈肿瘤抗原以诱导肿瘤抗原特异性的免疫反应，是一种有效的肿瘤免疫途径。美国FDA于2010年批准的前列腺癌疫苗sipuleucel-T就是一种利用表达前列腺癌抗原前列腺酸性磷酸酶（prostatic acid phosphatase，PAP）的树突状细胞回输患者的细胞疫苗。

2. 基于病毒的肿瘤疫苗

基于病毒的肿瘤疫苗分为三种形式：灭活、减毒或亚单位的致癌病毒疫苗，溶瘤病毒疫苗和其他病毒载体疫苗。溶瘤病毒药物T-VEC（talimogene laherparepvec）是被广泛关注的第一代重组单纯疱疹病毒产品，用于治疗不可切除的转移性黑色素瘤。

3. 基于多肽的肿瘤疫苗

多肽疫苗中的肿瘤抗原是已知或预测的肿瘤抗原表位肽。多肽抗原中存在的抗原表位肽能通过激活细胞毒性T淋巴细胞（cytotoxic T lymphocyte，CTL）和$CD4^+$ T细胞表面特异性受体来激发有效的抗肿瘤免疫反应。

4. 肿瘤核酸疫苗

（1）DNA肿瘤疫苗

肿瘤DNA疫苗的肿瘤抗原载体主要是能编码一种或多种肿瘤抗原的质粒，可诱导固有免疫激活和适应性免疫反应。当DNA疫苗通过注射方式进入机体内后，在机体内产生对应的肿瘤抗原，激活特异性免疫反应。此外，质粒DNA作为外源物质，其双链结构可以激活细胞内核酸受体感应信号通路，诱发固有免疫反应，而其携带的CpG岛寡核苷酸序列可诱导趋化因子和炎症因子的产生，从而促进疫苗免疫效果。

（2）mRNA肿瘤疫苗

mRNA肿瘤疫苗包含一段能翻译为目标蛋白质的mRNA序列，使用脂质纳米粒子包裹，保护mRNA不被降解，并帮助其在体内传递，通过细胞内源的蛋白翻译机制来产生抗原蛋白，再经过抗原递呈活化T细胞和B细胞诱导特异性免疫反应，对抗外源病原或者肿瘤。

虽然肿瘤疫苗的研究由来已久，但目前临床上大部分肿瘤疫苗仍处于Ⅰ期或Ⅱ期临床试验阶段。如何提高疫苗的治疗效果和扩大适用的肿瘤类型是本领域内的难点问题。近年来，测序技术的进步，快速分析并合成针对患者个体特异性的肿瘤新抗原的过程也逐渐成熟，使得基于肿瘤新抗原的肿瘤疫苗成为领域内的一个重要发展方向。此外，联合其他免疫疗法，以及结合mRNA疫苗技术，也有望提高癌症疫苗的治疗效果，值得未来更多的研究探索。

思考题

1. 简述疫苗的概念、组成及作用原理。

2. 简述各类疫苗的主要特点及制备方法。

3. 简述基因工程疫苗的种类。

4. 设计并简述流感减毒疫苗的主要制备流程。

5. 基因工程疫苗、核酸疫苗与传统疫苗比较有何优点？

参考文献

[1] 费嘉. 小核酸药物开发技术[M]. 北京：军事医学科学出版社，2011.

[2] 冯美卿. 生物技术制药[M]. 北京：中国医药科技出版社，2016.

[3] 陈盼，杨剑，肖永红. 新型冠状病毒疫苗的研究进展[J]. 医药导报，2024，43(02)：240-248.

[4] 让-弗朗索瓦·萨吕佐. 疫苗的史诗：从天花之猖到疫苗之殇[M]. 北京：中国社会科学出版社，2019.

[5] 邸胜苗. 生物制药的研究进展[J]. 生物化工，2022，8(03)：134-137.

[6] 董德祥. 疫苗技术基础与应用[M]. 北京：化学工业出版社，2002.

[7] 郭葆玉. 生物技术制药[M]. 北京：清华大学出版社，2011.

[8] 郭勇. 酶工程原理与技术[M]. 北京：高等教育出版社，2005.

[9] 胡尚连，尹静. 植物细胞工程[M]. 北京：科学出版社，2018.

[10] 黄泽波. 生物技术制药[M]. 北京：科学出版社，2018.

[11] 雷涵. 肿瘤免疫治疗概论[M]. 成都：西南交通大学出版社，2020.

[12] 李校堃，黄昆. 生物技术制药[M]. 武汉：华中科技大学出版社，2021.

[13] 李志勇. 细胞工程学[M]. 3版. 北京：高等教育出版社，2021.

[14] 卢晨，倪晓燕，秦建东，等. 人生长激素的发展、应用与研究展望[J]. 生物学杂志，2020，37(05)：103-107.

[15] 卢锦汉，章以浩，赵铠. 医学生物制品学[M]. 北京：人民卫生出版社，1995.

[16] 梅兴国. 红豆杉细胞培养生产紫杉醇[M]. 武汉：华中科技大学出版社，2003.

[17] 王春丽，黄瑶庆，李子艳，等. 全球生物制药行业专利态势分析[J]. 科技导报，2021，39(02)：73-82.

[18] 王佃亮，乐卫东. 生物药物与临床应用[M]. 北京：人民军医出版社，2015.

[19] 王凤山，邹全明. 生物技术制药[M]. 北京：人民卫生出版社，2022.

[20] 王军志. 生物技术药物研究开发和质量控制[M]. 3版. 北京：科学出版社，2018.

[21] 吴梧桐. 生物技术药物学[M]. 北京：高等教育出版社，2004.

[22] 夏焕章. 生物技术制药[M]. 4版. 北京：高等教育出版社，2022.

[23] 谢华玲，陈芳，Cynthia Liu，等. 全球生物制药领域研发态势分析[J]. 中国生物工程杂志，2019，39(05)：1-10.

[24] 姚文兵. 生物化学[M]. 北京：人民卫生出版社，2022.

[25] 尹华静，余珊珊，尹茂山，等. 重组人胰岛素类似物研发进展和安全性特点[J]. 中国新药杂志，2018，27(21)：2578-2583.

[26] 张红卫，王子仁，张士璀. 发育生物学[M]. 4版. 北京：高等教育出版社，2018.

[27] 张景海. 药学分子生物学[M]. 6版. 北京：人民卫生出版社，2023.

[28] 张林生. 生物技术制药[M]. 2版. 北京：科学出版社，2022.

[29] 周佩. 生物技术制药[M]. 北京：人民卫生出版社，2007.

[30] 朱玉贤，李毅，郑晓峰，等. 现代分子生物学[M]. 5版. 北京：高等教育出版社，2019.

[31] Doozandeh-Juibari A, Ghovvati S, Vaziri M H R, et al. Cloning expression, purification and evaluation of the biological properties of the recombinant human growth hormone(hGH) in *Escherichia coli* [J]. International Journal of Peptide Research and Therapeutics, 2019, 1: 1-9.

[32] Friedler A. From peptides to proteins: lessons from my years at the Centre for Protein Engineering Protein Engineering[J]. Design and Selection, 2011, 24(1/2): 241-245.

[33] Bayer V. An overview of monoclonal antibodies[J]. Seminars in Oncology Nursing, 2019, 35(5): 150927.

[34] Carter P, Presta L, Gorman C M, et al. Humanization of an anti-p185^{HER2} antibody for human cancer therapy[J]. Proceedings of the National Academy of Sciences of the United States of America, 1992, 89(10): 4285-4289.

[35] Catalan-Dibene J, McIntyre L L, Zlotnik A. Interleukin 30 to interleukin 40[J]. Journal of Interferon and Cytokine Research, 2018, 38(10): 423-439.

[36] Célia S, Pauline H, Gautier P, et al. Roles of the tissue-type plasminogen activator in immune response[J]. Cellular Immunology, 2022: 104451.

[37] Holder P, Lim S, Huang C, et al. Engineering interferons and interleukins for cancer immunotherapy [J]. Advanced Drug Delivery Reviews, 2022, 182: 114112.

[38] Lee J, Kang S, Li H, et al. Production of recombinant human growth hormone conjugated with a transcytotic peptide in *Pichia pastoris* for effective oral protein delivery[J]. Molecular Biotechnology, 2015, 57: 430-438.

[39] Polizzi K M, Spencer C U, Dubey A, et al. Simulation modeling of pooling for combinatorial protein engineering[J]. Journal of Biomolecular Screening, 2005, 10(8): 856-864.

[40] Khobragade A, Bhate S, Ramaiah V, et al. Efficacy, safety, and immunogenicity of the DNA SARS-CoV-2 vaccine(ZyCoV-D): the interim efficacy results of a phase 3, randomised, double-blind, placebo-controlled study in India[J]. Lancet, 2022, 399(10332): 1313-1321.

[41] Liu N, Xiao X Y, Zhang Z Q, et al. Advances in cancer vaccine research[J]. Acs Biomaterials Science & Engineering, 2023, 9(11): 5999-6023.

[42] Liu Y, Yi X, Zhuang Y, et al. Limitations in the process of transcription and translation inhibit recombinant human chorionic gonadotropin expression in CHO cells[J]. Journal of Biotechnology, 2015, 204: 63-69.

[43] Monteleone G, Neurath M F, Ardizzone S, et al. Mongersen, an oral SMAD7 antisense oligonucleotide, and Crohn's disease[J]. New England Journal of Medicine, 2015, 372(12): 1104-1113.

[44] Morse M, Gwin W R 3rd, Mitchell D A. Vaccine therapies for cancer: then and now[J]. Targeted Oncology, 2021, 16(2): 121-152.

[45] Qi M, Puro D, Frederick X C W, et al. Pharmaceutical innovation and advanced biotechnology in the biotech-pharmaceutical industry for antibody-drug conjugate development[J]. Drug Discovery Today, 2024, 29(8): 104057.

[46] Raghuvanshi V, Yadav P, Ali S. Interferon production by viral, bacterial & yeast system: a comparative overview in 2023[J]. International Immunopharmacology, 2023, 120: 110340.

[47] Samuel C E. Antiviral actions of interferons[J]. Clinical Microbiology Reviews, 2001, 14(4):

778-809.

[48] Tihanyi B，Nyitray L. Recent advances in CHO cell line development for recombinant protein production[J]. Drug Discovery TodayL Technologies，2020(38)：25-34.

[49] Walsh G. Biopharmaceutical benchmark[J]. Nature Biotechnology，2018，36(12)：1136-1145.

[50] Wang F，Zuroske T，Watts J K，et al. RNA therapeutics on the rise[J]. Nature Reviews Drug Discovery，2020，19(7)：441-442.

[51] Zhou Y，Quan G，Liu Y，et al. The application of interleukin-2 family cytokines in tumor immunotherapy research[J]. Frontiers in Immunology，2023，14：1090311.